自由活塞内燃发电系统仿真与试验技术

冯慧华　贾博儒　吴礼民　著

Simulation and Experimental Techniques of Free Piston Engine Generator System

北京理工大学出版社
BEIJING INSTITUTE OF TECHNOLOGY PRESS

图书在版编目（ＣＩＰ）数据

自由活塞内燃发电系统仿真与试验技术／冯慧华，贾博儒，吴礼民著. —— 北京：北京理工大学出版社，2023.10

ISBN 978 - 7 - 5763 - 2976 - 6

Ⅰ. ①自… Ⅱ. ①冯… ②贾… ③吴… Ⅲ. ①内燃发电机 – 系统仿真 Ⅳ. ①TM314.06

中国国家版本馆 CIP 数据核字（2023）第 197901 号

责任编辑： 钟　博		**文案编辑：** 钟　博	
责任校对： 周瑞红		**责任印制：** 李志强	

出版发行 ／ 北京理工大学出版社有限责任公司

社　　址 ／ 北京市丰台区四合庄路 6 号

邮　　编 ／ 100070

电　　话 ／ （010）68944439（学术售后服务热线）

网　　址 ／ http://www.bitpress.com.cn

版 印 次 ／ 2023 年 10 月第 1 版第 1 次印刷

印　　刷 ／ 三河市华骏印务包装有限公司

开　　本 ／ 710 mm × 1000 mm　1/16

印　　张 ／ 18.5

彩　　插 ／ 6

字　　数 ／ 324 千字

定　　价 ／ 92.00 元

前　言

　　自由活塞内燃发电机（FPEG）是自由活塞发动机与直线电机直接耦合而成的新型高效、高功率密度能量转换系统，自由活塞内燃机推动运动组件做往复直线运动，通过直线电机直接将燃料的化学能转换为电能。相比传统内燃机，FPEG精简了传统内燃机所具有的曲柄连杆机构，结构更为简单紧凑，且运动件摩擦功损小、潜在能量转化效率高。通过运动组件的往复直线运动，FPEG直接将燃料的化学能转换为电能，实现了原动机到电力负载的近零传递和直驱发电。FPEG由于不受曲柄连杆机械机构约束而具备压缩比可调、运行轨迹可控的特点，因此可适用汽油、柴油、重油等多种传统化石燃料，同时可满足氢气、乙醇、氨气等低碳清洁燃料的高效燃烧应用。进一步集成化设计的FPEG还可模块化应用，以适应不同平台对动力系统输出功率等指标的不同要求。未来，FPEG有望成为灵活布置、分布驱动动力系统的重要发展方向。本书详细介绍了在开展FPEG系统设计与物理样机实现过程中所涉及的仿真方法与试验测试技术，围绕FPEG样机性能开发目标，详细且系统地展示了样机开发过程中所涉及的主要仿真优化与试验测试工作。全书共7章，主要内容分为3个部分。第一部分（第1~3章）介绍了FPEG系统工作过程，缸内工作过程以及缸内、缸外传热过程的建模与仿真，结合零维、三维仿真手段预测样机工作过程，缸内进气、燃烧等气体流动过程，以及关键受热部件的传热过程等。第二部分（第4~6章）以性能为样机开发目标，结合仿真与试验测试手段，介绍了样机控制系统开发、电能转换与储存系统开发以及相关辅助系统开发流程。本书在最后一部分（第7章）介绍了 FPEG 物理样机一体化测控平台的设计与开发，包括测试物理环境集成、样机装配调试、技术状态调试以及相关试验测试方法与流程。

本书内容融合理论与实践应用，既可供动力工程及工程热物理、机械工程等学科和相关专业的本科生和研究生学习，也可供内燃机、混合动力、复杂机电系统设计等领域的相关技术和管理人员参考借鉴。

作者团队的诸多研究生前期在 FPEG 系统设计理论与方法、物理样机集成与测试等领域开展了富有成效的研究，部分研究成果也在本书一些章节中有所体现。在此对毛金龙博士、李延骁博士、刘春辉博士、闫晓东博士以及许大涛硕士、何谦益硕士、李林可硕士、郭宇耀硕士、刘运淇硕士、王瑶硕士、王伟硕士等表示感谢。张志远博士、在读博士研究生王嘉宇、在读硕士研究生魏铄鉴、靳秉睿承担了部分图表绘制、文字整理工作和全书初稿校核工作，在此一并表示感谢。在本书即将出版之际，感谢北京理工大学出版社对本书出版的大力支持以及钟博编辑为本书付出的辛勤努力。

本书所涉及的内容创新性强、涉及学科领域广且技术发展迅速，限于时间和作者水平，书中难免存在不足和疏漏之处，恳请广大读者包涵、指正。

冯慧华
于北京理工大学

目　　录

第 **1** 章
系统运行特性建模与仿真

自由活塞内燃发电机（Free Piston Engine Generator，FPEG）是由自由活塞发动机和直线电机直接耦合形成的新型发电系统。与传统曲柄连杆式内燃机相比，自由活塞发动机取消了曲轴系统和飞轮，高温高压混合气直接推动运动组件做往复直线运动，通过直线电机进一步将动能转化为电能输出。

FPEG 具有压缩比可变、结构紧凑、传动链短、振动噪声小、能量转化效率高以及功率密度高等优点。考虑 FPEG 运行过程中直线电机的电能特性，将 FPEG 与目前较为成熟的复合电源技术结合，匹配合理的复合供能/储能系统，可使电能得到高效利用。在需要电能供应的场合，FPEG 可单独使用或者模块化应用，具体应用目标包括混合动力车辆的增程器、无人机供电装置、坦克装甲车辆辅机电站等。

根据发动机模块数量以及与直线电机的布置形式，可以将 FPEG 划分为 3 类：单缸单活塞式、双缸双活塞式以及对置活塞式。本书涉及的 FPEG 主要为对置活塞式。对置活塞式 FPEG 主要包含直线电机、自由活塞发动机以及负载/储能单元，单缸单活塞式 FPEG 还配置有回弹机构，用于为活塞提供回复运动反力。此外，对置活塞式 FPEG 还包含保证双活塞运行同步性的同步机构。相对于双缸双活塞式以及单缸单活塞式 FPEG，对置活塞式 FPEG 结构更加复杂，控制难度更高，但其固有的自平衡特性使其具有优良的 NVH 性能[1]。

---

① NVH 是 Noise、Vibration、Harshness（噪声、振动与粗糙度）的缩写。

以下的各节将总结过去几十年来 FPEG 的技术进展，展望未来 FPEG 技术的应用前景。

1.1 零维仿真模型搭建

1.1.1 动力学模型

由于 FPEG 的两组活塞动子组件对称且同步，所以可将左、右两边的运动过程视为互相镜像。为了方便研究，以左侧活塞动子组件为研究对象，建立坐标系。对于一个运动系统，可以运用牛顿第二定律建立其合外力模型。由于自由活塞的活塞组件各部分是刚性连接的，而且没有曲柄连杆机构引起的侧向力，所以可以忽略重力影响，把所有受力表示在水平方向上，其合力决定了活塞动子组件的运动。在稳定运行过程中，活塞动子组件分别受到动力气缸的气体压力、回复气缸的气体压力、电磁阻力和摩擦阻力，后两者始终与活塞动子组件速度方向相反。活塞动子组件运动过程受力示意如图 1-1 所示。

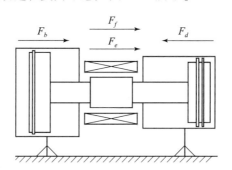

图 1-1 活塞动子组件运动过程受力示意

根据牛顿第二定律，其动力学方程为

$$m \frac{\mathrm{d}^2 x}{\mathrm{d}t^2} = F_d - F_b - F_f - F_e \qquad (1-1)$$

其中，F_d 是动力气缸的气体压力；F_b 是回复气缸的气体压力；F_e 是直线电机的电磁阻力；F_f 是与壁面接触的摩擦力；m 是活塞动子组件的质量。

动力气缸的气体压力由两部分组成——缸内混合气的体积变化压力和混合气燃烧时的爆发压力，其表达式为

$$F_d = p_c A_d + p_v A_d \tag{1-2}$$

其中，p_c 是混合气燃烧时的爆发压力；p_v 是动力气缸中混合气的体积变化压力；A_d 是动力活塞顶部面积。

回复气缸的气体压力仅是缸内密封气体的体积变化压力，所以表示为

$$F_b = p_b A_b \tag{1-3}$$

其中，p_b 是回复气缸中混合气的体积变化压力；A_b 是回复活塞顶部面积。

在 FPEG 系统中，摩擦力的来源主要是气缸活塞环与气缸壁的接触以及气体回复装置的密封环与气体回复装置缸壁的接触。由于摒除了曲柄连杆机构，活塞基本不受侧向力，同时活塞销、曲轴、凸轮轴轴承、连杆、齿轮等多个接触面的摩擦力也可以忽略不计，所以 FPEG 系统的总摩擦力小于传统的曲柄连杆内燃机。实际上，在直线电机中也有摩擦力，主要是动子与轴承以及定子线圈之间的摩擦力。因此，FPEG 系统的总摩擦力可以表示为三者之和的形式。

根据以往研究设计经验，为了便于计算，可以在仿真中假设摩擦力与速度成比例关系，其表达式为

$$F_f = C_f v \tag{1-4}$$

其中，C_f 是摩擦力系数。

1.1.2 电机力模型

直线电机处于发电模式时，动子来回切割磁感线产生感应电动势，其感应电动势遵循法拉第电磁感应定律。其表达式为

$$\varepsilon(t) = -N \frac{\mathrm{d}\Phi}{\mathrm{d}t} = -K_v \cdot v \tag{1-5}$$

其中，N 为线圈匝数；Φ 为线圈磁通量；K_v 为反电动势常数。

忽略负载电路电感与电容的影响，根据欧姆定律，线圈内部电路的电流为

$$i(t) = \frac{\varepsilon(t)}{R_s + R_L} \tag{1-6}$$

其中，R_s 为线圈内阻；R_L 为外部负载电阻。

联立式式（1-5）、式（1-6）可得

$$F_e = \frac{K_e \cdot K_v \cdot v}{R_s + R_L} \tag{1-7}$$

因此，在直线电机已经确定时，就可以认为电磁阻力也与速度成比例关系，简化以后其表达式为

$$F_e = C_e v \qquad (1-8)$$

其中，C_e 是电磁阻尼系数（电机力系数）。

$$C_e = \frac{K_i \cdot K_v}{R_s + R_L} \qquad (1-9)$$

1.1.3　缸内热力学模型

在稳定运行的二冲程 FPEG 系统中，气缸工作过程划分为换气、压缩、燃烧放热、膨胀做功 4 个阶段，缸内能量和成分在循环中不断变化，需要用热力学模型描述。在 Matlab/Simulink 的环境中进行仿真时，可实现发动机的零维燃烧模型，采用均匀性假设，系统中各点的热力状态相同、化学成分相同，参数不随空间坐标变化，所以忽略了燃烧室形状、缸内气流组织以及火焰传播等因素对实际性能的影响，并假设混合气始终遵循理想气体状态方程。

$$pV = mR_g T \qquad (1-10)$$

其中，p 是动力气缸压力；V 是混合气体积；m 是混合气质量；R_g 是理想气体常数；T 是混合气温度。

动力气缸和回复气缸的气体的体积变化都是多变过程，故

$$pV^\gamma = C \qquad (1-11)$$

其中，γ 为多变指数；C 代表一个常数。

以左缸为例建立开口热力系统，系统的能量变化如图 1-2 所示。

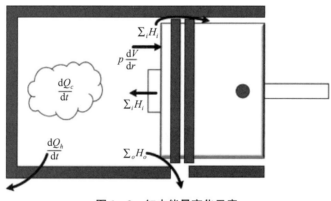

图 1-2　缸内能量变化示意

根据热力学第一定律、质量守恒定律以及理想气体方程，得到其热力学方程表达式为

$$\frac{\mathrm{d}U}{\mathrm{d}t} = \frac{\mathrm{d}Q_c}{\mathrm{d}t} - \frac{\mathrm{d}Q_h}{\mathrm{d}t} - p\frac{\mathrm{d}V}{\mathrm{d}t} + \sum_i H_i - \sum_o H_o - \sum_l H_l \quad (1-12)$$

其中，U 为混合气的内能；Q_c 为混合气燃烧释放的热量；Q_h 为从气缸壁传递出的热量；H_i 为进入气缸内物质的焓；H_o 为从排气口释放的物质的焓；H_l 为从活塞环泄漏的混合气的焓；p 为实时缸压；V 为实时混合气体积。

根据理想气体方程推导出缸内气体压力的变化率方程为

$$\frac{\mathrm{d}p}{\mathrm{d}t} = \frac{\gamma-1}{V}\left(\frac{\mathrm{d}Q_c}{\mathrm{d}t} - \frac{\mathrm{d}Q_{ht}}{\mathrm{d}t}\right) - \frac{p\gamma}{V}\cdot\frac{\mathrm{d}V}{\mathrm{d}t} + \frac{p\gamma}{m}\left(\frac{\mathrm{d}m_i}{\mathrm{d}t} - \frac{\mathrm{d}m_o}{\mathrm{d}t} - \frac{\mathrm{d}m_l}{\mathrm{d}t}\right) \quad (1-13)$$

其中，m 为缸内混合气质量；m_i 为进入缸内的混合气质量；m_o 为从排气口流出的残余废气质量；m_l 为从活塞环泄漏出的混合气质量。

由于缸内气体遵守修正后的气体状态方程，所以可求得缸内温度为

$$T = \frac{pV}{mZR_g} \quad (1-14)$$

其中，Z 是压缩因子。因为考虑到温度超过 1 000 K 之后空气中的氮气和氧气都不遵循理想气体状态方程，查图确定其压缩因子为 1.2，在温度小于 1 000 K 时 Z 也大于 1，故做此假设使过程更贴近实际。

对于混合气燃烧放热量 Q_c，采用单韦伯燃烧放热模型，其表达式为

$$\frac{\mathrm{d}Q_c}{\mathrm{d}t} = a\frac{b+1}{t_d}\left(\frac{t-t_0}{t_d}\right)^b \exp\left(-a\left(\frac{t-t_0}{t_d}\right)^{b+1}\right)Q_{in} \quad (1-15)$$

其中，a 表示燃烧期间燃料消耗的百分数；b 称为燃烧品质因数；t_d 为燃烧持续期；t_0 为燃烧起始时刻；t 为时间；Q_{in} 为每循环燃料完全燃烧的总热量。

$$a = -\ln(1-x) \quad (1-16)$$

其中，x 是在燃烧期间消耗燃料的百分数，假设 x 为 99.9%，那么 $a = 6.908$；为了计算方便且直观，取 $a = 5$，此时 x 为 99.32%。

燃料燃烧的放热量由进气量计算出，其表达式为

$$Q_m = m_{air} \times l_0 \times H_w \quad (1-17)$$

其中，m_{air} 为每循环进气量。

对于缸壁传热 Q，查文献采用 Hohenberg 公式进行计算：

$$\frac{\mathrm{d}Q_{ht}}{\mathrm{d}t} = 130V^{-0.06}\left(\frac{p}{1\times10^5}\right)^{0.8}T^{-0.4}(\bar{v}+1.4)^{0.8}A_w(T-T_w) \quad (1-18)$$

其中，$\bar{v}$ 为活塞动子组件的平均速度；A_w 为缸壁传热面积；T_w 为缸壁温度。对于缸内进、排气以及气体泄漏所引起的焓变，其原理上都是因为扫气口与气缸、气缸与排气口以及活塞环两侧存在压差而发生了气体的对流。随着压差逐渐减

小，流动会从亚临界流动转变为超临界流动，采用一元气体动力学计算气体流量，其表达式为

$$\frac{\mathrm{d}m}{\mathrm{d}t} = \begin{cases} \dfrac{C_d A p_h}{\sqrt{R T_{ph}}} \left(\dfrac{p_l}{p_h}\right) \sqrt{\dfrac{2\gamma}{\gamma-1}\left[1-\left(\dfrac{p_l}{p_h}\right)^{\frac{\gamma-1}{\gamma}}\right]}, \dfrac{p_l}{p_h} > \left[2/(\gamma+1)\right]^{\frac{\gamma}{\gamma-1}} \\[4mm] \dfrac{C_d A p_h}{\sqrt{R T_{ph}}} \gamma^{\frac{1}{2}} \left(\dfrac{2}{\gamma+1}\right)^{\frac{\gamma+1}{2(\gamma-1)}}, \dfrac{p_l}{p_h} \leqslant \left[2/(\gamma+1)\right]^{\frac{\gamma}{\gamma-1}} \end{cases} \quad (1-19)$$

其中，C_d 为流量系数；A 为流体的参考面积；p_h 为高压侧气体压力；p_l 为低压侧气体压力；T_{ph} 为高压侧气体温度。

$$C_d = 0.85 - 0.25 \left(\frac{p_l}{p_h}\right)^2 \quad (1-20)$$

将扫气口两侧、排气口两侧、活塞环两侧的压力差分别代入式（1-19），就可以求得各种情况下的气体流量。

1.1.4　气缸内各阶段热力学过程分析

缸内开口热力系统中的能量和质量在循环中连续变化，每个循环阶段都有不同形式的能量加入或减少，因此热力学微分方程在每个阶段的表达形式都不同。

对于压缩和膨胀阶段，进、排气口关闭，混合气燃烧放热还未开始或者已经结束，缸内混合气在做多变压缩或膨胀。因为气体温度和压力剧烈上升，与环境的温差和压差导致缸壁传热和活塞环泄漏，所以其热力学方程为

$$\frac{\mathrm{d}p}{\mathrm{d}t} = \frac{\gamma-1}{V}\left(-\frac{\mathrm{d}Q_{ht}}{\mathrm{d}t}\right) - \frac{p\gamma}{V}\cdot\frac{\mathrm{d}V}{\mathrm{d}t} + \frac{p\gamma}{m}\left(-\frac{\mathrm{d}m_l}{\mathrm{d}t}\right) \quad (1-21)$$

相对于燃烧阶段，混合气燃烧放热提供能量，也是系统的能量来源，其热力学方程为

$$\frac{\mathrm{d}p}{\mathrm{d}t} = \frac{\gamma-1}{V}\left(\frac{\mathrm{d}Q_c}{\mathrm{d}t} - \frac{\mathrm{d}Q_{ht}}{\mathrm{d}t}\right) - \frac{p\gamma}{V}\cdot\frac{\mathrm{d}V}{\mathrm{d}t} + \frac{p\gamma}{m}\left(-\frac{\mathrm{d}m_l}{\mathrm{d}t}\right) \quad (1-22)$$

在换气阶段，因为高温高压废气被迅速从排气口排出，而与环境温度压力近似的新鲜冲量也被充入，所以可以不考虑其与缸壁和活塞环之间的能量与质量交换。当动力活塞运动到排气口打开位置而未到扫气口时，此时缸内的高压混合气开始自由排气，同样的情况还发生在活塞上行到扫气口关闭位置时，在此阶段只有气体流出的焓变，其热力学方程为

$$\frac{\mathrm{d}p}{\mathrm{d}t} = -\frac{p\gamma}{m} \cdot \frac{\mathrm{d}m_o}{\mathrm{d}t} \qquad (1-23)$$

在进、排气口叠开阶段，扫气口进气与排气口排气同时进行，假设它们为两个互不干涉的过程，热力学方程就表示为二者的焓变之和：

$$\frac{\mathrm{d}p}{\mathrm{d}t} = \frac{p\gamma}{m}\left(\frac{\mathrm{d}m_i}{\mathrm{d}t} - \frac{\mathrm{d}m_o}{\mathrm{d}t}\right) \qquad (1-24)$$

根据上述各阶段热力学方程的精确描述以及前文的数学模型，可以在Matlab/Simulink 平台上进行仿真程序的设计。利用 Stateflow 的流程图功能，根据活塞位置触发各阶段热力学模型，从而表示出能量与质量在仿真过程中的连续变化。

1.1.5 Simulink 仿真模型

根据活塞的动力学方程以及各个阶段的热力学方程，在 Matlab/Simulink 仿真环境中建立仿真模型。左、右两缸互为镜像，仅对左侧发动机进行建模。建立运动坐标系，以左缸上止点作为坐标原点，向右为正方向。整体采用嵌套结构，在子模块中建立动力气缸气体压力、回复气缸气体压力、电机力以及摩擦力模型，其程序图如图 1-3 所示；再在动力气缸子模块中用子模块将各个阶段的热力学方程表达出来，采用 Stateflow 流程图按位置信号触发，其程序图如图 1-4 所示。

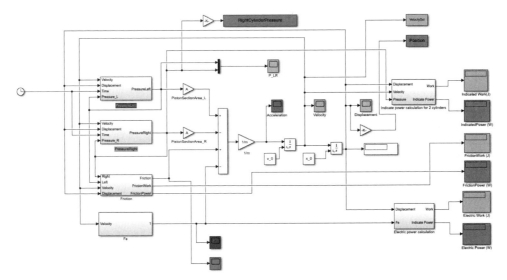

图 1-3 发动机动力学模型程序图

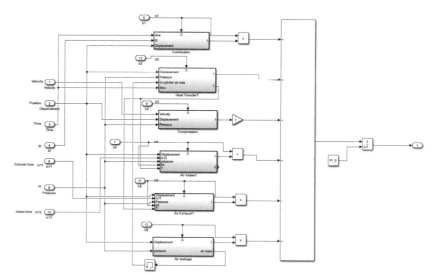

图 1 - 4   发动机热力学模型程序图

最后要对仿真模型中的常量赋值，代入前文所设计的结构参数、经验与半经验公式中的经验参数以及控制参数的取值，其中部分仿真参数见表 1 - 1。运行模型，求解，观测发动机的工作性能，如活塞动子组件的位移、速度、加速度以及缸内压力、温度等。

表 1 - 1   主要模型仿真参数

符号	参数名称	数值	单位
B_1	动力气缸缸径	56.50	mm
L_1	总行程	55.00	mm
m	活塞动子组件质量	4.00	kg
CR	压缩比	10.00	—
l_0	化学计量空燃比	14.80	—
B_2	回复气缸缸径	115.00	mm
P_0	环境压力	101 000.00	Pa
T_0	环境温度	293.15	K
C_e	电机力系数	240.00	—
C_f	摩擦力系数	50.00	—

仿真结果如下。

关于仿真变量的初值，将初始位置设置在压缩冲程起始点，活塞动子组件初始速度为零，以回复气缸作为动力源，使系统最终稳定运行。仿真时间为 0.3 s，求解器为 ode4，运行之后就可得到仿真结果。图 1－5～图 1－7 分别为活塞动子组件的加速度、速度、位移曲线。

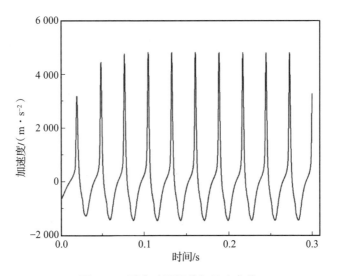

图 1－5　活塞动子组件加速度曲线

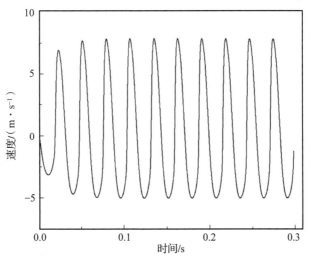

图 1－6　活塞动子组件速度曲线

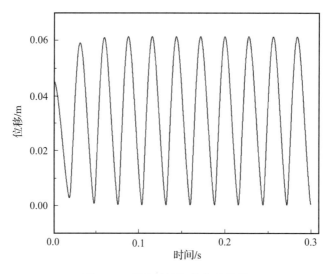

图 1 - 7 活塞动子组件位移曲线

如图 1 - 5 ~ 图 1 - 7 所示，被压缩的回复气缸能够把静止的活塞推到点火位置，并且使发动机在两个工作循环后达到稳定状态，方案可行性得到了验证。相比于传统的曲柄连杆式发动机，FPEG 的运动关于上止点不对称，加速度在上止点附近出现了尖峰，而在其余位置普遍较小。因为没有曲柄连杆机构的约束，燃烧的爆发压力直接作用在活塞顶面，此时速度反向，线性阻尼力较小，回复气缸也没有被压缩，所以瞬间获得非常大的加速度。另外，没有飞轮以及曲柄连杆机构的惯性，在燃烧阶段结束后，此时速度大，线性阻尼力大，回复装置受压的反向作用力也增大，使发动机的加速度急剧减小，即使在压缩装置反向压缩的时候，也仅能够提供运动到上止点的能量，所以加速度也比较小。速度最大位置出现在上止点之后，机构的膨胀行程快于压缩行程，活塞在上止点停留的时间更短，不利于等容燃烧；平均速度较小，因此工作频率比较低，适当增加频率有利于电机功率的提高。位移图像也在上止点位置出现尖峰，反映出活塞关于上、下止点运动不对称，活塞不能够完全运动到上止点，因此压缩比与预设存在偏差，可以通过调整控制参数来减小误差。对于这种运动规律，需要配合快速燃烧技术并精确控制喷油点火时刻，以增强等容燃烧，保证性能最优。

图 1 - 8 所示是动力气缸压力曲线，由于假设换气过程是理想的零维过程，气体的交换量在稳定循环下是不变的，符合设计时的 100% 充气效率假设，所以每个循环的初始气体状态也是恒定的。因为不考虑气流的影响和气口的形位因

素，所以进、排气过程都进行得较为迅速，这使对应部分曲线不够平滑，这一点是与实际过程不同的，需要高维度 CFD 仿真来精确模拟，但对零维模型放热的影响不大。结果显示，动力气缸峰值缸压为 7.5 MPa，并不会造成汽油机的爆燃，因此对机械结构的可靠性影响较小。峰值压力出现的位置在上止点后 $5°CA \sim 10°CA$，与传统发动机相似，通过调整点火参数可以改变峰值压力的大小和位置。除燃烧阶段以外，压缩和膨胀都遵循多变过程。

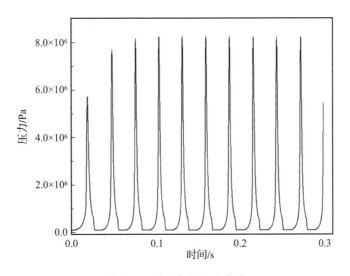

图 1 - 8　动力气缸压力曲线

由仿真结果得到的双直线电机输出功率如图 1 - 9 所示。尽管存在实时波动，双电机的最终输出功率接近 8 kW，与设计预期一致。由于采用的功率表示方法是电机力做功与时间的比值，在初始时刻电机力做功存在阶跃，使后续计算中有一个重复性的增量，增量值逐渐减小，因此最终功率计算结果会逼近一个极限，略微大于实际结果。双直线电机输出功率在稳定后可以达到 8 kW 的设计需求，再次验证了结构设计的可行性，最终由未来的台架试验加以检验。

图 1 - 10 所示为电机力 - 位移环。因为电机力绝对值和速度成正比，所以在峰值速度位置电机力也最大，稳定工作后的峰值电机力为 1 800 N 左右，在所采用直线电动机的峰值推力范围内，故其能够匹配发动机的需求。峰值电机力出现在上止点之后，但迅速衰减并反向增加，因此持续时间很短，最终反向增大到 1 000 N 左右，在下止点位置再次出现电机力的反转，但相对于上止点较为平缓，这体现了 FPEG 速度的不对称性。在压缩、膨胀阶段电机力变化缓慢，且持续在较大推力上，因此整个过程中电动机做功主要是在压缩、膨胀阶段完成的，这也与

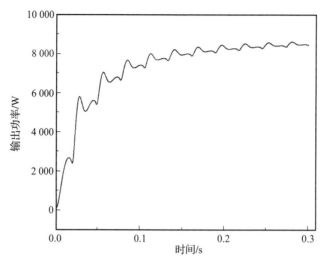

图 1 - 9 双直线电机输出功率

图 1 - 9 中双电机输出功率的循环波动符合。相比于发动机直接把燃烧的能量传递给活塞动子组件转化为其动能，电机力做功存在滞后，在电机力做功的同时，动能也转化为摩擦功和回复装置的压缩负功。这体现了在一个工作循环内 FPEG 系统能量传递的过程，优化能量传递链，使热 - 电转化效率提高也是设计研究需要考虑的。

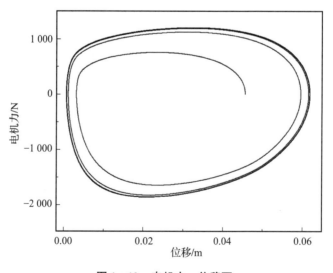

图 1 - 10 电机力 - 位移环

经过仿真，主要性能指标的设计预期与仿真结果的对比见表 1 - 2。

表 1 - 2　性能指标的设计预期与仿真结果的对比

性能指标	设计预期	仿真结果
压缩比	10	8.35
频率	30 Hz	33 Hz
峰值温度	不高于 3 000 K	2 900 K
指示效率	35%	39.9%
输出功率	双电机 8 kW	7.8 kW

　　根据表 1 - 2 的结果，所设计 FPEG 系统的性能基本符合设计预期。误差最大的是压缩比，仿真结果与预期目标的误差为 16.5%，为了解决这一问题，后文会通过变负载控制得到精确压缩比。但实际上，增大压缩比也会引起峰值压力和温度的上升，容易引起汽油机的爆燃，并增加对结构可靠性的要求，因此如果输出性能能够满足设计要求，适当减小压缩比对发动机有帮助。因为压缩比减小，所以活塞动子组件的有效行程减小，频率也略微提高，但频率在直线电机的工作范围之内。峰值温度符合要求，3 000 K 以内是一般发动机缸体都可承受的热负荷，这也有效地抑制了 NO_x 的产生。指示效率比预期高，凭借经验知道在实际中内燃机的效率不可能很高，但在仿真过程中经过简化和假设，许多影响效率的因素没有被考虑进来，如当温度高于 1 000 K 后混合气不再遵循理想气体状态方程、气流的组织会影响扫气效率、火焰的传播速度限制了工质的充分燃烧，因此仿真结果的指示效率会高出实际。对于指示效率的校验需要根据样机试验，修正模型的参数。输出功率的情况比较符合设计目标，电机力系数的取值对直线电机输出功率影响很大。

　　综上所述，仿真结果基本符合设计预期，但压缩比、工作频率、指示效率等存在误差，这反映了模型本身的问题以及设计计算的不精确。在零维仿真的范围内，本身采用了均匀性假设；在动力学分析中，也将强耦合和的非线性问题转化为常微分方程以便能够用 Simulink 求解，导致存在固有误差。当然，模型的校验修改是一个重要的环节，需要结合高维度仿真和台架试验的结果，观测实际 FPEG 系统的性能，从而修正零维仿真模型以贴合实际。可以肯定的是，模型的仿真结果较为准确地反映了 FPEG 的动力学、热力学性能，以及实时变化趋势，对样机试验研究具有相当重要的参考意义。

1.2 FPEG 起动策略以及起动过程仿真分析

1.2.1 FPEG 起动策略研究

传统的曲柄连杆发动机依靠起动机带动飞轮和曲轴，从而实现发动机的冷起动。FPEG 摒除了这一套机构，因此需要设计原理不同的起动方式。相比于附加外部起动装置，FPEG 的研究者们更愿意采用直线电机倒拖的方式，这样不会增大系统体积，同时发挥了直线电机既能用作电动机又能用作发电机的优势。

起动过程的主要目的是使活塞运动到点火位置，成功点火，为达到这一目的，有一次起动和振荡起动两种方式。一次起动是提供足够的推力一次性将活塞动子组件压缩到点火所需要的压缩比；振荡起动是使直线电机输出恒定的推力，并且时刻与活塞运动的速度同向，在此过程中，活塞不断累积能量，每循环的有效位移也不断增大，直到压缩到点火位置。前文介绍过，直线电机的峰值推力受到直线电机结构和定子线圈的峰值电流的限制，因此不能无上限增大推力使活塞在第一个循环就被压缩到点火位置，只要循环次数足够多，振荡起动所需要的直线电机推力是远远小于一次起动的。因此，本研究采用振荡起动的方式，仿真测试出适合的起动电机力，在仿真模型中成功起动。

对于实际直线电机，在反电动势的作用下，与恒定推力对应的初始电流、电压会随反电动势的增大而减小，因此需要采取闭环控制方式稳定直线电机电流以保持推力相对恒定。在发动机仿真模型的冷起动研究中，因为电机力是从外部施加在活塞动子组件上的，所以不考虑直线电机的影响，始终以恒力表示，暂不需要引入闭环控制策略。这一点是仿真模型与样机试验的不同之处。

在双缸双活塞直线发电机系统中，唯一一组直线电机布置在系统中心，为振荡起动提供恒定的电机力。但在对置双缸自由活塞发电机系统中，有两组关于中心对称的直线电机，且两组活塞动子组件并不相互独立，依靠同步机构来确保相对运行位置一致。对于这种结构的振荡起动，有单电机起动和双电机起动两种方式。本书将针对这两种起动方式，分别进行建模仿真工作，分析结果并得出结论。

在仿真建模之前，需要确定系统的初始状态。双缸双活塞直线发电机系统两侧的活塞顶面面积相同，静止时的平衡位置就是系统的几何中心，两端气缸都维持在一个大气压，因此其振荡起动的初始位置很容易确定。对于对置双缸结构，要通过同步机构保证两组活塞组件的运动相对于系统的几何中心对称，首先要确保两侧的回复气缸储存等量的气体，且气体量足够。即便有活塞环密封，回复气缸中的气体还是会随着时间的推移而泄漏，直到与外界大气压力一致，因此要在回复气缸上安装单向阀以便在起动过程中向回复气缸补充气体。在活塞运动到上止点时会由于泄漏而形成负压，外界气源在单向阀的作用下补充气体使压力恢复到一个大气压。因此，由于泄漏的存在，对置单缸双活塞发电机（OPFPEG）系统在静止时的活塞相对位置是不固定的，不能仅以静止位置为起动参考位置，需要选择一个合适的起动位置。本书将初始位置设计在排气冲程的范围内，此时动力气缸内的气体与外界大气连通，气体压力为一个大气压，在向上止点运动时，无论回复气缸泄漏情况如何，活塞所受气体压力都最小，因此可以以小的恒定推力实现起动；反之，如果将初始位置设计在排气口与上止点中间的任意位置，在活塞从上止点向下止点运动的过程中会有一个气缸内气体压力小于环境压力的阶段，形成抽真空效应，缸内气体做负功，导致起动电机力增大。因此，将起动位置设定在排气口范围内，有利于以最小电机力起动，当活塞最终运动到上止点时，回复气缸所泄漏的气体也被重新充满。在仿真模型中，以排气口恰好要关闭的活塞位置为起动初始位置。

1.2.2 对置单缸双活塞发电机系统双直线电机同步起动过程数值仿真

起动过程与稳定运行过程类似，也需要用动力学、热力学微分方程来描述其工作过程，除直线电机推力外，其他输入量如样机结构尺寸、经验参数等都不变。根据牛顿第二定律建立动力学方程，得到起动过程的动力学方程为

$$\vec{F_d} + \vec{F_b} + \vec{F_p} + \vec{F_f} + \vec{F_e} = m\vec{a} \tag{1-25}$$

其中，F_e 是直线电机恒定推力。在稳定工作过程中，因为缸内燃烧的巨大峰值压力，在仿真过程中忽略了背压差 F_p，但在起动过程中，活塞动子组件所受气体合力的大小决定了直线电机恒定推力的取值，所以要考虑这一压力。

$$F_p = p_0(A_b - A_d) \tag{1-26}$$

直线电机恒定推力始终与速度同向，在稳定控制条件下，其表达式为

$$F_e = \text{sign}(v) \cdot F_{\text{stator}} \qquad (1-27)$$

其中，F_{stator} 是直线电机恒定推力的数值。

系统的总摩擦力由动力活塞、回复活塞与气缸壁之间的摩擦力以及直线电机动子与支撑轴承之间的摩擦力组成，仍表示为与速度的比例关系，其表达式为

$$F_f = -C_f v \qquad (1-28)$$

动力气缸与回复气缸内的气体压力用热力学方程求解。以单缸为研究对象，根据理想气体假设，采用零维模型，得到热力学方程为

$$\frac{\mathrm{d}U}{\mathrm{d}t} = -\frac{\mathrm{d}Q_h}{\mathrm{d}t} - p\frac{\mathrm{d}V}{\mathrm{d}t} + \sum_i H_i - \sum_o H_o - \sum_l H_l \qquad (1-29)$$

相比于稳定运行热力学方程，起动过程热力学方程没有燃料燃烧的放热项。可得缸内压力变化为

$$\frac{\mathrm{d}p}{\mathrm{d}t} = \frac{\gamma-1}{V}\left(-\frac{\mathrm{d}Q_{ht}}{\mathrm{d}t}\right) - \frac{p\gamma}{V}\cdot\frac{\mathrm{d}V}{\mathrm{d}t} + \frac{p\gamma}{m}\left(\frac{\mathrm{d}m_i}{\mathrm{d}t} - \frac{\mathrm{d}m_o}{\mathrm{d}t} - \frac{\mathrm{d}m_l}{\mathrm{d}t}\right) \qquad (1-30)$$

在起动过程中因为温度接近环境温度，存在密封环阻止泄漏且环两侧压差不大，所以可以不考虑缸内气体传热和泄漏的影响。对方程影响最大的是体积变化项，其遵循多变过程，压力与体积的关系式为

$$pV^\gamma = C \qquad (1-31)$$

其中，C 为常数。

为了使仿真更贴合实际，在测定出回复气缸的初始气压后，考虑到当回复气缸内气体压力小于环境大气压的情况，单向阀向的补气作用，可以设计气体交换模型。

基于左、右组活塞动子组件运动的镜像关系，并假设二者始终保持同步，以单侧气缸为例在 Matlab/Simulink 环境中建立仿真模型，得到 OPFPEG 系统双直线电机同步起动仿真程序图如图 1-11 所示，表 1-3 给出了 OPFPEG 系统双直线电机同步起动仿真参数的取值。

对于点燃式发动机，缸内可燃混合气能够达到点火状态的判断条件就是发动机的压缩比以及压缩冲程结束时的缸内气体压力。压缩比可以直接由活塞组件的位移计算得到，故以活塞位移作为仿真程序中控制点火的信号，当活塞多次振荡后运动到点火位移，就认为满足压缩比点火条件；通过多变压缩，在达到压缩比后缸内温度和压力是可以实现点火的。

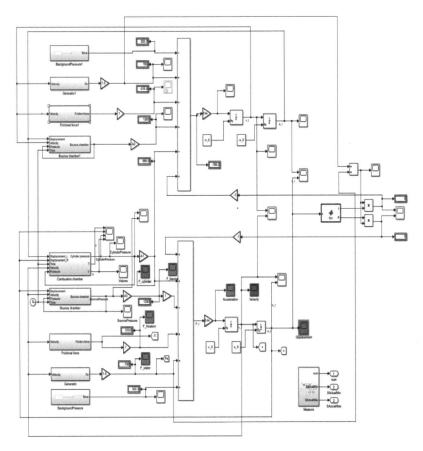

图 1 - 11　OPFPEG 系统双直线电机同步起动仿真程序图

表 1 - 3　OPFPEG 系统双直线电机同步起动仿真参数

仿真参数	数值	单位
直线电机起动推力	150 ~ 300	N
进气压力	1	bar
活塞初始速度	0	m/s
进气温度	297	K
摩擦力	65	N

　　通过不断重复仿真过程，本书最终确定单侧直线电机的恒定推力为 150 N。在此推力下仿真得到的活塞位移曲线如图 1 - 12 所示。结果表明，活塞动子组件

的运动轨迹类似正弦曲线，且峰值位置随着循环次数逐渐增大，在第 4 个循环时已经超过了预设点火位置，对应的压缩比为 8，此时缸内峰值压力为 10 bar，温度接近 750 K，满足一般点燃式发动机点火的要求。假设回复气缸不存在泄漏，在直线电机恒定推力和回复压力的共同推动下，动力活塞开始起动，而后反向压缩时并不能把活塞动子组件推回到初始起动位置，这一点与实际起动过程存在出入。

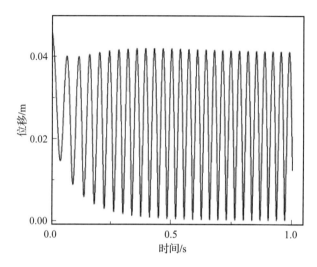

图 1 – 12　OPFPEG 系统双直线电机同步起动活塞位移曲线

图 1 – 13 所示为 OPFPEG 系统起动过程中活塞组件的运动特性，即位移 – 速度环。仿真结果显示，活塞的速度关于上止点基本对称，这一点与稳定运行过程不同。当靠近上止点的时候，动力气缸内气体压力迅速增大，使加速度也迅速增大，活塞迅速实现运动方向的反向；在逐渐靠近下止点时，回复气缸阻力增大，但压缩比小，因此加速度小，活塞运行速度变化平缓，未达到下止点就已经实现了反向。在振荡起动阶段初期，活塞位移振幅小，图 1 – 13 中环的面积也小，并随着振幅的增大而增大，在 4 个循环后，外圆轨迹基本重合，说明已经到达点火位置，并且实现了平衡，因为没有燃烧能量的输入，所以刚好能达到平衡的直线电机推力就是起动所需的最小直线电机推力。

图 1 – 14 所示为 OPFPEG 系统双电机同步振荡起动中动力气缸内气体压力的变化，在第 4 个循环结束时，缸内气体峰值压力已经超过了 10 bar，满足起动点火的要求。通过压力变化能更直观地反映起动过程的原理，即能量的积累过程，逐渐增大的循环压力给活塞提供了更大的动能。图 1 – 14 中超过 4 个循环后缸内

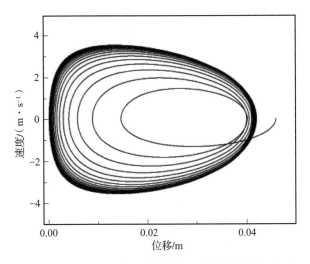

图 1-13 OPFPEG 系统双直线电机同步起动位移 - 速度环

压力还会显著增大，说明尽管在第 4 个循环达到了起动位置，但是系统并没有达到平衡，系统还会有循环位移的增加，因为多变过程的压力变化关系，较小的位移增量就会引起缸内气体压力的显著增大，所以这一变化在图 1-14 中更为明显。但在台架试验中，当位置传感器检测到在第 4 个循环达到起动压缩比时，发动机就会点火，同时将直线电机转换为发电机模式，因此之后的循环并不会发生上述变化。

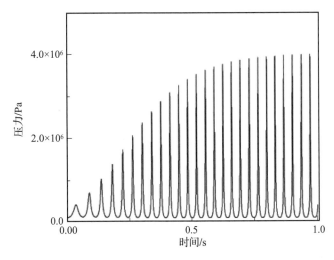

图 1-14 OPFPEG 系统双直线电机同步起动中动力气缸内气体压力的变化

1.2.3　对置单缸双活塞发电机系统单直线电机同步起动过程数值仿真

双直线电机同步起动能够迅速达到系统冷起动所需的压缩比和缸内压力，但实际过程中的同步控制却是一个难点。以往关于自由活塞的研究很少做过双直线电机的同步控制试验，可参考的是工业上的多直线电机龙门控制。为了绕开这个问题，有人提出了单直线电机起动策略。单直线电机起动策略是仅用单侧直线电机拖动单侧活塞动子组件完成起动过程，另一侧活塞动子组件依靠同步机构的传递力实现同步运动。

当不考虑同步机构的机械损失和响应速度时，单直线电机起动能够保持两侧活塞的实时同步。在搭建仿真模型时，其热力学模型与双直线电机起动是一致的，区别就在于动力学模型。假设左侧直线电机负责提供恒定推力，以向右运动为正方向，左侧活塞动子组件的动力学方程为

$$F_{el} - F_{dl} + F_{bl} - F_{pl} - F_{fl} - F_{sl} = ma_l \tag{1-32}$$

其中，下标 l 表示左侧气缸；F_s 是同步机构在左、右气缸之间传递的相互作用力。

右侧活塞动子组件的动力学方程为

$$F_{dr} - F_{br} + F_{pr} - F_{fr} + F_{sr} = ma_r \tag{1-33}$$

其中，下标 r 表示右侧气缸。

同步机构原理如图 1-15 所示，通过一组曲柄连杆机构连接两组动力活塞。只要自由活塞系统的行程极限都不会使曲柄连杆机构旋转一周，其行程和压缩比就不会受到同步机构的约束，因此仍可称之为自由活塞。同步机构的作用就是负责传递作用力，使两边活塞同步运动，其中曲柄半径、连杆长度分别为 r 和 l。当出现不同步的情况时，拖动侧的连杆向曲柄施加作用力，带动另一侧连杆保持旋转相位一致。同步机构不仅是在起动过程中起作用，在稳定工作时也需要同步机构保证两侧活塞同步。联立左、右活塞动子组件的动力学方程，就可以求得同步力。

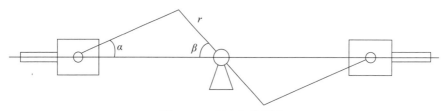

图 1-15　同步机构原理

根据数学方程在 Matlab/Simulink 环境中搭建仿真模型，图 1 - 16 所示为
OPFPEG 系统单直线电机同步起动仿真程序图。

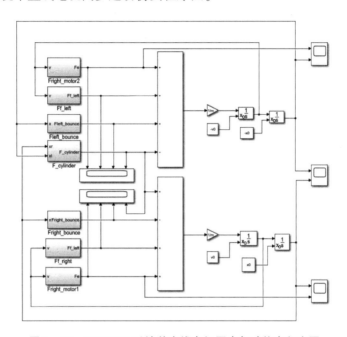

图 1 - 16　OPFPEG 系统单直线电机同步起动仿真程序图

单直线电机同步起动需要较大的直线电机推力，通过反复插值仿真，最终确
定直线电机恒定推力为 400 N。除直线电机推力以外，其他仿真输入量都与双直
线电机同步起动相同。图 1 - 17 所示为 OPFPEG 系统单直线电机同步起动左侧活
塞动子组件的位移曲线，因为两侧同步，所以右侧图像与左侧相同。活塞从气口
打开位置向上止点运动，经过 5 次振荡循环达到点火位置。直线电机提供的初始
推力仍旧无法将活塞压回初始位置，且稳定运动的最下端与双直线电机同步起动
接近，都在 40 mm 的位置，这也证明了无论是单直线电机还是双直线电机同步起
动，使活塞运动到点火位置所需要积累的能量是相等的，其最小直线电机起动推
力也都可以确定。

图 1 - 18 所示为 OPFPEG 系统单直线电机同步起动动力气缸气体压力曲线。
图中显示预设的 400 N 恒定推力并不是满足起动要求的最小推力，在动力气缸经
过 4 个循环后，缸内气体压力就已经达到了 15 bar，温度为 580 K，压缩比超过
8，满足冷起动的要求。增大恒定推力的优势就在于可以快速达到起动状态，减
少起动所需循环次数，并且创造更有利的点火条件。

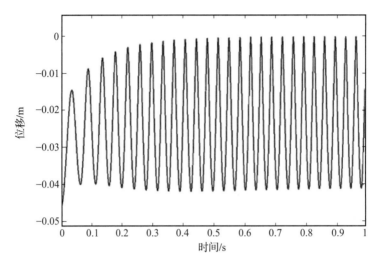

图 1 - 17 OPFPEG 系统单直线电机同步起动左侧活塞子组件的位移曲线

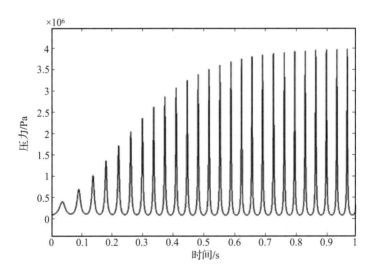

图 1 - 18 OPFPEG 系统单直线电机同步起动动力气缸气体压力曲线

单直线电机同步起动与双直线电机同步起动相比，优点在于控制策略简单，不需要考虑双直线电机的同步控制问题，缺点在于对同步机构的设计要求很高，一方面同步机构的杆件需要有足够的刚度和强度来传递力，另一方面要提高传递效率，减小误差；同时，对于电动机，双直线电机同步起动所需的恒定推力明显小于单直线电机同步起动的恒定推力，如果单直线电机所能够提供的持续推力不足以起动，那么仍旧需要采用双电机同步起动方式。本书仅限于理论仿真，分析二者的利弊，但在发动机试验中，则需根据实际条件下两种起动方式实现的难易程度来决定。

1.2.4　对置单缸双活塞发电机系统高压气源起动过程数值仿真

高压气源起动仿真是自由活塞内燃机的备用起动方案的前期技术研究分析。高压气源起动的关注点在于提供合适的回复气缸气体压力，在一个循环内将活塞动子组件推向燃烧室内止点，保证第一个冲程的压缩比达到混合气的燃烧条件，同时需要保证在第二个冲程，燃烧的能量能够推动活塞动子组件至下止点，完成燃烧室内换气、回复气缸压缩能积蓄的过程，这样才能达到第二个循环运行的条件，保证系统能够连续有效地运行。

基于以上思考，在高压气源起动过程零维仿真模型中将不考虑回复缸高压气源进、排气过程和传热换热过程，只考虑一定质量/压力的气体在回复气缸内的纯压缩过程。燃烧室内未燃混合气也不考虑进排气和传热过程的影响，处理成理想气体。系统的能量来源是高压气源的压缩能量，能量消耗主要是系统的摩擦损耗和电磁损耗。

摩擦损耗模型采用经验公式模型，由静摩擦力和动摩擦力两部分组成。静摩擦力从试验台架上实测得到，因为动力活塞和回复活塞上都有活塞环，且活塞动子组件光轴通过直线轴承、橡胶密封圈进行支撑和密封，这样使系统静摩擦力的数值比较大。动摩擦力是回复气缸和动力气缸的缸内压力、活塞环外圆接触面积和摩擦系数的乘积。摩擦系数与活塞运动速度、活塞的润滑条件有关，在接近内止点或外止点的时候，缸内压力高且活塞运行速度低，摩擦系数较大；在活塞运行在高速区时，摩擦系数随着速度的增大而增大。由于实际的摩擦系数难以测量，一般可以将其看作常数。

电磁损耗主要是考虑直线电机内阻和外阻的损耗，涡流损耗和磁滞损耗因为没有试验或者三维仿真的数据难以获取；不过这两类损耗在直线电机损耗中占比较小，可以在前期的探索模型中忽略其影响。

仿真模型建模如图 1-19 和图 1-20 所示，活塞动子组件受到 4 个力，即回复气缸内高压气源压力、动力气缸内气体压力、摩擦力和电磁阻力。模型内涉及的参数见表 1-4。

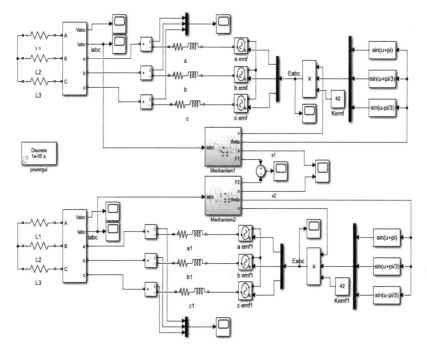

图 1 - 19　高压气源起动仿真模型整体

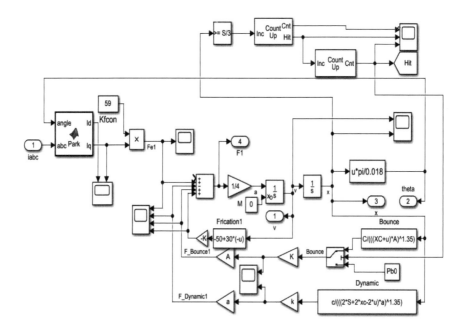

图 1 - 20　活塞动子组件的动力学模型组成

表 1-4　高压气源起动仿真模型参数

参数		数值
台架实测参数		
动力活塞直径		56.5 mm
回复活塞直径		115 mm
内止点	动力活塞顶面距离	16 mm
	回复活塞与缸盖距离	86 mm
外止点	动力活塞顶面距离	116 mm
	回复活塞与缸盖距离	36 mm
活塞动子组件质量		4 kg
仿真模型参数		
活塞动子组件行程		50 mm
静摩擦力		300 N
摩擦力系数		30
直线电机推力常数		59 N/A
反电动势常数		42 V/(m/s)

　　本次仿真的目的是找到一个气体峰值压力点，刚好使回复气缸内的气体作用力能够将活塞动子组件推至燃烧室内止点，且在第二个冲程开始时刻回复气缸内气体压力能够降低到一个大气压附近，为连续运行提供条件。仿真结果如图 1-21～图 1-23 所示。当回复气缸内初始给定压力达到 5 bar，且持续 1/4 个行程周期的时候，可以将活塞推至内止点，动力气缸内气体压力达到 13 bar，活塞峰值速度为 5 m/s，瞬时加速度达到 100 g。但此时回复气缸内气体压力不能降低到一个大气压，为了保证模型能够正常运行，设置了一个 switch 模块，模拟排气的作用，将缸内气体压力降低到一个大气压附近，对应仿真结果曲线中出现的转折点。

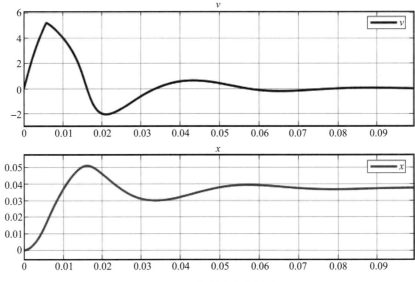

图 1 – 21 起动速度和位移

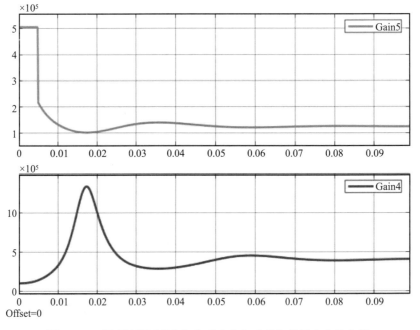

图 1 – 22 起动过程回复气缸和动力气缸内的气体压力变化曲线

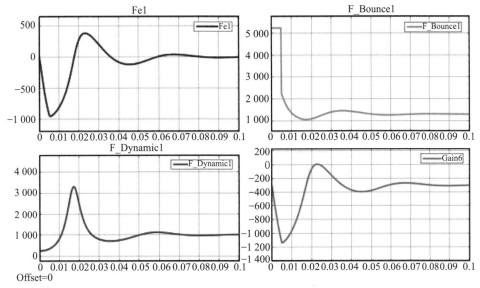

图 1-23　起动过程作用在活塞上力的变化

回复气缸高压气体变化需要考虑两类因素：高压气源的进气速度和缸内剩余气体质量。为此，在以后的三维仿真中需要考虑添加回复气缸排气口，将缸内富余的高压气体排出，这样才能够满足第二个冲程运行的条件。在高压气源阶段，缸内气体压力是逐渐上升的，需要一定的时间才能达到 5 bar 的缸内压力，因此需要高压气源压力远大于 5 bar，且充气时间要短于 1/4 个周期。可以通过调节高压气源压力，进气口尺寸，排气口尺寸，进、排气的时间来完成高压气源起动过程。

1.3　工况及缸内工作过程参数变化对 FPEG 活塞动子组件动力学特性的影响仿真分析

首先，FPEG 的工作过程根据不同的工况可分为起动过程及稳定运行过程。在起动过程中，直线电机作为系统唯一的动力源，为活塞动子组件提供往复运动的动能；而在稳定运行过程中，系统主要的动力来源则由电能转变为燃料在动力气缸中燃烧所释放的热能。在不同工况下，由于驱动系统工作的动力源不同，所以对活塞动子组件的动力学特性产生不同影响。

其次，除了不同工况会对活塞动子组件的动力学特性产生不同影响外，缸内工作过程参数变化也对活塞动子组件的动力学特性有举足轻重的作用。这些参数可分为设计参数与运行参数两类,其中设计参数包括活塞动子组件质量、最大行程等;运行参数包括回复基础压力、扫气压力以及点火正时等。

本节分别针对不同工况及缸内工作过程参数变化对单缸对置式 FPEG(以下简称 FPEG)活塞动子组件动力学特性的影响进行研究。

1.3.1　不同工况对 FPEG 活塞动子组件动力学特性影响的研究

针对目前样机所采用的速度、电流双闭环轨迹跟踪控制策略,起动及稳定运行基于同一目标轨迹,其不同之处在于,起动工况不使能喷油点火动作,而稳定运行工况使能喷油点火动作,燃料燃烧所释放的热量作为系统主要的能量来保持系统持续运行,而电机力则根据实际轨迹相对目标轨迹的偏离程度实时调整,从而保证系统稳定运行。

1. 起动工况

基于目标轨迹进行轨迹跟踪起动,其运行特性如图 1 – 24 所示,从图中可以看出,在 3 个周期内,系统达到稳定状态,下止点达到 66.43 mm,扫气口可以完全打开,顺利进行换气过程;上止点达到 4.31 mm,压缩比为 9,峰值缸压为 23.5 bar,达到点火条件;膨胀行程峰值速度达到 3.65 m/s,压缩行程峰值速度达到 3.54 m/s,膨胀相对压缩行程的峰值速度较大是由目标轨迹所决定的。另外,加速度在上、下止点附近存在突变时由电机力在活塞动子组件运动换向时频繁进行正负切换所造成的。

FPEG 起动工况轨迹跟踪效果如图 1 – 25 所示,可以看出电流环跟踪良好,而目标速度与实际速度在峰值处存在较大偏差。这是由于直线电机电流幅值受限,为保证直线电机安全运行,目前电流限幅在 17.8 A,导致峰值推力无法满足目标速度需求,进而引起目标速度与实际速度存在较大偏差,然而这种偏差并不影响起动工况的稳定性,且压缩比为 9,峰值缸压(23.5 bar)已满足点火条件,因此视为起动过程完成,可切换至下一工况,进行点火动作。

2. 稳定运行工况

图 1 – 26 展示出从起动至点火的 FPEG 系统运行全过程,可以看出样机在 2 个循环内完成轨迹跟踪起动,并在第 2 个循环的指定位移(43 mm 和 6 mm)进行喷油、点火动作。在稳定运行过程中,活塞动子组件的上、下止点分别为 4.31 mm 和 66.43 mm;膨胀行程峰值速度达到 4.9 m/s,压缩行程峰值速度达到 3.46 m/s;峰值加速度相比起动工况有所提升,这是由于燃烧的作用使动力气缸峰值缸压大幅上涨至 44.1 bar,从而提升了活塞动子组件的加速度。

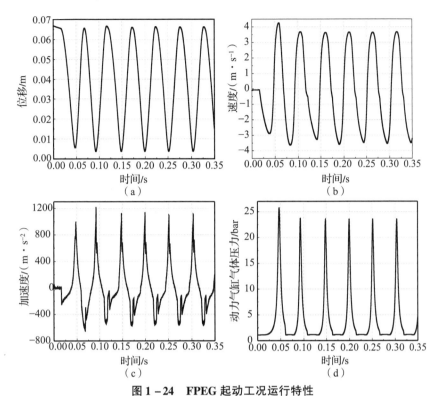

图 1 - 24　FPEG 起动工况运行特性

（a）位移曲线；（b）速度曲线；（c）加速度曲线；（d）动力气缸气体压力曲线

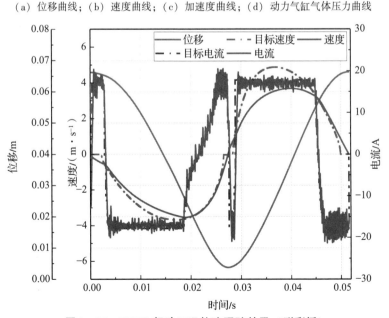

图 1 - 25　FPEG 起动工况轨迹跟踪效果（附彩插）

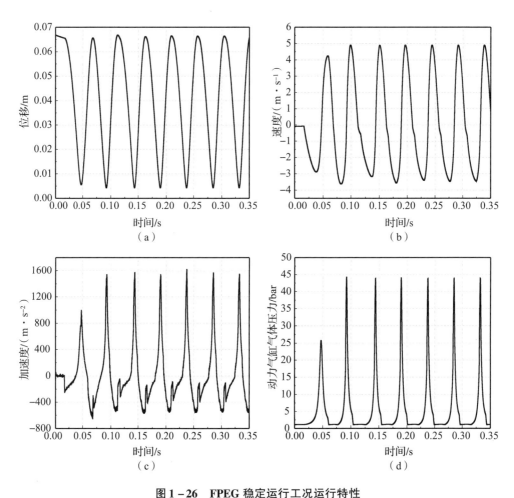

图 1 - 26 FPEG 稳定运行工况运行特性

（a）位移曲线；（b）速度曲线；（c）加速度曲线；（d）动力气缸气体压力曲线

FPEG 稳定运行工况轨迹跟踪效果如图 1 - 27 所示。可以看出，电流环跟踪效果良好，速度环在压缩及膨胀行程初期稍有滞后，但整体跟踪效果良好且实现了稳定运行。需要注意的是，当电流与速度同向时，直线电机处于电动机状态，电机力与运行方向相同，直线电机对活塞动子组件施加电磁推力；当电流与速度方向相反时，直线电机处于发电机状态，电机力与运行方向相反，直线电机对活塞动子组件施加电磁阻力。对比起动与稳定运行工况可以发现：在起动工况的大部分行程中，直线电机处于电动机状态，消耗电能，通过施加电磁推力使活塞动子组件跟随预设轨迹运动；而在稳定运行过程的大部分膨胀行程中，直线电机在均处于发电机状态，对活塞动子组件施加电磁阻力，同时向外输出电能，这是由于燃烧向系统提供能量，从而减少了对电能的需求。

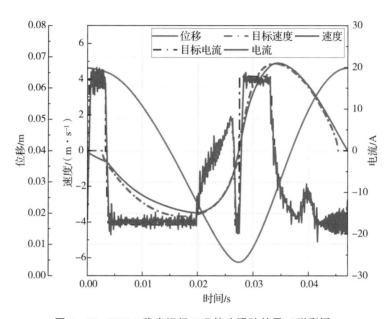

图 1 - 27　FPEG 稳定运行工况轨迹跟踪效果（附彩插）

3. 不同工况的对比分析

对比起动工况、稳定运行工况以及目标工况下的运行轨迹，如图 1 - 28 所示，对比膨胀行程可以发现，起动工况仅依靠直线电机提供的电磁推力无法使活塞动子组件跟随目标轨迹运动；而在稳定运行工况燃烧爆发压力的作用下，运行速度可以到达目标峰值速度，同时直线电机可作为发电机工作，向外输出电能。对比压缩行程可以发现，起动工况与稳定运行工况无明显差别，这主要是由于回复气缸漏气现象较为严重，导致回复气缸在膨胀行程被压缩时蓄能效果较差，进而无法在压缩行程提供活塞动子组件所需能量，而电磁推力受直线电机峰值电流限制，因此在压缩行程初期无法紧密跟随目标轨迹。

对比起动工况、稳定运行工况下的动力气缸容积缸压曲线，如图 1 - 29 所示，在起动工况，压缩与膨胀行程曲线几乎重合，稍有差别是由于动力气缸存在漏气问题，导致在相同位置，压缩行程的压力高于膨胀行程；而在稳定运行工况燃烧爆发压力的作用下，峰值缸压明显提升，且压缩与膨胀行程曲线分离，指示功达到 108.4 J，峰值缸压达到 44.1 bar，运行频率为 21.2 Hz。

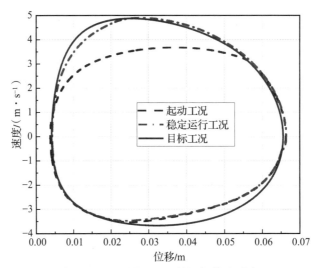

图 1-28　不同工况下的运行轨迹对比

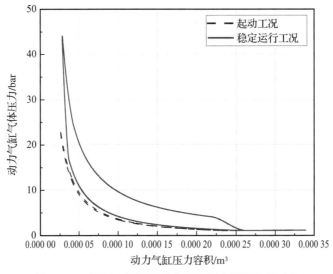

图 1-29　不同工况下的动力气缸压力容积曲线对比

1.3.2　不同参数对 FPEG 活塞动子组件动力学特性影响的研究

1. 设计参数

1) 活塞动子组件质量

活塞动子组件作为 FPEG 系统中唯一的运动部件，其质量直接影响作用于其上的水平往复惯性力的大小，进而决定了 FPEG 活塞动子组件的动力学特性。为了探讨不同活塞动子组件质量对动力学特性的影响，本书基于设计值 5.6 kg，使其在 -15%（4.76 kg）~ +60%（8.96 kg）范围内，以 15% 为步长进行仿真计算，而其余设计参数及运行参数均保持不变，得到不同活塞动子组件质量下的运行特性曲线，如图 1-30 所示。

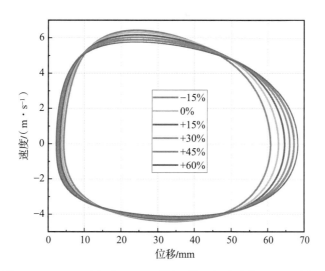

图 1-30　不同活塞动子组件质量下的运行特性曲线（附彩插）

由图 1-30 可以看出，随着活塞动子组件质量的增大，膨胀行程和压缩行程的运行速度均下降，且膨胀行程的下降趋势更为显著；此外，内、外止点位移同时扩张，外止点的变化尤为突出。内、外止点可分别视作膨胀行程和压缩行程的运行结果，因此，从速度以及止点的变化来看，相比压缩行程，膨胀行程对活塞动子组件质量的变化更为敏感。FPEG 系统在膨胀行程的输入能量为燃料的化学能，而回复气缸在膨胀行程中所蓄积的能量作为压缩行程的能量输入，属于二次能量，在膨胀行程中经历电能输出、传热损失和摩擦损失一系列耗散，因此远小于燃烧所释放的一次能量，这种非对称的能量输入不仅引起了两个行程运动特性的不同，即膨胀行程的平均速度大于压缩行程，也导致了两个行程对参数变化的敏感程度不同。这是 FPEG 所具有的一个重要特性。

更进一步，当活塞动子组件质量增大时，随着内止点的扩张（在图 1-30 中表现为内止点位移减小），动力气缸的压缩比逐渐增大，并导致峰值缸压由 58.89 bar 大幅上升至 112.54 bar，如图 1-31 所示。然而，随着活塞动子组件质量的增加，系统运行频率以及平均发电功率均随之下降，如图 1-32 所示。

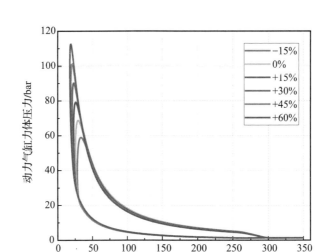

图 1-31 不同活塞动子组件质量下的动力气缸压力容积曲线（附彩插）

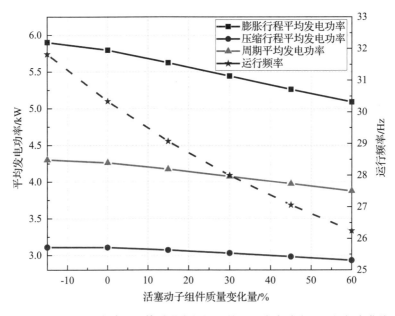

图 1-32 不同活塞动子组件质量变化量下的平均发电功率及运行频率曲线

2）最大行程长度

FPEG 的最大行程长度由动力气缸和回复气缸的相对位移以及活塞动子组件长度决定，该参数无论对于样机的结构尺寸设计还是对于运行特性及输出性能均起到至关重要的作用。基于设计的最大行程长度（66 mm），在 −15%（56.1 mm）～ +60%（105.6 mm）变化范围内进行参数仿真。发现随着最大行程长度的增大，内、外止点的位移均增大，活塞动子组件的行程整体向回复气缸侧靠近，压缩比减小。随着最大行程长度的增加，活塞动子组件的平均速度减小，导致系统的运行频率由 33.17 Hz 大幅下降至 23.29 Hz，如图 1 − 33 和图 1 − 34 所示。

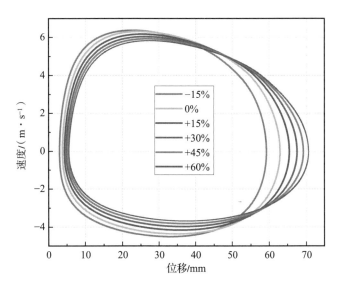

图 1 − 33　不同最大行程长度下的速度及位移曲线（附彩插）

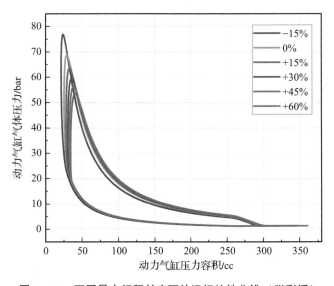

图 1 − 34　不同最大行程长度下的运行特性曲线（附彩插）

　　此外，随着活塞动子组件最大行程的增加，其在引起压缩比减小的同时，也导致峰值缸压随之降低。另外，当最大行程长度的变化量小于 - 20% （52.8 mm）时，外止点过小，将导致扫气口无法完全打开，换气过程受阻，进而使系统无法稳定运行；当最大行程长度变化量大于 + 110% （138.6 mm） 时，又会导致内止点过大，活塞动子组件无法运动至点火位置，从而使系统发生失火（图 1 - 35）。因此，FPEG 的设计行程应控制为 52.8 ~ 138.6 mm。

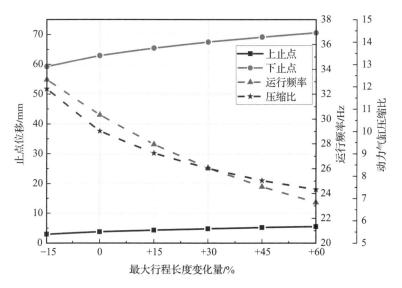

图 1 - 35　不同最大行程长度变化量下的动力气缸气压容积曲线

　　3）活塞动子组件质量与最大行程长度的耦合影响

　　活塞动子组件质量和最大行程长度作为重要的设计参数，对 FPEG 的发电功率及有效热效率产生不同程度的影响。为了探明二者的耦合关系，绘制脉谱图，如图 1 - 36 和图 1 - 37 所示。由图 1 - 36 可以观察到当活塞动子组件质量一定时，FPEG 的周期平均发电功率随着最大行程长度的减小而升高；当最大行程长度一定时，FPEG 的周期平均发电功率随着活塞动子组件质量的升高而降低，然而对于行程较小的工况存在例外，最大行程长度变化量为 - 15% （56.1 mm）时，随着活塞动子组件质量的减小，FPEG 的周期平均发电功率呈现先升高再降低的变化趋势，在活塞动子组件质量为 5.6 kg 时 FPEG 的周期平均发电功率达到峰值 9.106 kW。

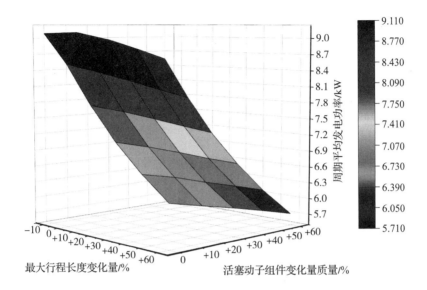

图 1 – 36　不同最大行程长度变化量下的周期平均发电功率脉谱图

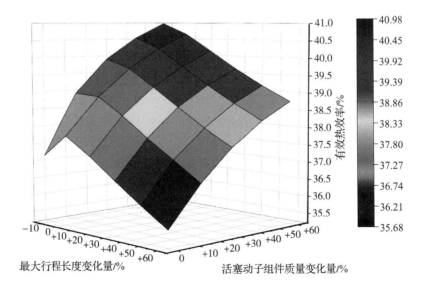

图 1 – 37　不同最大行程长度变化量下的有效热效率脉谱图

此外，最大行程长度的减小以及活塞动子组件质量的增加均会引起内止点位移的减小，即压缩比的增大，并进一步导致峰值缸压大幅上升，从而提升指示功率，使有效热效率得到优化，当最大行程长度为 56.1 mm，活塞动子组件质量为 8.96 kg 时有效热效率达到峰值 40.98%，如图 1-37 所示。然而对于活塞动子组件质量较小，变化量为 0% 时，随着最大行程长度的减小，有效热效率存在先升后降的趋势。这是由于最大行程长度决定了做功行程的距离，峰值缸压的上升虽然使得 p-V 曲线变高，但最大行程长度的减小又使其变瘦，而 FPEG 的指示功，即 p-V 曲线所围面积取决于二者的综合影响，因此当最大行程长度过小时，最大行程长度变化将占据主导因素，引起指示功率的下降从而使有效热效率降低。

虽然未在图 1-36 和图 1-37 中展示，但值得注意的是，当活塞动子组件质量变化量为 -15%，对应最大行程长度变化量为 -15% 时，活塞在运行过程中无法完全打开扫气口，从而使系统无法稳定运行；对应最大行程长度变化量为 +60% 时，内止点大于点火位置，无法触发点火动作，从而导致系统发生失火。因此，FPEG 的设计行程应在 56.1 mm（-15%）~105.6 mm（+60%）范围内。可以发现活塞动子组件质量的减小进一步限制了最大行程长度的变化范围，活塞动子组件质量与最大行程长度不仅对输出功率，甚至对系统的运行特性也存在耦合影响。

2. 运行参数

1）回复气缸基础压力

FPEG 系统两侧的回复气缸通过平衡管路连通，从而保证两侧回复气缸内气体压力相同，并使用配置有单向阀的调节气源完成进气及补气工作，保证回复气缸中的压力不小于调节气源中的基础压力。本节基于设计基础压力 1.42 bar，在不同变化量下进行参数化仿真，得到动力学特性曲线，如图 1-38 和图 1-39 所示。

从图 1-38 中可以观察到，随着回复气缸基础压力的上升，回复气缸将变得更"硬"，即更加难以压缩，从而使活塞动子组件的行程整体向内侧移动，内、外止点位移均减小，并且止点位移的变化将引起动力气缸的压缩比以及峰值缸压增大，而缸压的增大将进一步使指示功率提升从而优化有效热效率，如图 1-39 所示。然而，回复气缸的基础压力受到直线电机能力的限制，不能随意增大，这一点将在后面进行叙述。

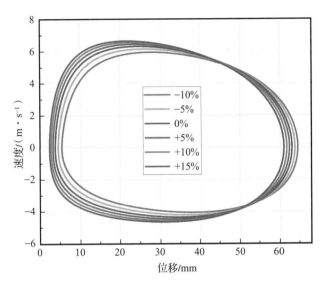

图 1 - 38　不同回复气缸基础压力变化量下的速度及位移曲线（附彩插）

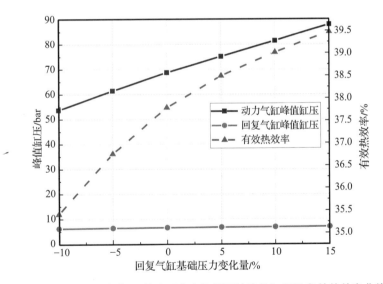

图 1 - 39　不同回复气缸基础压力变化量下的峰值缸压及有效热效率曲线

从图 1 - 38 可以看出，回复气缸基础压力的变化使活塞动子组件行程也发生改变，二者对于输出功率存在耦合影响。因此，为了得到回复气缸基础压力对输出功率的直接影响，固定行程以及内、外止点不变，针对不同回复气缸基础压力所对应的输出性能进行仿真研究，得到 FPEG 输出特性，如图 1 - 40 所示。

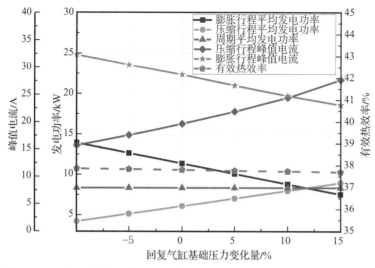

图 1-40 不同回复气缸基础压力变化量下的发电功率及有效热效率曲线

不难发现，当行程固定时，周期平均发电功率几乎不受回复气缸基础压力变化的影响，这是由于回复气缸在 FPEG 系统中只是作为能量中转站，将燃料燃烧所释放的能量分配至膨胀及压缩行程进行输出，但是对于 FPEG 系统并没有实质性的能量输入，因此对最终的输出功率几乎没有影响。此外，从图中还可以看到，随着回复气缸基础压力的增大，膨胀行程发电功率下降，压缩行程发电功率上升，二者比值由 3.31 减小至 0.84，功率大小发生了逆转性的变化，这说明回复气缸基础压力决定了输出功率分配比例。此外，直线电机的峰值电流与发电功率变化趋势相同，这一点对于样机设计及试验是很有意义的。对于目标输出功率，应保证直线电机峰值电流小于额定电流，否则线圈可能烧毁。然而，在一定范围内，可以通过优化回复气缸基础压力，使直线电机峰值电流在限幅内，从而提高 FPEG 系统运行及控制的可行性。本书所采用的直线电机额定电流为 28 A，对应的回复气缸基础压力应不小于设计值 0.142 bar。

2）扫气压力

扫气压力决定了排气口关闭时缸内工质的状态，对于后续的压缩及燃烧过程具有重要影响。因此，本节基于设计值 1.5 bar，在不同扫气压力 [1.2~2.4 bar（-20%~+60%）] 下，对 FPEG 系统的动力学性能及输出性能进行研究，得到动力学特性曲线，如图 1-41 所示。随着扫气压力的增大，压缩行程的缸内初始压力，即排气口关闭时刻的缸压也随之增大，而此时动力气缸变得更"硬"，即更加难以被压缩，使活塞动子组件的行程整体向外侧移动，内、外止点位移同时增大，并进一步导致动力气缸压缩比与峰值缸压减小，回复气缸压缩比与峰值缸压增大。扫气压力对以上参数的影响规律与回复气缸基础压力相反。此外，可以明显观察到，在相同变化量下回复气缸基础压力对以上动力学特性的影响更加显著。

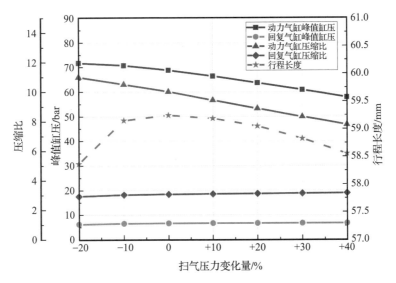

图 1-41　不同扫气压力变化量下的压缩比及峰值缸压曲线

扫气压力对 FPEG 系统输出性能的影响规律如图 1-42 所示。FPEG 系统的指示功率、发电功率、运行频率及有效热效率均呈现出先升高后降低的趋势，均在扫气压力为 1.5 bar 设计值时达到峰值，峰值周期平均发电功率和有效热效率分别为 8.32 kW 和 37.787%。这是由于运行频率升高，缩短了缸壁的传热时间，传热量减小，使有效热效率升高；然而当变化量大于 0% 时，随着扫气压力的增大，运行频率降低，且动力气缸气体压力减小，使指示功率降低，有效热效率降低。结合图 1-41 和图 1-42 可以发现，行程长度与输出性能的变化趋势呈现良好的一致性。这表明，与燃烧室峰值压力相比，行程长度成为指示功率上升的主导因素，从而导致发电功率及有效热效率的提升，但发现对频率的影响很小。

3）点火位置

传统的曲轴旋转式发动机通常采用点火提前角（即从火花塞点火直至到达上止点这一过程中曲轴转过的角度）来表示点火时刻。摒弃了曲轴的 FPEG 则根据确定的位移信号来执行点火动作，该位移被称为点火位置。参考传统发动机位移与曲轴转角的函数关系，建立点火位置与点火提前角的对应关系如下：

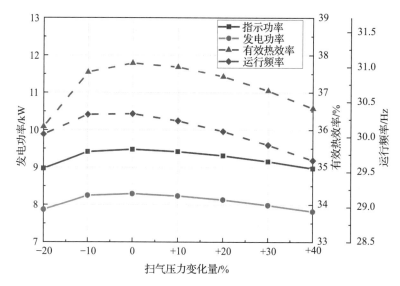

图 1-42   不同扫气压力变化量下的输出性能曲线

$$x = \frac{x_{BDC} - x_{TDC}}{2} \left[(1 - \cos\theta) + \frac{\lambda}{4}(1 - \cos2\theta) \right] + x_{TDC} \qquad (1-34)$$

其中，x 为点火位置；x_{BDC} 为外止点；x_{TDC} 为内止点；θ 为点火提前角；λ 为虚拟连杆比，取 1/3。

为了明确点火位置对 FPEG 性能的影响，同时探寻最优点火位置，参考传统汽油机的点火提前角（一般为 20°～35°）进行点火位置转换以及仿真计算，得到 $p-V$ 曲线，如图 1-43 所示，可发现随着点火位置由 6.162 mm 逐渐滞后至 10.78 mm，即点火提前角由 20° 增大至 35°，峰值缸压由 64.204 MPa 增大至 71.392 MPa，但增长趋势逐渐趋于平缓。此外，仔细观察可以发现，点火提前角越小，动力气缸的燃烧放热过程越接近定容过程。

对应不同点火提前角的输出性能见表 1-5。可以看出，随着点火提前角的增大，周期平均发电功率以及有效热效率均呈现先升后降的趋势，在 25°～27.5° 时达到峰值，但差别并不显著。另外，传统汽油机认为最高压力出现在上止点后 10°CA～15°CA 且最高压力升高率在 0.175～0.25 MPa/(°) 时汽油机工作柔和，动力性能好。FPEG 由于失去了曲轴的限制，因此最高压力升高率相比传统汽油机较高，在仿真范围内均大于 0.25 MPa/(°CA)，且随着点火提前角的增大而上升，但趋势逐渐趋于平缓，与峰值缸压的变化规律具有一致性，而峰值缸压角符合工作柔和的标准。

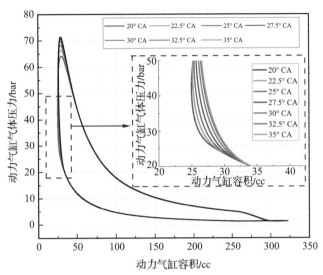

图 1-43　不同点火位置下的输出性能曲线（附彩插）

表 1-5　对应不同点火提前角的输出性能

点火位置	点火提前角	周期平均发电功率	有效热效率	运行频率	峰值缸压	峰值缸压角	最高压力升高率
mm	（°CA）	kW	%	Hz	bar	（°）	MPa/（°CA）
6.2	20.0	4.10	37.70	30.06	64.2	193.4	0.254
6.8	22.5	4.13	37.79	30.19	66.6	192.4	0.269
7.5	25.0	4.14	37.80	30.30	68.4	191.6	0.283
8.2	27.5	4.15	37.73	30.39	69.8	190.9	0.294
9.0	30.0	4.14	37.62	30.43	70.7	190.4	0.303
9.9	32.5	4.14	37.54	30.46	71.2	190.1	0.307
10.8	35.0	4.13	37.48	30.47	71.4	190.0	0.308

随着点火提前角的增大，动力气缸压缩比逐渐减小，峰值缸压逐渐增大，二者对有效热效率的影响恰好相反。随着峰值缸压的上升趋势逐渐减缓，压缩比的变化占据主导作用，从而使有效热效率呈现先升后降的趋势，针对有效热效率的最佳点火提前角为 25°，有效热效率达到 37.797%。

1.3.3 喷油量对 FPEG 活塞动子组件动力学特性的影响研究

图 1-44 所示为不同喷油量下的活塞动子组件的速度。结果表明，峰值速度会随着喷油量的增加而增大，这也就解释了频率升高的原因。尽管压缩比增大使行程长度增大，但行程长度的增量是毫米级的，且有上限；而爆发压力的增加产生了更大的加速度，使平均速度增加，从而使工作频率升高，这有利于直线电机功率的提高。另外，随着喷油量的增加，速度曲线也更加接近正弦形式，这说明 FPEG 压缩与膨胀行程的不平衡程度减小，且运动规律越接近正弦，越有利于发动机的控制，工作也越稳定，因此在较高速运动下 FPEG 有更好的控制性能。需要指出的是，喷油量与内燃机燃烧的关系不是仅用零维模型就能够解释的。经过三维 CFD 仿真后，再与零维仿真的结论进行比较，才能够说明具体的燃烧现象发生了怎样的变化，其变化带来的影响是否与零维仿真的结果吻合。

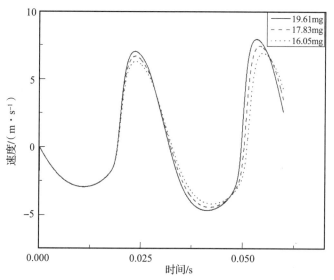

图 1-44　不同喷油量下的活塞动子组件的速度

1.3.4 点火时刻对 FPEG 活塞动子组件动力学特性的影响研究

图 1-45 所示为不同点火提前角下的速度曲线。结果显示，3 条曲线的重合率很高，速度和频率只有微小变化，峰值速度和频率都增加了一点。这佐证了输出功率的稳定，也是因为点火提前角的调整幅度不大，并没有引起点火过早而做

负功或者点火过晚而膨胀功减小的情况；另一方面，在零维仿真环境中，因为不考虑不同位置缸内气体组织和火焰传播等，燃烧放热率也不随点火位置变化，所以仿真结果对点火位置不是很敏感。因此，要研究点火位置的精确影响，需要依靠三维仿真和台架试验，零维仿真更多地是探究其趋势。

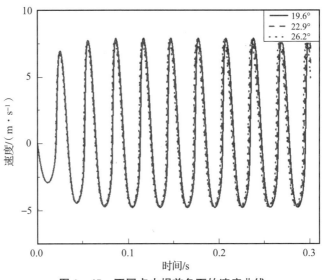

图 1-45 不同点火提前角下的速度曲线

1.4 活塞动子组件质量、压缩比等对 FPEG 动力学特性的影响仿真分析

1.4.1 活塞动子组件质量

活塞动子组件是 FPEG 系统中唯一的运动组件，其质量主要包括两侧活塞、直线电机动子和连杆。活塞动子组件质量与加速度有关，从而影响 FPEG 的运动特性以及直线电机工作频率。活塞动子组件质量在设计中并不固定，可以通过改变活塞、连杆的材料和结构或者改变直线电机的动子质量来调整其质量。因此，需要仿真活塞动子组件质量对性能的影响趋势，匹配出最优值，最终优化样机的设计。

根据直线电机的动子质量，以及三维软件估算的活塞连杆质量，代入的活塞动子组件质量为 4 kg。在此基础上，考虑到实际情况，将质量的取值范围设定为

3~5 kg。在仿真中，选取 5 组参考点，分别为 3 kg、3.5 kg、4 kg、4.5 kg 和 5 kg 的活塞动子组件质量，重复仿真过程，分析仿真结果。

图 1-46 所示为不同活塞动子组件质量下的发动机位移曲线。结果表明，随着活塞动子组件质量逐渐增大，其总行程也会增大。因为压缩比已经足够大，上行的行程增量明显小于下行的行程增量，且上行不会超过上止点，压缩比逼近 10。行程的增加表明活塞动子组件从燃烧中获得了更多动能，所以回复气缸压缩量的增加就是对这一部分动能的平衡。压缩比的增大也会提高发动机的机械功率。又因为回复气缸的压缩量增加，所以在排气口、扫气口位置固定的情况下，换气过程相对被延长，尤其是进、排气口叠开的阶段，理论上有助于使换气更加充分，提高扫气效率。另外，速度相对变化不大，行程增加，直线电机的工作频率会降低，因此，随着活塞动子组件质量的增大，发动机的工作更剧烈，对结构的可靠性和强度的要求也会随之提高。

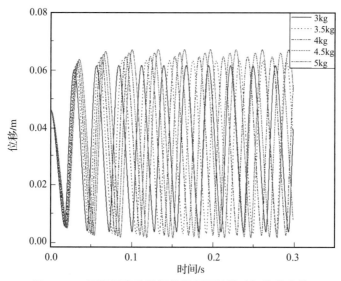

图 1-46 不同活塞动子组件质量下的发动机位移曲线

图 1-47 所示为不同活塞动子组件质量下的缸内压力。随着活塞动子组件质量增大，爆发压力会显著增加，一方面是因为压缩比增大，另一方面是因为燃烧更充分，频率降低，在上止点附近停留更久，更加接近定容燃烧，这都有助于热效率的提高。但峰值压力过大容易引起爆燃，增加发动机的循环变动，峰值温度也会上升，降低发动机可靠性并缩短其寿命。另外，因为没有缸盖，在动力气缸内过度压缩很容易导致对置活塞头部相撞。为了避免不正常燃烧的发生，保证可靠性，需要控制发动机的峰值压力，也就是控制活塞动子组件质量。

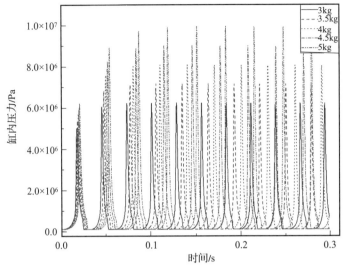

图 1 - 47　不同活塞动子组件质量下的缸内压力

图 1 - 48 所示为不同活塞动子组件质量下的输出功率。结果显示，随着活塞动子组件质量的增大，直线电机的速度和工作频率下降（因为假设电机力是速度的单值函数），功率也降低。因此，尽管活塞动子组件质量越大能获得更多动能，但是多出的能量都用在了对回复装置的进一步压缩；尽管每循环转化的电能不变，但是行程的增加使工作频率下降，功率随之下降。因此，在直线电机与发动机线性耦合时，活塞动子组件整体质量越小，越有利于提高输出功率。

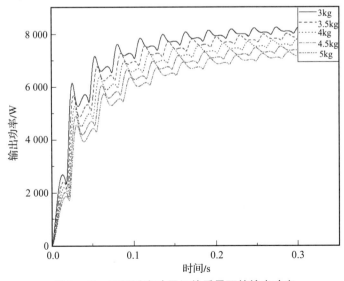

图 1 - 48　不同活塞动子组件质量下的输出功率

综上，随着活塞动子组件质量的增大，发动机行程增大，压缩比增大，峰值缸压增大，直线电机功率降低，热效率升高，热电转化效率降低，因此，为了使整个 FPEG 系统性能最优，活塞动子组件质量应适中，通过反复进行差值计算可以近似得到最优解。

1.4.2　泄漏面积

在发动机运行时，采用活塞环控制气缸内的泄漏量。为了防止大量泄漏，一般采用多个活塞环形成随活塞运动的迷宫式密封。泄漏会造成热效率的降低，也会增加 HC 的排放，使机油变质，因此一般设计时都要求环组的窜气量不超过总进气量的 0.5%。在零维仿真中，为了简化计算模型，泄漏面两端的压差就是缸内压力与环境的压差，理论上代表只有第一道气环时的情况，因此整体仿真结果偏大。泄漏量直接受泄漏面积的影响，通过仿真不同的泄漏面积，研究泄漏面积对性能的影响程度。

本书将初始泄漏面积设为活塞顶部面积的 0.02%，工作时泄漏量为 3%，这对于一道气环来说比较理想。然而，在发动机低转速运行、扫气效率低时泄漏会增加，另外，活塞和活塞环会发生磨损，使泄漏面积增大，因此仿真研究在泄漏面积达到 0.03% 和 0.04% 时的性能。

图 1-49 所示为不同泄漏面积下的每循环缸内混合气变化情况。结果显示，在泄漏面积为 0.03% 活塞顶部面积时，每循环泄漏量为 4.8%，在泄漏面积为 0.04% 活塞顶部面积时，每循环泄漏量为 6.3%，相比于泄漏面积为 0.02% 活塞顶部面积时泄漏量翻倍不止，此时发动机正常起动会受到严重影响，在稳定运行阶段也达不到预期的压缩比和峰值压力，排放增加。当然，在实际中，发动机的环组会显著减少泄漏，防止图中的情况发生。

表 1-6 所示为不同泄漏面积下的峰值压力和指示效率。可见，泄漏面积的增大会显著降低 FPEG 的缸压和效率。相比于燃烧压力，泄漏面积对指示效率的影响更大，泄漏面积增大了 0.02%，指示效率下降了 1.7%。对于设计来说，效率无法满足要求就说明方案失败，而实际中发动机效率每提高 1% 来之不易，做好密封，使其对效率的影响最小，是 FPEG 设计时必须考虑的。但是，活塞环的增多必将引起摩擦损失的增加，也会降低机械效率。因此，活塞环的选型和数量是需要严密论证的。

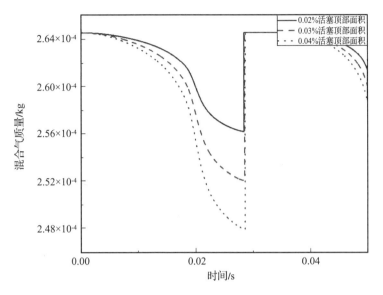

图 1-49　不同泄漏面积下每循环缸内混合气变化情况

表 1-6　不同泄漏面积下的峰值压力和指示效率

泄漏面积 占活塞顶部面积比/%	峰值压力/MPa	指示效率/%
0.02	8.02	36.5
0.03	7.91	35.5
0.04	7.75	34.8

1.4.3　电机力系数

在前面的研究中，电机力系数的表达式为

$$C_e = \frac{K_i \cdot K_v}{R_s + R_L} \tag{1-35}$$

采用电机力系数本身是一种简化，实际上，电机力与速度并不是单纯的比例关系，其与负载电阻、电容、电感等电路元件有密切关系，也与直线电机的电磁特性有关。本节的研究重点不是直线电机性能本身，因此采用了这种方式。在直线电机已经选好时，仍然可以通过改变负载来改变电机力，从而匹配发动机的工作，这也就是仿真不同电机力系数对发动机缸内性能影响的意义。初始电机力系数设置为240，在此基础上，分别增大和减小电机力系数，仿真3组算例，研究其对FPEG的影响。

表1-7所示为不同电机力系数下仿真的频率、输出功率和指示效率。结果表明，随着电机力系数的增大，活塞动子组件受到更大的阻力，在压缩和膨胀行程速度衰减更快，使运动频率下降，因此最终双直线电机输出功率以及效率都会降低。但是，如果电机力系数更小，即便工作频率会继续升高，但是感应电动势的减小会使输出功率下降，这一点没有在仿真中体现出来，这是因为输出功率是速度的单值函数。依靠精确的直线电机模型匹配出最优电机力是非常重要的。一方面，电机力过大会使系统的阻尼变大，影响活塞动子组件的有效压缩，另一方面，电机力过小会使感应电动势减小，输出功率下降，找到最优点，才能使整体性能最优。

表1-7　不同电机力系数下仿真的频率、输出功率和指示效率

电机力系数	频率/Hz	输出功率/W	指示效率/%
225	34.0	7 700	40.6
240	33.5	7 600	39.9
253	32.8	7 360	39.1

图1-50所示为不同电机力系数下的活塞位移。结果表明，电机力系数的增大使系统的行程减小，压缩比减小，峰值压力降低，发动机的热效率降低。活塞获得的动能减小，直线电机每循环所获得的能量下降，输出功率降低。因为直线电机的阻力与发动机性能之间存在强耦合关系，所以直线电机对FPEG缸内性能影响显著。发动机活塞获得动能的位置是在上、下止点，将动能转化为发电机电能主要发生在压缩和膨胀速度较大时，因此能量转化存在滞后，如何将动子组件的能量更多地变成电能，而非对回复装置的压缩和其他机械损耗，是FPEG研究的一个重点。

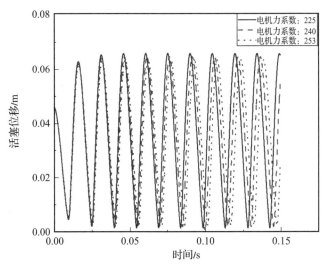

图 1-50　不同电机力系数下的活塞位移

参 考 文 献

［1］肖翀，左正兴. 自由活塞式内燃发电机动态仿真与特性分析［J］. 农业机械
学报，2009（2）：4.

［2］肖翀. 自由活塞式内燃发电机运行机理与系统设计研究［D］. 北京：北京
理工大学，2008.

［3］JIA B，ZUO Z，TIAN G，et al. Development and validation of a free – piston
engine generator numerical model［J］. Energy Conversion and Management，
2015，91：333 –341.

［4］贾博儒. 点燃式自由活塞内燃发电机起动与工作过程研究［D］. 北京：北
京理工大学，2017.

［5］吴礼民. 对置式自由活塞发电机建模理论与关键技术问题研究［D］. 北京：
北京理工大学，2022.

［6］GUO C，FENG H，JIA B，et al. Research on the operation characteristics of a
free – piston linear generator：Numerical model and experimental results［J］.
Energy Conversion and Management，2017，131：32 –43.

［7］FENG H，ZHANG Z，JIA B，et al. Investigation of the optimum operating condition of a dual piston type free piston engine generator during engine cold start – up process ［J］. Applied Thermal Engineering，2021，182：116124.

［8］周松. 内燃机工作过程仿真技术 ［M］. 北京：北京航空航天大学出版社，2012.

［9］袁雷，胡冰新，魏克银，等. 现代永磁同步电机控制原理及 MATLAB 仿真 ［M］. 北京：北京航空航天大学出版社，2016.

第2章

缸内工作过程建模与仿真

本章主要进行活塞特殊运动规律下的 FPEG 缸内工作过程（进、排气，燃烧等）建模技术研究及以燃烧效率最优为目标的参数匹配研究。

2.1 FPEG 活塞动子运动规律坐标系转换技术研究

FPEG 活塞动子运动规律坐标系转换主要指活塞动子线性坐标系向等效曲轴旋转坐标系的转换。

在对 FPEG 开展理论与仿真研究的前期，一般通过耦合动力学、热力学、传热学、直线电机电磁模型等零维仿真模型来对系统进行数学建模，即将缸内热力学过程和直线电机的电磁作用通过直线动力装置中唯一的运动件（动子）进行耦合，以模拟系统复杂的多场作用过程。在仿真过程中多以时间作为动力学方程的基本变量，但将在这种坐标系下所得到的结论应用于不同型号、不同功率或不同类型的直线动力装置上时就会出现对比性差或不具备参考性的问题。而在对传统曲柄连杆发动机的研究过程中，衡量某一过程或者某一时刻的状态与特性时都会以曲轴转角作为参考变量，为了与之相比较并发现各个过程（燃烧放热或换气过程）或关键时刻部分参数所反映的系统性能变化，需要将参考变量统一，这样也便于借鉴传统样机设计和试验过程中所得到的经验结论。另外，在对系统进行更加精确的仿真过程中，某些发动机仿真软件默认参考变量是曲轴转角，并直接关系到网格模型的建立。综合考虑这些因素，必须对直线动力装置开展相位等效方法的分析与理论研究，从另外一个角度分析运动特性的相关结论。

经过结构改造的 FPEG 保留了位移运动部件——动子，若"自上而下"地进行动力学分析并推导运动学方程，方法复杂且与零维仿真无异，因此应直接从实际运动过程入手，借鉴传统发动机活塞运动方程，虚拟并重建直线动力装置的动力元件结构。首先固定单一循环，即在压缩比不变的假设下对传统发动机的曲柄连杆的部分约束参数进行变量化处理，由此推导得到能够以较高精度逼近直线动力装置实际运动轨迹的运动学方程。

2.1.1 简化等效方法概述

对 FPEG 进行曲轴转角相位等效分析时，首先需要将对置气缸式二冲程 FPEG 虚拟为一个曲柄连杆式发动机结构模型，如图 2 - 1 所示。其中，图 2 - 1 (a) 所示为典型的对置气缸式二冲程 FPEG 结构示意，由于与传统发动机相比活塞的直线运动保持不变，因此建立图 2 - 1 (b) 所示的等效虚拟传统曲柄连杆式发动机结构。

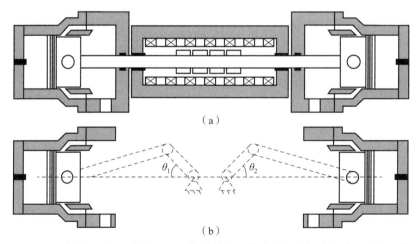

图 2 - 1　对置气缸式二冲程 FPEG 与等效虚拟传统曲柄连杆式发动机结构示意
(a) 对置气缸式二冲程 FPEG；(b) 等效虚拟传统曲柄连杆式发动机（CICE）

尽管分别建立了两个曲柄连杆机构，但两个活塞的运动轨迹理论上是一致的，可以单独对其中一侧气缸展开研究，其活塞运动的上止点和下止点对于对侧气缸来说恰好相反。在定义曲轴转角时，为了保证两个活塞作为一个整体运动，可以定义 θ_1 和 θ_2 具有以下关系：

$$\theta_1 + \theta_2 = 180°\text{CA} \tag{2-1}$$

将研究目标锁定为 FPEG 其中一侧气缸后还需要进行单循环假设，假定在某一循环过程中压缩比固定，活塞 TDC 和 BDC 位置也都是确定的，在多循环过程中表现出的止点位置和压缩比循环变动也都建立在这一基础之上。

据此建立虚拟 FPEG 单缸坐标系及结构简图，如图 2-2 所示。将曲轴 O 设为坐标系原点，A 为曲柄和连杆的铰接点，B 为活塞销中心，OA 为曲柄，AB 为连杆。假设连杆长度为 l，曲柄长度为 r，曲轴转角为 θ，等效曲柄连杆比 $\lambda = r/l$，连杆与轴线夹角为 φ，同时假设活塞销为 B 点，曲柄肩为 A 点。在此假设下可以设定坐标原点位置为曲轴 O，则活塞处于 TDC 时活塞销位置坐标为 $(l+r, 0)$，此时 $\theta = 0°\text{CA}$；活塞处于 BDC 时活塞销位置坐标为 $(l-r, 0)$，此时 $\theta = 180°\text{CA}$。

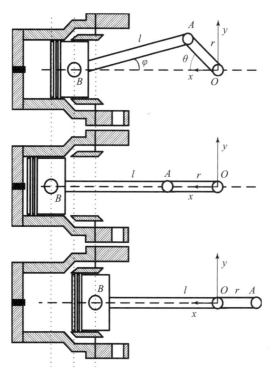

图 2-2　相位等效曲柄连杆机构示意

当活塞运动到上、下止点的中心位置时，坐标位置为 $(l, 0)$，该坐标位置同时也是 FPEG 活塞运动的中心位置，可以计算得到此时的曲轴转角为

$$\theta_c = \arccos\left(\frac{r}{2l}\right) \tag{2-2}$$

其中 θ_c 为活塞运动到中心位置时的曲轴转角。

根据内燃机曲柄连杆运动学原理，可以计算得到活塞位置与曲轴转角之间的关系：

$$x = r \cdot \cos\theta + l \cdot \cos\varphi \tag{2-3}$$

式（2-3）中曲柄长度 r 和连杆长度 l 按照之前的设定，若仅将活塞销位置表示为 θ 的函数，因其在表达和计算中的复杂性，可以进行级数展开并且取前两项即可较好地表达活塞运动特性：

$$x = r\left(\cos\theta + \frac{1}{\lambda} - \frac{1}{2}\lambda\,\sin^2\theta\right) \tag{2-4}$$

式（2-4）即传统发动机在图 2-2 所示坐标系下活塞销位置随曲轴转角变化方程，对式（2-4）求导可以得到活塞速度方程：

$$\frac{\mathrm{d}x}{\mathrm{d}t} = -\omega r\left(\sin\theta + \frac{\lambda}{2}\sin 2\theta\right) \tag{2-5}$$

虚拟传统发动机的曲柄连杆机构需要根据实际 FPEG 参数进行等效设置，在进行单循环运动特性分析时首先需要确定的参数是曲柄长度，此参数的 2 倍即活塞的总行程，因此按照 FPEG 活塞总行程的 1/2 进行设置，可以保证在单循环中的止点位置保持不变。然而，在进行活塞位移对比分析研究过程中，式（2-4）中 x 所在的坐标系会导致其随着连杆长度或连杆比的变化产生无法对比的情况，因此将该式临时转换为以活塞总行程的中心位置作为坐标零点：

$$x = r\left(\cos\theta + \frac{1}{\lambda} - \frac{1}{2}\lambda\,\sin^2\theta\right) - l \tag{2-6}$$

可以知道，式（2-4）和式（2-5）这两个方程并不相互独立，对于位移方程，未知数包括曲轴转角 θ 和曲柄连杆比 λ；而速度方程中则包含未知数曲柄连杆比 λ 和角速度 ω。如果这些参数都是确定的，则活塞运动规律与传统发动机相同，而位移和速度曲线的差异仅体现在曲柄连杆比 λ 和角速度 ω 这两个参数上。在相位等效过程中总需要固定一个参数，因此产生了两种等效方法，分别是：等效曲轴转角法和等效连杆法。

2.1.2　等效曲轴转角法

等效曲轴转角法是相对于简化法提出的，并不是按照时间-位移曲线中的时间轴上数值一一对应于等差曲轴转角数列，而是按照活塞实际位移映射于 CICE 转角 – 位移曲线上所得到的曲轴转角序列，即将位移 x_1 处对应的 FPEG 曲轴转角修正为该位移所对应的 CICE 曲线映射在曲轴转角坐标轴上的。具体等效方法如下。可将式（2 – 4）整理得到

$$\frac{\lambda r}{2}\cos^2\theta + r\cos\theta + \frac{(2r - r\lambda^2)}{2\lambda} - x = 0 \qquad (2-7)$$

反求 $\arccos\theta$ 可以得到

$$\cos\theta = \frac{\pm\sqrt{r^2\lambda^2 - r^2 + 2r\lambda\cdot x} - r}{r\lambda} \qquad (2-8)$$

由于 θ 取值范围为 $[-180°CA，180°CA]$，那么 $\cos\theta$ 的取值不应全是负数，因此可以计算 θ 为

$$\theta = \arccos\left(\frac{\sqrt{r^2\lambda^2 - r^2 + 2r\lambda\cdot x} - r}{r\lambda}\right) \qquad (2-9)$$

2.1.3　等效连杆法

采用上述等效曲轴转角法所得到的位移与速度结果尽管在计算某点或具体过程的相位变化时存在等效性和通用性，但是并不能完全反映活塞位移随时间变化的具体规律，经过等效后的曲线结果近似 CICE 的曲柄连杆机构，已经不能完全反映 FPEG 的运动特性，因此基于简化等效曲轴转角法提出等效连杆法。该方法是指在位移和速度方程中将转速默认为固定不变，而位移差和速度差均是由连杆长度变化造成的，也就是将虚拟的传统发动机的曲柄连杆机构看作一个连杆长度可变的机构。

假设等效连杆长度是随简化法等效得到的曲轴转角变化的函数 $l(\theta)$，则式（2 – 4）可以表示为

$$x = r\cos\theta + l(\theta) - \frac{r^2}{2l(\theta)}\sin^2\theta \qquad (2-10)$$

上式表示的是在以曲轴中心为坐标原点的坐标系下活塞位置的变化，这与实际 FPEG 数据坐标系正好相差连杆长度 l，也就是式（2 – 6）所处理的问题。因此，将该公式所在坐标系平移 $l(\theta)$，坐标原点变为活塞行程中心位置，得到活塞相对该原点位置变化量为

$$\Delta x = r\cos\theta - \frac{r^2}{2l(\theta)}\sin^2\theta \qquad (2-11)$$

进而可以计算得到

$$l(\theta) = \frac{r^2 \sin^2 \theta}{2(r\cos \theta - \Delta x)} \qquad (2-12)$$

换一种方法通过式（2-10）反求 $l(\theta)$：

$$l(\theta) = \frac{1}{2}(x - r\cos \theta \pm \sqrt{4x \cdot r\cos \theta + 2r^2 \sin^2 \theta}) \qquad (2-13)$$

但是，作为 FPEG 活塞位移的 x 所在坐标系为活塞行程中点，将坐标系移动到曲轴中心需要预设一个连杆长度 l_0，最终得到的也是在此坐标系下的连杆长度，为了便于观察在实际等效过程中的连杆变化情况，可以将连杆长度表示为

$$\Delta l(\theta) = \frac{1}{2}\big[(x + l_0) - r\cos \theta \pm \sqrt{4(x + l_0) \cdot r\cos \theta + 2r^2 \sin^2 \theta}\big] - l_0 \qquad (2-14)$$

2.1.4 等效转速法

尽管 FPEG 系统运行频率在单一工况下是一定的，但是在实际运行过程的单循环内并不表现为规律的定转速曲柄连杆机构中活塞运动速度曲线，因此当需要对特殊位置或某一过程中转速进行分析时应对活塞速度进行等效转速的相位转换。基于简化曲轴转角相位等效方法提出等效转速法，即将活塞运动过程看作转速随曲轴转角变化，引入 $\omega(\theta)$，通过活塞速度方程反求曲轴转角。根据式（2-5）可以得到等效转速表达式：

$$\omega(\theta) = -\frac{v}{r\left(\sin \theta + \dfrac{\lambda}{2}\sin 2\theta\right)} \qquad (2-15)$$

2.2 FPEG 换气过程建模及仿真模拟

2.2.1 FPEG 换气过程湍流模型

目前对缸内复杂气流流动的描述方式主要有单方程模型、双方程模型和四方程模型，以及雷诺应力模型、非线性涡黏度模型等，这里采用四方程模型，其计算精度高、稳定性好。四方程模型的相关方程如下：

$$\rho \frac{\mathrm{d}k}{\mathrm{d}t} = \rho(p_k - \varepsilon) + \frac{\partial}{\partial x_j}\left[\left(\mu + \frac{\mu_t}{\sigma_k}\right)\frac{\partial k}{\partial x_j}\right],$$

$$\rho \frac{\mathrm{d}\varepsilon}{\mathrm{d}t} = \rho \frac{c_{\varepsilon_1}p_k - c_{\varepsilon_2}\varepsilon}{T} + \frac{\partial}{\partial x_j}\left[\left(\mu + \frac{\mu_t}{\sigma_\varepsilon}\right)\frac{\partial \varepsilon}{\partial x_j}\right], \qquad (2-16)$$

$$\rho \frac{\mathrm{d}\zeta}{\mathrm{d}t} = \rho\left(f - \frac{\zeta}{k}p_k\right) + \frac{\partial}{\partial x_j}\left[\left(\mu + \frac{\mu_t}{\sigma_\zeta}\right)\frac{\partial \zeta}{\partial x_j}\right]$$

其中，

$$\mu_t = \rho c_\mu \zeta \frac{k^2}{\varepsilon}, \ \zeta = \frac{u^2}{k},$$

$$T = \max\left[\frac{k}{\varepsilon}, C_T\left(\frac{V^3}{\varepsilon}\right)\frac{1}{2}\right], \qquad (2-17)$$

$$L = C_L \max\left[\frac{k^{\frac{3}{2}}}{\varepsilon}, c_\eta\left(\frac{v^3}{\varepsilon}\right)\frac{1}{4}\right]$$

ρ 为密度，p_k 为应力，μ 为动力黏度，μ_t 为湍流黏度，u^2 为黏度尺度，T 和 L 分别为湍流时间尺度和长度尺度，V 为运动黏度。

2.2.2　FPEG 换气过程仿真模型构建

同样采用结构化六面体网格，基本长度为 2 mm，同时对进、排气口流动区域进行局部的网格细化，气口附近的网格尺度为 1 mm，细化层数为 5，总体网格数量在 35 万左右。结构参数配置见表 2-1，网格模型如图 2-3 所示，仿真边界条件配置见表 2-2。

表 2-1　结构参数配置

参数	数值	单位
扫气压力	2	bar
扫气温度	293.15	K
湍动能	20.0	$\mathrm{m^2/s^2}$
排气压力	1.1	bar
排气温度	333.15	K
扫气壁面温度	293.15	K
排气壁面温度	333.15	K

续表

参数	数值	单位
左侧活塞顶温度	453.15	K
右侧活塞顶温度	453.15	K
活塞壁面温度	463.15	K
点火时刻	− 34.5	(°CA)

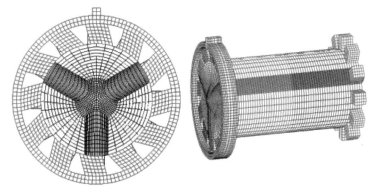

图 2 - 3　网格模型

表 2 - 2　仿真边界条件配置

参数	数值	单位
扫气压力	2	bar
扫气温度	293.15	K
湍动能	20.0	m^2/s^2
排气压力	1.1	bar
排气温度	333.15	K
扫气壁面温度	293.15	K
排气壁面温度	333.15	K
左侧活塞顶温度	453.15	K
右侧活塞顶温度	453.15	K
活塞壁面温度	463.15	K
点火时刻	− 26.5	(°CA)

2.2.3　FPEG 换气过程仿真结果

从图 2 - 4 中可以明显看出,在扫气初始阶段,由于涡流排和直流排的作用,气体迅速在缸内形成一股滚流,并随着进气的进行,形成类似气体弹簧的功能推动气体加速向排气口涌动。在扫气结束时刻,扫气效率为 45%,平均给气比达到 1.2。

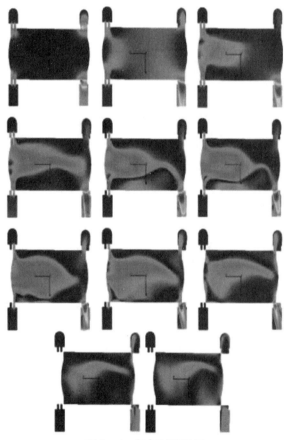

图 2 - 4　扫气过程云图

在排气过程中,随着活塞的排气过程,缸内高压气体也开始沿着活塞运动的方向逐渐扩散,在气缸中心区形成一个运动高速区,大部分高压气体沿着活塞顶的运动方向快速排出气缸。扫气效率随当量曲轴转角的变化如图 2 - 5 所示。轴向气流速度云图如图 2 - 6 所示。

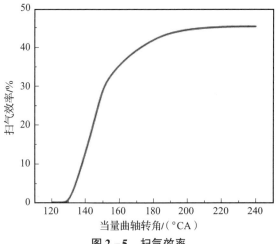

图 2 - 5　扫气效率

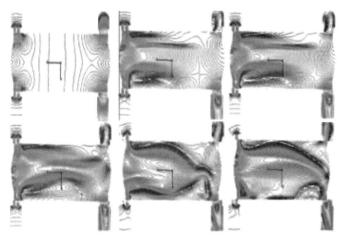

图 2 - 6　轴向气流速度云图

从图 2 - 5、图 2 - 6 可以看出，采用气口 - 气口式直流扫气方式，没有独立进、排气行程，工质更替时间短，油气混合时间短。

在进气过程中，由于活塞顶部凹坑的存在，气体在运动过程中随着活塞的运行，两侧气流流入气缸后相互作用，在凹坑内聚集，并不断和活塞凹坑内壁相互碰撞、反弹，形成了一个沿着凹坑形状发展的反射弧面，从而在缸内形成了一股强大的、有组织的、绕气缸轴线垂直方向运动的滚流动量矩，靠近气口附近的气流运动速度和流量比较大，气流动量损失小。

同时，缸内气流在接近缸壁处受到缸壁壁面的摩擦以及损耗，气体流动速度明显比缸内中心处的气体流动速度低，这样就可以在燃油喷射初期将更多燃油限制在缸体中间区域，避免在扫气初期出现燃油碰壁。另外，滚流在压缩过程中不断变形，在运动过程中容易破裂并产生众多小尺度的湍流，这些湍流不断地产生和破裂，大大增加了湍流强度和湍流动能，影响燃油蒸发、雾化和混合气的形成，可以从燃油 SMD（索特平均直径）分析研究，剧烈的缸内空气运动有助于油滴的初次破碎，减小 SMD。但是，气体运动太强，也会使缸壁周围的气体密度加大，将更多地燃油甩向缸壁，造成油滴碰撞、聚合，生成壁面油膜，导致 SMD 增大。

从图 2 - 7 中可以明显得出以下结论。

（1）进、排气口分别位于气缸套两端，新鲜空气以大于排气背压的压力从进气口进入气缸，在排气口关闭时刻，缸内压力达到了 2.4 bar，同时涡流排采用 15°的进气倾角，使缸内气流的切向速度增加，形成强烈的进气涡流，随着气口的打开，迅速在各自气口附近形成一股股气流，形成类似"空气活塞"的作用，既能推动缸壁附近的废气排出，又具有一定的扫气推动力。

（2）随着活塞的运动，各个扫气口的各股气流运动相互干涉，相互施压，在扫气初期，气流运动不能迅速扩散到气缸中心附近，因此在气缸中心附近的废气率高于周边，随着活塞的进一步运动，各个气口附近的气流也发生改变，气流开始扩散到气缸中心，扫除气缸中心附近的废气，形成气流，推动废气排出。

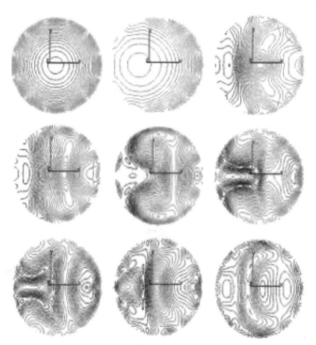

图 2 - 7　径向气流速度云图

（3）由于采用了对称式结构，所以部分气口在缸壁附近气流运动缓慢，造成废气集中，这部分废气难以有效迅速排出，但随着活塞的进一步运动和各个涡流口气流的相互干涉、交融、碰撞，气流沿着缸壁圆周方向运动，向气体流动缓慢的区域运动，逐步包围废气，直至全部排出废气。

总体来说，新鲜充量与废气存在明显的"分层"现象，相互之间的掺杂减少，在扫气阶段，随着扫气过程的进行，新鲜空气已基本充满整个燃烧室，为后续的燃烧过程提供了充足的空气。

2.3 FPEG 燃烧过程建模及仿真模拟

燃烧过程仿真模型涉及燃烧模型、壁面传热模型、喷雾模型、蒸发模型。

2.3.1 FPEG 自由活塞内燃机燃烧过程理论模型

1. 燃烧模型

AVL – FIRE 软件提供了 6 种燃烧模型，完全涵盖了主流理论中所包含的燃烧机理，分别为涡破碎模型（Eddy Break Model）、湍流火焰速度模型（Turbulent Flame Speed Closure Model）、相关火焰模型（Coherent Flame Model）、概率密度函数模型（Probability Density Function Model）、特征时间尺度模型（Charactristic Timescale Model）和稳态燃烧模型（Steady Combustion Model）。这里采用相关火焰模型，它主要采用火焰面密度的方法描述火焰的发展过程，火焰面密度可以理解为单位体积内的火焰，它一方面考虑了火焰厚度和形状的影响，另一方面考虑了湍流和化学机理的相互影响，因此可以充分将化学相和湍流相分别处理，从物理意义上来说可以更准确地描述火焰的生成和传播过程。

2. 壁面传热模型

在 CFD 数值仿真软件中，壁面传热模型是通过存储在壁面和壁面附近网格中的温度、流场及湍流数据计算壁面的传热热流的，常见的模型有 Launder – Spalding 模型、Huh 模型、Poinsot 模型、Han – Reitz 模型和 Rakopoulos 模型。这里采用 AVL – FIRE 软件中推荐的 Han – Reitz 模型来计算 FPEG 燃烧室壁面的传热热流。该模型考虑了边界层内流体物性及湍流黏度的非均匀性分布和燃烧源项的影响，目前被广泛应用于内燃机的传热计算。

Han – Reitz 模型基于通用的能量守恒方程，假设无量纲黏度 v^+、湍流普朗特数 Pr_t 和无量纲距离 y^+ 之间的关系为

$$\frac{v^+}{Pr_t} = 0.1 + 0.025y^+ + 0.012(y^+)2, \quad y^+ \leqslant y_0^+ = 40$$

$$\frac{v^+}{Pr_t} = 0.4767y^+, \quad y^+ > y_0^+ \tag{2-18}$$

其中，$v^+ = v_t/v$，$v^+ = u^* y/v$，v_t 和 v 分别为湍流动力黏度和层流动力黏度，u^* 为摩擦速度，y 为距离壁面的法向距离。

通过对能量方程进行积分计算，得到壁面边界层内无量纲温度的分布函数为

$$T^+ = 2.1\ln(y^+) + 2.1G^+ y^+ + 33.4G^+ + 2.5 \tag{2-19}$$

其中，$G^+ = G_v/q_w u^*$，G_v 为能量方程中的源项，q_w 为壁面传热热流。

最终 Han – Reitz 模型中的壁面热流计算公式为

$$q_w = \frac{\rho u_\tau C_p T\ln(T/T_w) - (2.1y^+ + 33.4)G_v/u_\tau}{2.1\ln(y^+) + 2.5} \tag{2-20}$$

其中，u_τ 为摩擦速度；C_p 为常数，为定压比热容；T 和 T_w 分别为气体和壁面的温度。

3. 喷雾模型

针对发动机的喷雾过程，AVL – FIRE 软件能够提供的模拟破碎的模型有很多，主要有 WAVE 模型、FIPA 和 KHRT 模型、TAB 模型，HUH – GOSMAN 模型，其中 WAVE 可调整的参数不多，结果可靠，适用于多喷孔的柴油机；FIPA 和 KHRT 模型使用的范围更广，其 We 数可以很小，适用于柴油机和汽油机；TAB 模型不适用于柴油喷射过程，可以应用于低速的汽油喷射过程（空锥形喷射或者漩流喷射）；HUH – GOSMAN 适用于在中等喷射压力的汽油机多孔喷射中对液体与气体界面上沿流动方向扰动波的不稳定性进行分析，当不稳定波的振幅大于临界值的时候，液滴即发生分裂。

因此，本次仿真采用 HUH – GOSMAN 模型，其基本思想是认为射流内部的湍流扰动和气动力是导致液体分裂雾化的动因，主要调整参数如下。

C1：影响第一次破碎发生的时间。负值表示会延迟；正值，其值越大，破碎时间越短。

C2：子液滴直径采用 Chi square 分布的指数相，或者采用 Rosin – Rammler 分布的指数。

C3：一般不调节。

C4：调节子液滴 SMD 与母液滴直径的比值，其值越大，子液滴直径越小。

C5：调节表面张力的影响程度，其值越大，破碎时间越长，是重点调整参数。

C6：推荐值为 0.5。

C7：调节黏性力的影响程度，其值越大，破碎时间越长。

C8：试验证明与 C5 的关系为 C8 = C5/24。

C9：调节子液滴的速度。

4. 蒸发模型

AVL – FIRE 主要有以下几种蒸发模型。

Dukowicz 模型：认为传热和传质过程是完全相似的过程，并且假定 Lewis 数（热扩散系数与质扩散系数的比值）为 1。计算油蒸汽的物性参数（比热、黏性等）所对应的温度采用 1/2 法，即当地流体温度和液滴表面温度和的 1/2。

Spalding 模型：Lewis 数仍为 1，但是由于不再认为传热和传质是完全相似的，所以需要先求解温度的微分方程，以求得液滴的新直径，因此需要迭代。

Abramzon 模型：需要迭代，但是对于发动机运转条件下的燃油蒸发过程不再有 Lewis 数为 1 的限制。

以上 3 种模型没有明显的区别，Dukowicz 模型由于不需要迭代，计算时间短，所以是推荐选项。

Frolov 模型：AVL – FIREv2008 的新模型，与 Dukowicz 模型相似，没有 Lewis 数为 1 的限制，并且对于边界层网格上的液滴，参考温度采用的是液滴的表面温度。

本次仿真采用 Dukowicz 模型。

2.3.2　三维流场仿真条件及结果分析

1. 仿真条件

缸内直喷多采用多孔喷油器，因其喷雾贯穿距离对喷射背压的敏感度低，当背压增加时，贯穿距离的减小较小，且喷雾锥角几乎不变。其参数设计主要涉及喷孔直径和喷孔数，喷孔直径和喷孔数由多孔喷油器的喷孔总面积决定，而喷孔总面积又取决于每循环的喷油量、燃油平均速度等。喷孔总面积为

$$S_A = \frac{6n \cdot V_s}{\mu \cdot W_n \cdot \varphi_i \cdot 1\ 000} \tag{2-21}$$

其中，S_A 为喷孔总面积（mm^2）；n 为发动机转速（r/min）；μ 为喷孔的流量系数，一般与制造质量有关；W_n 为喷孔中的燃油平均速度（m/s）；φ_i 为喷油持续角度（$°CA$）。

经计算，采用 2017 款速腾 1.4T 缸内直喷汽油机型直径为 $\phi 0.2$ mm 的 6 孔非均匀对称型喷油器，喷油量为 18.2 mg，喷油压力为 11.45 MPa，喷油脉宽为 0.8 ms，流量系数采用 0.67。

基本结构参数设置见表 2-3。

表 2-3　基本结构参数设置

参数	数值	单位
扫气口高度	8	mm
扫气口个数	12	个
扫气口开启位置	50.927	mm
扫气口闭合位置	58.927	mm
排气口开启位置	49.535	mm
排气口闭合位置	58.927	mm
排气口高度	9.39	mm
排气口个数	12	个
排气口倾角	15	(°)
活塞直径	56.5	mm
压缩比	10	—
行程	55.12	mm
避让槽深	3	mm
避让槽宽	12	mm
凹面直径	32.03	mm
凹面深度	5.45	mm

仿真边界条件设置见表 2-4。

表2-4 仿真边界条件设置

参数	数值	单位
扫气压力	2	bar
扫气温度	293.15	K
湍动能	20.0	m²/s²
排气压力	1.1	bar
排气温度	333.15	K
扫气壁面温度	293.15	K
排气壁面温度	333.15	K
左侧活塞顶温度	453.15	K
右侧活塞顶温度	453.15	K
活塞壁面温度	463.15	K
点火时刻	-16.5	(°CA)

火花塞和喷油器布置示意如图2-8所示。

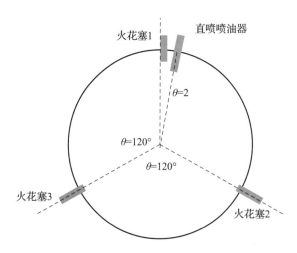

图2-8 火花塞和喷油器布置示意图

2. 喷雾过程仿真结果分析

从图2-9可以明显看出，虽然燃油蒸发主要与喷油脉宽、喷油压力、缸内温度、液滴粒径等多种综合因素有关，甚至相互之间也经常出现耦合作用的影响，但本次仿真采用的相关参数基本保证了燃油在火花塞跳火前几乎完全蒸发（蒸发量几乎达到100%），此次喷雾贯穿距为52.5 mm左右，没有出现碰壁现象，同时喷雾粒径基本为5 μm左右，喷油参数设置基本合理。同时，从喷雾贯穿距可明显看出，喷雾贯穿距基本上是由喷油压力决定的，在喷油结束后，喷雾贯穿距在液滴的惯性作用下继续增加，但增加的距离有限，在喷油结束后，液滴运动速度明显下降，出现拐点。随后液滴运动主要受到气流运动状态的影响。喷油与蒸发过程如图2-10所示。

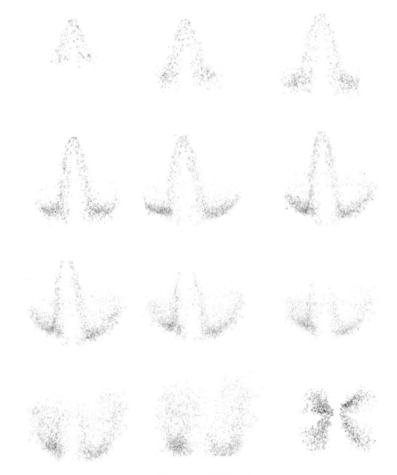

图2-9 喷雾过程

3. 燃烧过程仿真结果分析

燃烧过程仿真结果如图2-11所示。

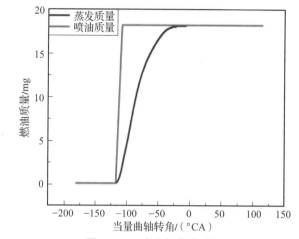

图 2 – 10 喷油与蒸发过程

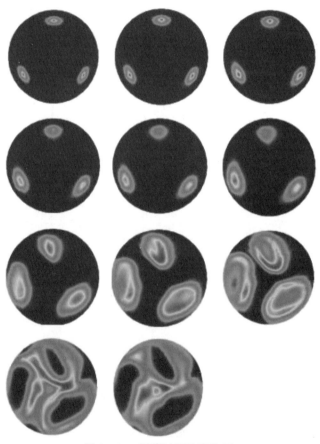

图 2 – 11 燃烧过程仿真结果

火花塞采用 3 组对称 120°形式布置，在点火时刻 3 个火花塞同步跳火，火核呈球形，火花能量也完全相同，但是由于不同火花塞周围的混合气分布不同，所以在后期出现了不同的着火状况。具体表现为，在点火初期，由于火花塞 3 周围当量比为 1.0 ~ 1.4，所以其余两个火花塞周围的混合气都比较稀薄，没有处于合适的当量比范围（0.6 ~ 2.0）内，不能顺利实现点火，从图 2 – 12 也可以明显看出火花塞 3 在点火初期点火浓度较高，但是其余两个火花塞的火花密度明显偏小，随着气流的进一步运动，其余两个火花塞周围的混合气浓度合适，点火密度又逐渐增大，同时先期顺利点火的火核又逐渐扩散到未燃区，最后使整个燃烧室空间实现完全点火。

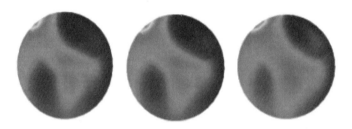

图 2 – 12　点火时刻混合气当量比分布

在点火初始时刻，火花塞 3 周围当量比为 1.0 ~ 1.4，适宜点火，而火花塞 1 和火花塞 2 周围的当量比为 0 ~ 0.7，不适宜正常点火，因此在火花塞顺利跳火之后，火花塞 3 周围的火焰浓度明显比其余两个火花塞周围的火焰浓度高，甚至火花塞 1 周围火焰几乎要熄灭，但随着气流运动的继续进行，其余火花塞周围的混合气浓度也适宜点火，因此火焰顺利实现传播，在短时间内火焰前锋面已经遍布整个燃烧室。

2.4　典型换气方式对换气及燃烧过程的影响

发动机主要有直流扫气、回流扫气、横流扫气等换气方式。FPEG 系统内燃机模块的工作形式可分为两种，四冲程与二冲程均有应用，二冲程布局方案相对采用较多。在二冲程机型的扫气系统布局形式中，回流扫气和直流扫气是两种主流方案。相比较而言，回流扫气方案具有结构简单、较易实现的优点，可以有效降低整体研究的技术风险。二冲程机型气口参数的统计数据见表 2 – 5。

表 2 - 5　二冲程机型气口参数的统计数据

参数	Zbe	Zbs	Zbf	be	bs
汽油机	9 ~ 14	7 ~ 13	0.2 ~ 0.5	0.4 ~ 0.66	0.45 ~ 0.8
摩托车用	13 ~ 17	8 ~ 11.5	0.3 ~ 0.9	0.6 ~ 0.85	0.65 ~ 0.8
汽车用	10 ~ 15.5	5 ~ 8.5	0.3 ~ 0.9	—	—
柴油机	12 ~ 25	8 ~ 20	0.15 ~ 0.7	0.5 ~ 0.75	0.3 ~ 0.6

3 项比时面值参数 Zbe、Zbf、Zbs 在设计计算过程中并不是完全互相独立的，当选定其中任意两个之后，第三个随之确定。一般就其重要性的先后，设计中将选定扫气口比时面值 Zbs 和提前排气比时面值 Zbf，之后排气口比时面值 Zbe 即有唯一取值。扫气口比时面值 Zbs 的设计选定原则主要有两点，其一是要保证 Zbs 能够满足扫气性能要求，其二是在满足要求的同时尽可能减小该值。如果该值的取值过大，将导致内燃机的做功行程缩短，推高冲程损失，损害内燃机工作效率。3 项比时面值参数中对扫气系统性能影响最大的是提前排气比时面值 Zbf，该值与排气开始时的气缸内压力共同决定了扫气口打开时的气缸内压力。扫气口打开时的气缸内压力直接影响扫气道内新鲜充量进入气缸的时间、速度，这对于扫气系统的性能优劣有重要意义。从设计原则上说，Zbf 应尽可能减小取值，从而减小冲程损失，并且防止新鲜充量大量流出排气口，造成短路损失。

2.4.1　回流扫气换气方式对换气及燃烧过程的影响

在二冲程回流扫气系统的设计工作中，气口参数的计算是重点。在传统机型上已对此有较多研究成果，相关设计理论较为完备，但在 FPEG 领域，研究工作还有待丰富。出于对自由活塞机型工作机理的考虑，良好的扫气系统设计对工作稳定性有重要意义。以往的设计工作大多以经验或相似设计方法为主，尚未提出一种具体的设计计算方法。鉴于自由活塞机型与传统机型的基本工作原理相同，可以将传统机型回流扫气系统设计方法作为基础，通过某种方法进行修正，使之适用于自由活塞机型领域的设计工作。根据这一思路，首先分析自由活塞机型与传统机型之间回流扫气系统运行特性的差异，再利用等效转速变换法在自由活塞机型工作特性与传统机型工作特性之间实现等效联系，然后根据分析结果，在传统机型回流扫气系统气口参数设计计算方法的基础上加以修正，最终形成自由活塞机型回流扫气系统气口参数专门设计方法。

在二冲程内燃机领域，常使用气口时面值与气缸排量之比（即"比时面值"）作为评价二冲程内燃机换气系统设计的重要指标。通常设计所得比时面值应处于一个合适的范围内。此值过大会导致二冲程内燃机的短路损失增加，此值过小则会引发扫气效率不足，缸内残余废气过多。由于气口时面值与活塞运动规律存在密切联系，同时自由活塞机型的活塞运动曲线与传统机型存在显著差异，所以自由活塞机型的扫气特性可能不同于传统机型。为了研究二者之间的差异，构造一款 FPEG 动力系统，其样机的结构与配置参数见表 2 - 6。

表 2 - 6　FPEG 动力系统样机结构与配置参数

参数	数值	单位
缸径	52.50	mm
有效行程	31.00	mm
设计行程	68.00	mm
排气口高度	15.00	mm
扫气口高度	13.50	mm
压缩比	可变	—
动子质量	5.87	kg
直线电机常数	74.40	N/A
负载电阻	18.00	Ω

FPEG 回流扫气换气过程如图 2 - 13 所示。

虽然自由活塞机型和相同几何结构的传统机型具有同样的最大气口打开面积，但受自由活塞机型特殊活塞运动规律的影响，二者的换气过程持续时间存在明显区别。通过仿真可以计算得到，自由活塞机型排气比时面值约为 8.9，扫气比时面值约为 6.5。同期对应传统机型排气比时面值约为 14.8，扫气比时面值约为 11.2，二者之间差异较为显著。由于比时面值对二冲程机型的扫气过程有非常重要的影响，所以特殊活塞运动规律所带来的比时面值的差异最终将反映到扫气效率、新鲜充量捕捉率等指标的区别上（图 2 - 14）。

图 2 - 13　FPEG 回流扫气换气过程

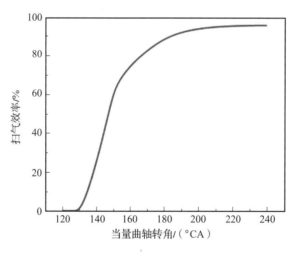

图 2 - 14　FPEG 回流扫气效率

　　图 2 - 15 所示为不同等效曲轴转角下 FPEG 与传统发动机的缸内气体温度场分布。可以看到，火花塞首先点燃其周围的可燃混合气，并放出热量使燃烧室局部温度升高，随着化学反应的发生与火焰的传播，高温区域逐渐向整个燃烧室扩展。FPEG 在燃烧过程中的最高局部温度达到 2 837.9 K。同时，FPEG 在压缩过程中具有较低的活塞运动速度，导致压缩过程中其缸内气流强度低于传统发动机，因此可以看到，传统发动机的火焰传播速度要高于 FPEG，并在上止点附近完成大部分燃料的燃烧。在进入膨胀行程之后，FPEG 的活塞快速向下止点运动，

导致缸内气体流动强度有所增强，火焰传播速度提高，但是燃烧室容积也增加较快，使火焰传播到终燃混合气的距离变长。综合来看，FPEG 的燃烧放热过程要长于传统发动机。

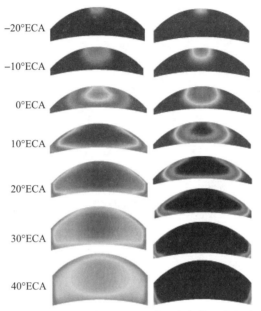

图 2 - 15　FPEG 与传统发动机的缸内气体温度场分布

2.4.2　直流扫气换气方式对换气及燃烧过程的影响

FPEG 直流扫气换气过程如图 2 - 16 所示。可以看出，在直流扫气换气过程中，随着进气口的开启，缸内废气随着新鲜空气气流流动，逐步从排气口流出。

火花塞采用 3 组对称 120°形式布置，在点火时刻 3 个火花塞同步跳火，火核呈球形，火花能量也完全相同，但是由于不同火花塞周围的混合气分布不同，所以在后期出现了不同的着火状况。具体表现为，在点火初期，由于火花塞 3 周围当量比为 1.0 ~ 1.4，所以其余两个火花塞周围的混合气都比较稀薄，没有处于合适的当量比范围（0.6 ~ 2.0）内，不能顺利实现点火，从图 2 - 17 也可以明显看出火花塞在点火初期点火浓度较高，但是其余两个火花塞火花密度明显偏小，随着气流的进一步运动，其余两个火花塞周围的混合气浓度合适，点火密度又逐渐增大，同时先期顺利点火的火核又逐渐扩散到未燃区，最后使整个燃烧室空间实现完全点火。

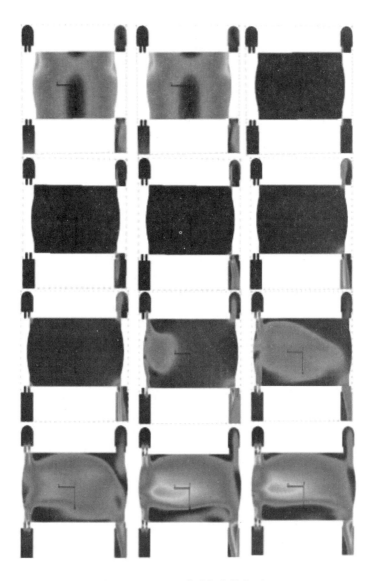

图 2 - 16　FPEG 直流扫气换气过程

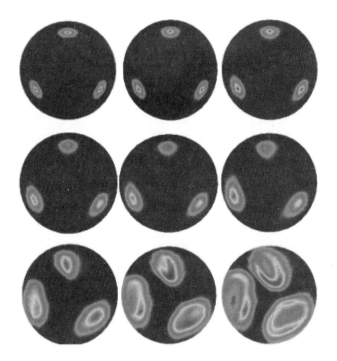

图 2-17　FPEG 直流扫气燃烧过程

参 考 文 献

［1］ 吴兆汉. 内燃机设计［M］. 北京：北京理工大学出版社，1990.

［2］ 周龙保. 内燃机学［M］. 北京：机械工业出版社，2011.

［3］ 毛金龙. 自由活塞直线发电机工作过程数值仿真及实验研究［D］. 北京：北京理工大学，2011.

［4］ MAO J, ZUO Z, LI W, et al. Multi-dimensional scavenging analysis of a free-piston linear alternator based on numerical simulation［J］. Applied Energy, 2011, 88 (4): 1140-1152.

［5］ MAO J, ZUO Z, FENG H. Parameters coupling designation of diesel free-piston linear alternator［J］. Applied energy, 2011, 88 (12): 4577-4589.

［6］ 宋豫. 压燃式自由活塞内燃发电动力装置连续运行关键问题研究［D］. 北京：北京理工大学，2016.

［7］ 闫晓东. 点燃式缸内直喷对置自由活塞发电机燃烧系统工作特性研究［D］. 北京: 北京理工大学, 2022.

［8］ YAN X, FENG H, ZHANG Z, et al. Investigation research of gasoline direct injection on spray performance and combustion process for free piston linear generator with dual cylinder configuration［J］. Fuel, 2021, 288: 119657.

［9］ YAN X, FENG H, ZUO Z, et al. Research on the influence of dual spark ignition strategy at combustion process for dual cylinder free piston generator under direct injection［J］. Fuel, 2021, 299: 120911.

［10］ 周松. 内燃机工作过程仿真技术［M］. 北京: 北京航空航天大学出版社, 2012.

第**3**章
缸内、缸外传热过程仿真分析

3.1 FPEG 缸内 – 机外传热过程理论建模与仿真

FPEG 系统是一个高度耦合的非线性系统，直线电机与发动机高度耦合，电 – 机 – 热 – 磁场综合作用。对于如此复杂的工作环境，要想保证样机的结构完整性，需要在设计时充分考虑多种因素，尤其是系统的关键零部件，如活塞、连杆和动子，这也是 FPEG 的核心零部件。在运动过程中，运行部件在高频率运行，系统关键部件反复受力，电 – 机 – 热 – 磁场综合作用，对于关键部件结构强度的分析相对复杂。针对 FPEG 的特殊结构及其特殊的活塞运动规律，对发动机到直线电机的传热分析是很有必要的。直线电机动子运行频率相对于其在电动机模式下要高很多，因此其处于过负荷运行时，其内部的温度会相对较高，此时来自发动机方面的热量如果过高，则会导致动子温度过高，从而影响动子结构强度，也会影响直线电机的发电效率。考虑到自由活塞发动机缸内气体热力状态变化规律与活塞气缸相对位置变化规律的特殊性，在研究 FPEG 缸内 – 机外多路径传热过程时，需要耦合建立模型，以活塞、连杆、动子作为耦合传热的主要研究对象，建立基于动力学、热力学及结构传热学的耦合传热仿真模型。耦合传热仿真模型主要包括系统动力学热力学零维模型、缸内燃烧子模型、结构传热子模型。考虑到耦合传热系统的复杂性，以及目前处于原型机初步探索阶段，需要对系统做出一定的简化和假设。

（1）假设自由活塞和缸套之间的润滑油膜厚度均匀，由于润滑油膜厚度很小，所以不考虑其对流换热作用，只考虑其导热作用，将润滑油膜假设成一维导热热阻。

（2）将系统的瞬态传热简化为某一工况下的稳态传热，典型工况选取平均稳态传热工况。

（3）假设活塞与连杆、连杆与动子之间接触紧密，热边界条件在接触面保持相同。

（4）活塞热边界条件由于目前无法运用试验手段获取，所以温度边界条件依据已有论文中的实测结果选取。

3.1.1 活塞的温度场分析

自由活塞发动机与传统内燃机一样，活塞顶部直接承受高温火焰的烘烤，活塞顶部特别是喉口位置承受着极大的热负荷，并且材料强度在高温时会显著下降，导致活塞出现热失效的问题，另外活塞在高温环境下屈服强度大幅度下降，当应力超出材料的屈服极限时，材料会产生塑性变形，进而产生疲劳损坏。

1. 活塞三维结构

活塞的设计工作十分复杂，需要考虑诸多因素。自由活塞发动机的活塞由于是横置的，所以其冷却和润滑一直是一个技术难题。在设计时为了顺利实现冷却功能，活塞内部开有内冷油腔，活塞侧面开有漏油槽，冷却油顺着漏油槽流动，流动到油环槽，油环槽上开有很多漏油孔，冷却油顺着漏油孔流入冷却内腔，之后顺着活塞下部的出油孔流出，实现振荡冷却的作用。

活塞连杆组件如图 3 - 1 所示。

设计的活塞具有以下几个特点。

（1）活塞中心有内冷油腔，采用振荡冷却的冷却方式。

（2）活塞侧壁上没有销孔，但中心处的杆部结构设有销孔。

（3）活塞顶部为异形燃烧室，中心球切面，且开有 3 个互成 120°夹角的避让槽。

（4）活塞开有 3 道气环、1 道油环，且最后 1 道气环在活塞最下面。

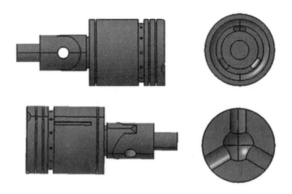

图 3 - 1　活塞连杆组件

2. 有限元网格的划分

HyperMesh 是目前应用最广泛的前处理软件，可运用 HyperMesh 软件对模型进行网格划分。首先要进行几何处理，距离非常近的曲线或尺寸非常小的曲线在划分有限元网格时会在局部生成尺寸非常小的网格或造成网格尺寸变化剧烈，影响网格质量。因此，利用 HyperMesh 软件的曲线或边抑制功能，将距离非常近的曲线中的一条和尺寸非常小的曲线抑制掉。被抑制的曲线或边在划分有限元网格时就不会再生成节点。然后将划分的网格导入 ABAQUS，设置成二阶四面体网格，共产生 110 017 个节点、67 044 个单元，如图 3 - 2 所示。

图 3 - 2　导入 ABAQUS 的活塞网格

3. 活塞热边界条件的确定

热边界条件共分为 3 类。第一类热边界条件是通过试验的方法得出受热零件表面的一些特征点温度值。受热零件的温度测量试验方法很多，既可以测出平均温度值，也可以测出瞬态温度值，一些常用的测温方法有硬度测量法、易熔塞法、氮化法、热电偶法、电模拟法、示温涂料法、热电敏法以及红外成像法等。第二类热边界条件是热流密度，但由于测量手段复杂且零件结构不规则，不易通过试验的方法直接获得，并且作为温度场的反求条件不直接，所以一般很少应用，一般测量方法有燃烧室表面温度波动法、热流量计法和工作过程计算法。第三类热边界条件是目前进行内燃机热负荷计算中最常用的一种方法。在传热学上，规定了边界上物体与周围流体间的表面换热系数及周围流体的温度，称为第三类热边界条件。同时，活塞的热量大部分来自高温燃气和活塞顶面的对流换热，活塞内部的传热遵循傅里叶定律，而活塞本身内部不产生热量，在发动机稳定运行工况下，活塞的温度波动主要出现在活塞顶 2 mm 附近，且波动幅度不大，因此活塞在发动机稳定运行工况下的热分析可以简化为一个没有内热源问题的稳态热分析。

1）活塞顶部热边界条件的确定

热边界条件是否准确，是活塞温度预测的重要因素。活塞的热分析采用第三类热边界条件，需要确定热边界的介质温度和换热系数。在稳态温度场计算中，需要计算一个工作循环的综合燃气平均温度和平均换热系数。计算方法有示功图法和经验公式法等。活塞顶部的热边界条件可以用如下公式计算。

等效平均换热系数 h_{gm}：

$$h_{gm} = \frac{1}{4\pi} \int_0^{4\pi} h_g \mathrm{d}\theta \qquad (3-1)$$

加权平均温度 T_{gm}：

$$T_{gm} = \frac{1}{4\pi h_{gm}} \int_0^{4\pi} T_g h_g \mathrm{d}\theta \qquad (3-2)$$

上述计算假设燃烧室空间内的 h_{gm} 和 T_{gm} 数值恒定。其中，h_g，T_g 分别是缸内瞬时换热系数和瞬时燃烧温度。然而，实际燃烧室内活塞顶部各区域的热流量并不相同，根据以往论文结果提出的用于计算活塞顶部不同半径位置的换热系数的半经验公式如下。

当 $0 < R_r < L$ 时，

$$h_g(R_r) = \frac{2 \cdot h_{gm}}{\left[1 + \exp\left(C_0 \cdot L^{1.5} \right) \right]} \cdot \exp\left(C_0 \cdot R_r^{1.5} \right) \qquad (3-3)$$

当 $R_r \geqslant L$ 时，

$$h_g(R_r) = \frac{2 \cdot h_{gm}}{\left[1 + \exp\left(C_0 \cdot L^{1.5} \right) \right]} \cdot \exp\left\{ C_0 \cdot (2L - R_r)^{1.5} \right\} \qquad (3-4)$$

其中，R_r 是到活塞中心的径向距离；L 是活塞中心到表面最大换热系数位置的距离，一般等于燃烧室喉口的半径长度；常数 $C_0 = 7.82 \times 10^{-4} \, \mathrm{mm}^{-1.5}$。

缸内燃气的瞬时换热系数和瞬时燃烧温度由缸内 CFD 软件 AVL - FIRE 计算得到，如图 3 - 3 和图 3 - 4 所示。

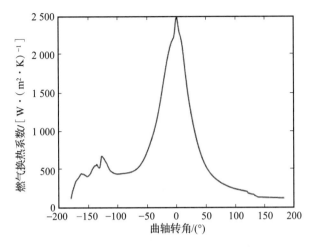

图 3 - 3 缸内燃气周期瞬时换热系数

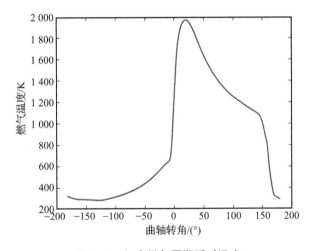

图 3 - 4 缸内燃气周期瞬时温度

最终得到活塞表面的热边界条件：平均换热系数为 654 W/(m² · K)，平均温度为 940 K。

2) 活塞和冷却水之间的换热系数

活塞从燃气吸收的热量一般占燃料燃烧总热量的 2%~4%，在活塞达到热平衡时，这些热量分别从活塞环区和裙部通过缸套壁传到水套中的循环冷却水、在进气过程中从活塞顶部传到新鲜空气以及从活塞内冷油腔传到油雾和冷却机油。活塞散热途径和比例见表 3 - 1。

表 3 - 1　活塞散热途径和比例　　　　　　%

部位	非冷却活塞	喷油冷却活塞	油腔冷却活塞
活塞环	62	41	36
表面空气	24	8	8
活塞体	14	6	6
冷却油	—	45	50

从表 3 - 1 可知，活塞散热的主要途径是通过冷却水和机油，其中向冷却水的传递是间接过程，在环区，活塞的一部分热量经过油膜或燃气传到活塞环、油膜、缸套，然后和冷却水交换热量，这是一个对流—热传导—对流的过程；在裙部，活塞的一部分热量经过油膜、缸套再到冷却水，这也是一个对流—热传导—对流的过程，只是少了经过活塞环的中间过程。在这部分，根据图 3 - 5 所示环区关系图，可以采用串联热阻的方法计算各部分的热阻。

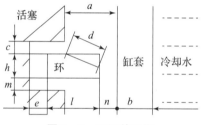

图 3 - 5　环区关系图

活塞的火力岸部位：

$$h = \frac{1}{\dfrac{a}{\lambda_1} + \dfrac{b}{\lambda_2} + \dfrac{1}{h_w}} \qquad (3-5)$$

第一环上沿：

$$h = \frac{1}{\dfrac{c}{\lambda_1} + \dfrac{b}{\lambda_2} + \dfrac{d}{\lambda_3} + \dfrac{1}{h_w}} \qquad (3-6)$$

第一环内沿：

$$h = \frac{1}{\dfrac{e}{\lambda_1} + \dfrac{b}{\lambda_2} + \dfrac{l}{\lambda_3} + \dfrac{1}{h_w}} \qquad (3-7)$$

第一环下沿：

$$h = \cfrac{1}{\cfrac{b}{\lambda_2} + \cfrac{d}{\lambda_3} + \cfrac{1}{h_w}} \tag{3-8}$$

第一环下环岸：

$$h = \cfrac{1}{\cfrac{a}{2\lambda_1} + \cfrac{a}{2\lambda_0} + \cfrac{b}{\lambda_2} + \cfrac{1}{h_w}} \tag{3-9}$$

第二环上沿：

$$h = \cfrac{1}{\cfrac{c}{2\lambda_1} + \cfrac{c}{2\lambda_0} + \cfrac{b}{\lambda_2} + \cfrac{n}{\lambda_0} + \cfrac{d}{\lambda_3} + \cfrac{1}{h_w}} \tag{3-10}$$

第二环内沿：

$$h = \cfrac{1}{\cfrac{e}{2\lambda_1} + \cfrac{e}{2\lambda_0} + \cfrac{b}{\lambda_2} + \cfrac{n}{\lambda_0} + \cfrac{l}{\lambda_3} + \cfrac{1}{h_w}} \tag{3-11}$$

第二环下沿：同式（3-10）。

第二环下环岸：

$$h = \cfrac{1}{\cfrac{a}{\lambda_0} + \cfrac{b}{\lambda_2} + \cfrac{1}{h_w}} \tag{3-12}$$

第三环上沿：

$$h = \cfrac{1}{\cfrac{c}{\lambda_0} + \cfrac{b}{\lambda_2} + \cfrac{n}{\lambda_0} + \cfrac{d}{\lambda_3} + \cfrac{1}{h_w}} \tag{3-13}$$

第三环内沿：

$$h = \cfrac{1}{\cfrac{e}{\lambda_0} + \cfrac{b}{\lambda_2} + \cfrac{n}{\lambda_0} + \cfrac{l}{\lambda_3} + \cfrac{1}{h_w}} \tag{3-14}$$

第三环下沿：同式（3-13）。

活塞裙部：

$$h = \cfrac{1}{\cfrac{a}{\lambda_0} + \cfrac{b}{\lambda_2} + \cfrac{1}{h_w}} \tag{3-15}$$

第四环上沿：

$$h = \cfrac{1}{\cfrac{c}{\lambda_0} + \cfrac{b}{\lambda_2} + \cfrac{n}{\lambda_0} + \cfrac{d}{\lambda_3} + \cfrac{1}{h_w}} \tag{3-16}$$

第四环内沿：

$$h = \frac{1}{\dfrac{e}{\lambda_0} + \dfrac{b}{\lambda_2} + \dfrac{n}{\lambda_0} + \dfrac{l}{\lambda_3} + \dfrac{1}{h_w}} \tag{3-17}$$

第四环下沿：同式（3-16）。

表 3-2~表 3-10 显示了式中变量的取值及含义。

表 3-2 a 的含义及取值

变量名称	含义	取值	单位
a_1	火力岸与缸套之间隙	0.42×10^{-3}	m
a_2	裙部与缸套之间隙	0.42×10^{-3}	m
a_3	第一环下环岸与缸套之间隙	0.42×10^{-3}	m
a_4	第二环下环岸与缸套之间隙	0.42×10^{-3}	m
a_5	第三环下环岸与缸套之间隙	0.42×10^{-3}	m

表 3-3 b 的含义及取值

变量名称	含义	取值	单位
b	缸套厚度	8×10^{-3}	m

表 3-4 c 的含义及取值

变量名称	含义	取值	单位
c_1	第一环上沿间隙	0.05×10^{-3}	m
c_2	第二环上沿间隙	0.05×10^{-3}	m
c_3	第三环上沿间隙	2.3×10^{-3}	m
c_4	第四环上沿间隙	0.05×10^{-3}	m

表 3-5 d 的含义及取值

变量名称	含义	取值	单位
d_1	第一环中心间距	1.4×10^{-3}	m
d_2	第二环中心间距	1.4×10^{-3}	m
d_3	第三环中心间距	2.9×10^{-3}	m
d_4	第四环中心间距	1.4×10^{-3}	m

表 3 - 6 e 的含义及取值

变量名称	含义	取值	单位
e_1	第一环内沿间隙	0.92×10^{-3}	m
e_2	第二环内沿间隙	0.915×10^{-3}	m
e_3	第三环内沿间隙	0.82×10^{-3}	m
e_4	第四环内沿间隙	0.82×10^{-3}	m

表 3 - 7 h 的含义及取值

变量名称	含义	取值	单位
h_1	第一环环高	1.2×10^{-3}	m
h_2	第二环环高	1.2×10^{-3}	m
h_3	第三环环高	5×10^{-3}	m
h_4	第四环环高	1.2×10^{-3}	m

表 3 - 8 n 的含义及取值

变量名称	含义	取值	单位
n_2	第二道环与缸套之间油膜厚度	0.005×10^{-3}	m
n_3	第三道环与缸套之间油膜厚度	0.1×10^{-3}	m
n_4	第四道环与缸套之间油膜厚度	0.1×10^{-3}	m

表 3 - 9 l 的含义及取值

变量名称	含义	取值	单位
l_1	第一环环径向厚度	2.5×10^{-3}	m
l_2	第二环环径向厚度	2.5×10^{-3}	m
l_3	第三环环径向厚度	2.85×10^{-3}	m
l_4	第四环环径向厚度	2.5×10^{-3}	m

表 3 – 10 λ 的含义及取值

变量名称	含义	取值	单位
λ_0	冷却机油导热系数	0.15	W/(m·K)
λ_1	燃气的导热系数	0.07	W/(m·K)
λ_2	缸套的导热系数	48	W/(m·K)
λ_{31}	第一道环导热系数	48	W/(m·K)
λ_{32}	第二道环导热系数	48	W/(m·K)
λ_{33}	第三道环导热系数	48	W/(m·K)
λ_{34}	第四道环导热系数	48	W/(m·K)

经过上述数据处理，为求出活塞和冷却水之间的换热系数关系，还需求出缸套和冷却水之间的换热系数。利用 FLUENT 软件对冷却水套进行 CFD 分析，得到缸套和冷却水之间的换热系数 $h_w = 5\,990$ W/(m²·K)。

将上述得到的数据和计算的数据分别代入对应的公式，即可求得活塞环区的初始热边界条件，见表 3 – 11。

表 3 – 11   活塞环区的初始热边界条件

位置	初始换热系数/[W·(m²·K)⁻¹]	初始温度/℃
火力岸	157	195
第一环槽上沿	928	150
第一环槽内沿	74	145
第一环槽下沿	2 758	140
第一环槽下环岸	211	135
第二环槽上沿	1 087	125
第二环槽内沿	100	120
第二环槽下沿	1 087	120
第二环槽下环岸	320	120
第三环槽上沿	61	115
第三环槽内沿	153	110

续表

位置	初始换热系数/$[\mathrm{W} \cdot (\mathrm{m}^2 \cdot \mathrm{K})^{-1}]$	初始温度/℃
第三环槽下沿	61	110
第三槽下环岸	320	80
第四环槽上沿	733	75
第四环槽内沿	154	70
第四环槽下沿	733	65
裙部	319	80

3）活塞内冷油腔的换热系数

该款具有内冷油腔的活塞，其进油孔在油环处，出油孔在活塞底部，共有 3 个出油孔，冷却油随活塞高频往复振荡后从出油孔流出，对目前这种内冷油腔，一般采用由管流试验数据综合出来的经验公式。

$$N_{uf} = 0.495 R_{ef}^{0.57} D^{*0.24} P_{rf}^{0.29}$$

$$D^* = \frac{D_{当}}{b}$$

$$R_{ef} = \frac{u D_{当}}{v_f} \qquad\qquad (3-18)$$

$$P_{ef} = \frac{v_f}{a_f}$$

目前，内冷油腔的换热系数并不能完全计算准确，此时取内冷油腔的换热系数为 3 000 W/($\mathrm{m}^2 \cdot \mathrm{K}$)。

4）活塞内腔与油雾的换热系数

目前活塞的内腔和油雾之间还没有一个很好的换热关系式，但根据热平衡关系，在稳态时流入的热量等于流出的热量，如图 3 – 6 所示，燃气热量从活塞顶部流向环区和内腔。结合傅里叶公式和牛顿公式即可计算出活塞内腔的换热系数。

$$h = \frac{\lambda_p}{\delta_p} \cdot \frac{t_{\omega 1} - t_{\omega 2}}{t_{\omega 2} - t_{\mathrm{oil}}} \qquad\qquad (3-19)$$

本计算中取活塞内腔与油雾的换热系数为 500 W/($\mathrm{m}^2 \cdot \mathrm{K}$)。

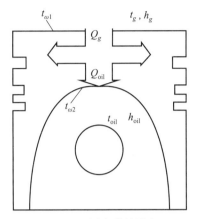

图 3-6 活塞热流流向

4. 活塞温度场的计算

由于在实际工况下，活塞的温度波动仅在表面 2 mm 以内起作用，而在 2 mm 以下，温度基本就是稳定的，所以活塞的传热分析可以按照稳态处理。将网格导入 ABAQUS，设置材料属性和热边界条件，将活塞材料设置为铝合金，其物性参数为：密度 $\rho = 2.73$ g/cm^3，导热系数 $\lambda = 163$ W/(m·K)，弹性模量 $E = 70$ GPa，泊松比为 0.3，热线性膨胀系数为 21×10^{-6} m/K。经过分析计算，可以得到图 3-7 所示的活塞温度场分布图。

图 3-7 活塞温度场分布图

活塞最高温度出现在活塞避让槽边缘与活塞顶部，最高温度为 184.67 ℃，由于内冷油腔的冷却，在活塞最中心处活塞温度反而有所下降，根据计算结果，此时与连杆连接的活塞底部温度为 75 ℃左右，用于后续计算连杆温度场的初始热边界条件。

3.1.2 连杆温度场分析

根据计算得到的活塞温度场，可以进一步计算与活塞连接的连杆温度场，如图 3 – 8 所示，活塞与连杆同样是销连接，但活塞与连杆之间的接触部分十分紧密，通过活塞的热量也会有一部分经过连杆传递到直线电机动子上，从而给直线电机的动子带去一部分热负荷。

图 3 – 8 活塞连杆组件

1. 连杆热边界条件

连杆结构相对复杂，为了减重，连杆中心被掏空。连杆的热边界条件同样采用第三类热边界条件，见表 3 – 12。

表 3 – 12 连杆热边界条件

位置	温度/℃	换热系数/$[W \cdot (m^2 \cdot K)^{-1}]$
与活塞连接处	90	500
与动子连接处	70	500
与空气接触处	25	20
与冷却油接触处	80	1 000

选取热边界条件时假设连杆处于比较极端的环境之下，因此温度选择得比较高，传热系数的选取参照表 3 – 13 所示的对流换热系数大致量级。

表 3 – 13 对流换热系数大致量级

实际情况	大致量级	单位
空气自然对流	5 ~ 25	$W/(m^2 \cdot K)$
气体强制对流	20 ~ 300	$W/(m^2 \cdot K)$
水的自然对流	200 ~ 1 000	$W/(m^2 \cdot K)$
水的强制对流	1 000 ~ 15 000	$W/(m^2 \cdot K)$

实际情况	大致量级	单位
油类的强制对流	50 ~ 1 500	W/(m² · K)
水蒸气的冷凝	5 000 ~ 15 000	W/(m² · K)
有机蒸气的冷凝	500 ~ 2 000	W/(m² · K)
水的沸腾	2 500 ~ 25 000	W/(m² · K)

2. 连杆温度场计算

在 HyperMesh 中画网格，之后导入 ABAQUS，最终得到的节点数为 75 160 个，单元数为 45 845 个。经过计算得到的连杆温度场云图如图 3 – 9 和图 3 – 10 所示。

图 3 – 9　连杆温度场云图（一）

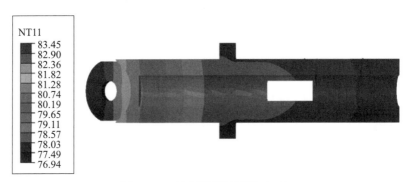

图 3 – 10　连杆温度场云图（二）

由计算结果可知，连杆最高温度出现在活塞与连杆连接处，越靠近动子的地方温度越低。

如图 3 – 11 所示，连杆温度升高使连杆结构存在一部分热应力，主要集中在活塞与连杆连接处，以及连杆与同步机构连接处，但应力的数值很小，可以基本忽略这方面的影响。

S, Mises
（平均：75%）

- 0.57
- 0.52
- 0.47
- 0.43
- 0.38
- 0.33
- 0.28
- 0.24
- 0.19
- 0.14
- 0.10
- 0.05
- 0.00

图 3 – 11 连杆热应力分布云图

3.1.3 动子温度场分析

商用直线电机一般用来作电动机使用，而且相对运行频率较低，在作为发电机使用的过程中，需要对直线电机进行保护，使其工作在一个相对安全的一个工作环境中，其中温度就是影响直线电机工作状态的一个重要因素，过高的温度会影响直线电机的效率，甚至会对直线电机内部的结构造成损坏。然而，直线电机本身也存在发热的现象，这里分析由发动机活塞传递过来的热量对直线电机动子造成的影响。

1. 直线电机动子结构

直线电机动子内部是由众多短圆柱永磁体和导磁材料黏合而成，外部由一层很薄的钢片包裹，两端是合金钢，形成圆柱形光滑动子。建模时考虑到结构的复杂性，简化了动子的结构，只考虑动子钢结构的部分，永磁体部分先不考虑，并且简化了两端的连接方式。这一方面是因为建模的复杂性，另一方面是因为永磁体材料是钕铁硼，钕铁硼的导热系数只有 $6 \sim 8$ W/(m · K)，相对于合金钢的导热系数较小。图 3 – 12 所示为直线电机动子结构三维图。

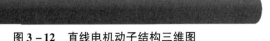

图 3 – 12 直线电机动子结构三维图

2. 动子热边界条件

动子结构材料选择 45 钢, 45 钢的物性参数见表 3 - 14。

表 3 - 14　45 钢的物性参数

材料	密度 /(g·cm^{-3})	弹性模量 /GPa	泊松比	导热系数 /[W·(m·K)$^{-1}$]	线膨胀系数 /K^{-1}
45 钢	7.85	206	0.29	49.8	11.59×10^{-6}

考虑到动子内部永磁体导热性较差,动子与永磁体之间的导热系数应该也较小;动子外侧面由于与空气接触,并且中间部分只与直线电机定子有很小的空隙,空气流通不好,并且来自直线电机定子的热量会传递到动子,因此空隙部分空气的温度应该相对较高而且换热系数较小;与连杆两端接触部分,温度可由上一节中连杆温度场计算得出,因此动子热边界条件见表 3 - 15。

表 3 - 15　动子热边界条件

位置	温度/℃	换热系数/[W·(m^2·K)$^{-1}$]
内部	50	8
外侧面	70	15
与连杆连接处	80	500

3. 动子温度场计算

在 HyperMesh 中画网格,之后导入 ABAQUS,最终得到的节点数为 79 358 个,单元数为 52 640 个。

经过计算得到的动子温度场云图如图 3 - 13 和图 3 - 14 所示。

图 3 - 13　动子温度场云图 (一)

图 3 – 14　动子温度场云图（二）

动子温度最高处处于动子和连杆的连接处，最高温度为 76 ℃。另外，温度较高的地方还有永磁体边缘，以及永磁体与钢结构连接处，这部分需要重点关注，因为其容易发生结构损坏，造成动子结构的损坏。

动子热应力分布云图如图 3 – 15、图 3 – 16 所示。

图 3 – 15　动子热应力分布云图（一）

图 3 – 16　动子热应力分布云图（二）

由动子热应力分布云图可以看出，动子热应力最大处就是永磁体与钢结构的连接处，不过热应力的量级很小。

3.1.4 直线电机的温度场理论建模技术研究

作为能量转换装置，在能量转换的过程中，直线电机会不可避免地产生能量的损耗，而这部分能量损耗最终将以热量的形式发散出去，进而产生了直线电机的温升问题。直线电机的温升问题不仅影响直线电机的出力和运行效率等相关性能指标，严重的温升更可能导致导线绝缘失效、永磁体退磁等严重后果。

本章将从热源分析、参数等效等几个方面对本设计涉及的直线电机进行温度场的研究，并给出了集中处理直线电机中复杂的热源材料导热系数的等效方法，以便更为准确地计算直线电机的温升问题。

1. 直线电机热交换的基本理论

直线电机的热交换方式主要以传热为主，传热从本质上被分为 3 种形式，即导热、对流和辐射，圆筒形直线电机主要涉及导热和对流两种传热方式。

1）导热

导热又称为热传导，是指不同物体接触面上存在温度差或同一物体内部各部分存在温度差时，高温物体或部分向低温物体或部分传递能量的过程。热传导基本定律指出物体内任何一点的热流密度都正比于此点处的温度梯度，用公式表示为

$$\mathrm{d}\Phi = -\lambda \frac{\partial T}{\partial n}\mathrm{d}A \qquad (3-20)$$

其中，Φ 为直线电机内部热源的导热量；λ 为直线电机各部分材料的导热系数；T 为直线电机任一位置的温度；$\mathrm{d}A$ 为指定点的微元面积。

热流密度与导热系数的关系为

$$q = \frac{\mathrm{d}\Phi}{\mathrm{d}A} = -\lambda \frac{\partial T}{\partial n} \qquad (3-21)$$

其中，∂n 为温度梯度 $\mathrm{grad}T$。

导热系数可定义为

$$\lambda = -\frac{q}{\mathrm{grad}T} \qquad (3-22)$$

对于圆筒形直线电机，可以将动子等效成一个单层的圆筒壁模型，如图 3 - 17 所示。对于导热系数为 λ、圆筒内表面和外表面温度分别为 T_1 和 T_2 的圆筒，

通过 r 处的热流为 Φ，相对应的等温面面积为

$$A = 2\pi rl \tag{3 -23}$$

沿着 r 方向积分，可得到任一 r 处的温度 T：

$$T - T_1 = \frac{T_1 - T_2}{\ln \dfrac{r_2}{r_1}}\ln \frac{r}{r_1} \tag{3 -24}$$

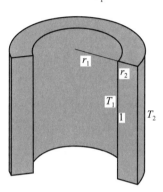

图 3 -17 单层圆筒壁导热示意

2）对流

对流的概念存在于流体中，是指不等温流体，以宏观流动的方式将热量从物体的一个部分传递到另一个部分的过程。在通常情况下，采用牛顿散热定律对对流作用所散发的热量进行计算，即

$$q = \alpha(T_1 - T_2) = \alpha\Delta T \tag{3 -25}$$

其中，q 为发热源的热流密度；α 为物体对流的散热系数；T 为直线电机各部分的热源温度。

在直线电机采用自然冷却或风冷的情况下，空气作为散热介质，而空气的散热系数可以近似地看作一个只与流速相关的物理量，当风速为 $5 \sim 25$ m/s 时经验关系式为

$$\alpha = \alpha_0(1 + k\sqrt{v}) \tag{3 -26}$$

其中，α_0 为平静空气中固体的散热系数；k 为考虑气流效率的系数；v 为风速。

3）辐射

辐射在直线电机内部能量传递的过程中只占很小的一部分，有时甚至可以忽略不计，它是利用电磁波进行能量的传递。由辐射定律可知，辐射能量为

$$q = v\sigma(T^4 - T_0^4) \tag{3 -27}$$

其中，v 为纯黑色物体的玻尔兹曼常数，$v = 5.7 \times 10^{-8}$ W/(m·K)；σ 为与热源

表面状况相关的物理因数。

2. 直线电机温度场热源分析

由于直线电机中的能量损耗最终以热量的形式传导或者散发到周围环境中，故直线电机中产生能量损耗的固体都可看作直线电机温度场模型中的热源，因此，直线电机中各部件的能量损耗得准确计算，对直线电机温度场模型的准确建立有至关重要的作用。而在直线电机中，能量损耗主要以绕组铜损、铁芯损耗、永磁体内的涡流损耗等形式存在。

直线电机的能量损耗一般分为以下几类。

（1）定子和动子铁芯中的基本损耗，称为铁耗，主要是主磁场在铁芯内变化时产生的。

（2）空载时铁芯中的附加损耗，主要是定子开槽所引起的气隙磁导谐波磁场在铁芯表面产生的表面损耗和磁通在定子齿部交替变化所产生的脉振损耗。

（3）机械损耗，即动子与轴承摩擦损耗。

（4）定子电流在绕组中产生的损耗。

（5）负载时的附加损耗，即定子电流产生的漏磁场在定子绕组、铁芯和结构件中引起的各种损耗。

1）铁耗

铁耗由磁滞损耗和涡流损耗两部分组成。构成直线电机的铁磁材料存在磁滞现象，从而产生磁滞损耗，其与永磁体材料的导磁性和磁通密度相关，通常根据铁芯中的磁通密度查材料的损耗曲线得到单位铁耗。单位质量铁磁物质损耗，即磁滞损耗系数 p_h 可以通过试验获得，与磁化频率 f 和磁通密度振幅 B 有关。σ_h 为取决于材料属性的常数。

$$p_h = \sigma_h f B^2 \qquad (3-28)$$

当铁芯中的磁场发生变化时，在铁芯中会产生感应电动势，相应的感生电流称为涡流，由它引起的损耗称为涡流损耗。通过将直线电机铁芯做成相互绝缘的硅钢片，沿轴向叠压起来，利用冲片表面形成的天然氧化膜绝缘层来增大涡流回路的电阻，以阻碍涡流的流通，减小涡流损耗。一般认为直线电机磁场在硅钢片截面上是均匀分布的，在工作频率小于 50 Hz 时，不考虑涡流对磁场的反作用，理论上推导出单位质量硅钢片的涡流损耗 p_e 为

$$p_e = \sigma_e (fB)^2 \qquad (3-29)$$

其中，σ_e 为与材料属性相关的常数，可以表达成以下形式：

$$\sigma_e = \frac{\pi^2 \Delta_{\text{Fe}}^2}{6 \rho \rho_{\text{Fe}}} \qquad (3-30)$$

由上式可知，p_e 与磁通密度振幅 B、频率 f 及材料厚度 Δ_{Fe} 三者的乘积的平方成正比，与电阻率 ρ 和硅钢片密度 ρ_{Fe} 成反比。当交变磁场的频率较高或硅钢片的厚度较大时，须考虑涡流反作用使磁场在硅钢片截面上分布不均匀，此时磁通的集肤效应增加了磁滞损耗，而同时减小了涡流损耗，需要通过系数修正损耗数值。

将式（3-28）、式（3-29）相加，得到硅钢片的损耗系数（单位质量的损耗）的计算公式：

$$p_{he} = \sigma_e \left(fB\right)^2 + \sigma_h fB^2 \approx p_{10/50} B^2 \left(\frac{f}{50}\right)^{1.3} \tag{3-31}$$

其中，$p_{10/50}$ 是当 $B=1$，$f=50$ 时，硅钢片的单位质量损耗。硅钢片的基本损耗表达式为

$$p_{Fe} = K_a p_{he} m_{Fe} \tag{3-32}$$

其中，m_{Fe} 为硅钢片质量；K_a 为经验系数，将硅钢片加工、磁通密度分布不均匀、磁通密度随时间不按正弦规律变化等引起的损耗增加估算在内。铁芯的铁耗在频率一定的情况下，主要与铁芯的磁通密度、材料的厚度及性能、叠片工艺水平有关。

2）空载时铁芯中的附加损耗

空载时铁芯中的附加损耗主要是指铁芯表面损耗和定子齿中的脉振损耗，它是由气隙谐波磁场引起的。造成谐波磁场的主要原因有两个：一是直线电机铁芯开槽导致气隙磁导不均匀；二是空载励磁磁动势空间分布曲线中有谐波存在。谐波磁通的路径与气隙沿定子齿槽间距有关。当齿槽间距比谐波波长大很多时，谐波磁通集中在定子齿部表面薄层内。当谐波磁场相对于齿部表面运动时，就会在齿部表面感生出涡流，产生涡流损耗，由于涡流损耗集中在齿部表面薄层内，故称为表面损耗。

当齿槽间距远小于谐波波长时，谐波磁通将深入齿部并经由轭部形成闭合回路，当谐波磁场相对齿部运动时，就会导致在整个齿中产生涡流损耗和磁滞损耗，称为脉振损耗。

当齿槽间距与谐波波长介于二者之间，即谐波磁通的一部分沿铁磁物质表面，另一部深入齿部形成回路时，将同时产生表面损耗和脉振损耗。

涡流的频率 f_z 与动子磁极相对定子的速度 v、极对数 p、磁间距 τ、定子槽数 Z 有关：

$$f_z = \frac{Zn}{60} = \frac{30Zv}{p\tau} \tag{3-33}$$

由谐波磁场在磁极单位表面引起的涡流损耗为

$$p_A = K_0 \, (B_0 t)^2 \, (Zn)^{1.5} = K_0 \, (B_0 t)^2 \left(Z \frac{30v}{p\tau} \right)^{1.5} \tag{3-34}$$

其中，$K_0 = \dfrac{1}{4} \sqrt{\dfrac{1}{\pi\mu\rho}}$，$\mu$ 为永磁体的磁导率，ρ 为永磁体材料的电导率；B_0 为谐波磁通密度最大值；t 为齿槽间距。

直线电机的表面损耗为

$$p_{FeA} = p_A A \tag{3-35}$$

随着动子往复运动，定子和动子的相对齿槽位置关系不断改变，定子齿中磁通发生改变，产生的脉振损耗可以计算如下：

$$p_{FeV} = 0.5 k\sigma_e f_z^2 B^2 m_{Fe} \tag{3-36}$$

3）定子绕组中的损耗

定子绕组中的损耗主要为铜损，等于绕组中电流 I 的平方与电阻 r 的乘积，对于交流 m 相绕组，如果每相电流和电阻相同，则铜损为

$$p_{Cu} = mI^2 r \tag{3-37}$$

4）负载时的附加损耗

负载时会产生附加损耗，这主要是因为绕组周边存在漏磁场，这些漏磁场在绕组及定子齿、动子导磁块中会产生感生涡流损耗。负载时的附加损耗一般难以精确计算，通常规定为其额定输出功率的 0.5% ~ 3%。

对于定子铁损的处理，一般进行分块分析。在定子铁芯中定子齿部和定子轭部的磁通密度存在分布不均匀的情况，而且定子齿中的磁通密度较大，而定子轭部则磁通密度相对较小，在此情况下，定子齿与轭中产生的损耗应分别计算。定子齿的不同部位磁通密度分布也有较大差异，应该尽可能将定子各等磁密体面加以细分，从而更真实地模拟铁芯生热的物理过程。而对于本书涉及的直线电机，损耗较小，故发热过程比较简单，仅将定子齿与轭分开处理，便能够实现对直线电机真实情况的模拟。由于永磁体间通过导磁块起到聚磁的作用，故在导磁块中同样存在涡流损耗，同样视为热源。直线电机各部分损耗对应的发热量可以通过有限元分析软件计算得到，除以发热部分的截面积，即可得到各个热源的热流密度，结合各部分的等效导热系数，最终得到直线电机内部的温度梯度分布。

3. 直线电机材料导热/散热系数的选取与等效

1）直线电机材料导热/散热系数的选取

物质的导热系数 λ 是对其导热能力的一种数字化的表述，它可以用单位温度梯度作用下物体中产生的热流密度来加以量化，如前文所述，导热系数定义为

$$\lambda = -\frac{q}{\mathrm{grad}\,T} \tag{3-38}$$

作为描述导热能力的物理量，导热系数与物质的种类、温度等因素有关，而在工程实践中，一般认为 λ 仅与物质的温度有关，而且对于大多数物质而言，导热系数与温度近似成线性关系，这种线性关系可以近似描述为

$$\lambda = \lambda_0(1+bt) \tag{3-39}$$

其中，λ_0 为温度为 0 ℃ 时的物质导热系数；b 为从试验中得到的与材料相关的系数。

对于气体的导热系数，可以从分子移动速度和发生碰撞的程度来衡量，运动速度快、碰撞剧烈自然在传热过程中传递的能量相应较多。而气体分子的运动又取决于气体的温度，因此气体温度也就成了影响气体导热系数的重要因素。从分子运动的角度分析，气体分子的运动速度与温度的变化趋势相同。从这个意义上讲，气体的导热系数也就与温度有相同的变化趋势，二者的关系为

$$\lambda = \lambda_0 \left(\frac{T}{273}\right)^n n \tag{3-40}$$

其中，n 为常数，对于空气，$n = 0.82$。

常温下，空气的导热系数为 0.025 9 W/(m·K)，不同温度下空气的导热系数见表 3-16。

表 3-16　不同温度下空气的导热系数

温度/℃	0	20	40	60	80	100	120
空气导热系数 /[W·(m·K)$^{-1}$]	0.024 4	0.025 9	0.027 6	0.029 0	0.030 5	0.032 1	0.033 4

对金属物质而言，主要以自由电子的运动以及金属晶格振动的形式实现对热量的传导。其中，自由电子的运动占主要地位，而随着温度的升高，晶格振动会随之剧烈，这样其对电子的运动便产生了干扰作用。随着干扰作用的加剧，导热的性能随之降低，因此不同于气体，多数金属物质的导热系数与温度的变化趋势相反。对于掺入其他成分的不纯净的金属，其导热系数则随着温度的升高而逐渐变大，但却始终小于同温度下的纯净金属的导热系数。定子铁芯和动子上永磁体之间的导磁块均由硅钢片叠压而成，这就涉及各向异性物质导热系数确定的问题，即横向导热系数（沿硅钢片叠压方向的导热系数）和纵向导热系数（沿硅钢片叠压方向法向的导热系数）。横向导热系数与铁芯叠片在叠压过程中的压力

有关，压力越大，铁芯叠片之间的气隙就越小，导热系数也就越大。因此，在叠压过程中尽量保证铁芯叠片表面光滑、洁净。直线电机中各金属材料的导热系数见表 3 - 17。

表 3 - 17　直线电机中各金属材料的导热系数

材料		定子铁芯	导磁块	绕组	永磁体	钛管
导热系数 /[W·(m·K)⁻¹]	横向	3.6	2.8	385	9	238
	纵向	42.5	35.6			

绝缘材料在直线电机中占有较为重要的地位，而绝缘材料的导热性能相对较差，常用的几种绝缘材料的导热系数均在 1 W/(m·K) 以下，且多与湿度、密度等因素有关。随着对高导热性能绝缘材料的开发，现代绝缘材料中的一种高导热灌封胶在固化处理后，其导热系数可以达到 1.38 W/(m·K)。表 3 - 18 所示为几种常用绝缘材料的导热系数。

表 3 - 18　几种常用绝缘材料的导热系数

名称	导热系数/[W·(m·K)⁻¹]
绕组绝缘漆	0.1 ~ 0.16
油浸电工纸板	0.25
浸漆电工纸板	0.14
环氧树脂	0.2 ~ 0.5

2）直线电机绕组导热系数的等效

在建立三维温度场模型的过程中，定子槽及槽中绕组模型的建立较为复杂。从绕组铜线到定子齿或轭的热流通道中，热传导途径为：铜—铜线表面绝缘漆—定子槽绝缘—定子齿（或轭）。在整个热传导过程中，如果按照实际直线电机模型进行建模（图 3 - 18），势必给建模带来很大的难度，而且由于绝缘层很薄，在模型分析中为模型的剖分带来较大的困难。因此，本节采用等效模型对真实的定子槽模型进行等效，并引入等效导热系数的概念，以更为简化而接近真实的建模方式进行模型的建立。

（1）等效绕组绝缘漆膜温度场模型。

由以上分析可知，为解决绕组铜线表面漆膜过薄带来的建模困难的问题，将

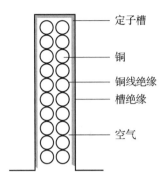

图 3 – 18　定子槽的实际模型

漆膜和铜芯分开建模。如图 3 – 19 所示，在定子槽中将所有槽中绕组铜芯等效为一根，并在铜芯表面包以等效的铜芯绝缘层，这样一则为建模带来便利，二则将漆膜模型的界面面积增大，使模型剖分更为合适，计算更加准确。槽内组件等效示意如图 3 – 20 所示。

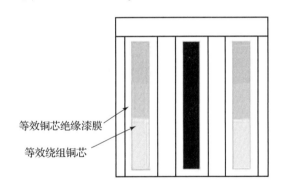

图 3 – 19　定子绕组绝缘漆膜等效模型

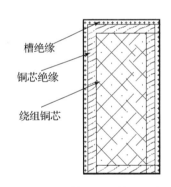

图 3 – 20　槽内组件等效示意

2）等效导热系数温度场模型。

等效导热系数物理量的引入将大大简化建模的步骤，对绕组系统（包括绕组铜芯、绕组绝缘）等效导热系数的求解基于热交换理论中圆柱体稳态导热模型。

对于均质发热的圆柱体，其稳态导热的微分方程为

$$\frac{\mathrm{d}^2 T}{\mathrm{d} r^2} + \frac{1}{r} \cdot \frac{\mathrm{d} T}{\mathrm{d} r} = -\frac{q_v}{\lambda} \cdot \frac{1}{2} \tag{3-41}$$

其中，q_v 为单位体积发热率。

对于绕组而言，铜芯的导热系数 λ 为常数，而且绕组内热源均匀。此时 q_v 为常数，进而可得通解为

$$T = -\frac{q_v}{4\lambda} + C_1 \ln r + C_2 \qquad (3-42)$$

边界条件为：$r = 0$，$\dfrac{\mathrm{d}T}{\mathrm{d}r} = 0$，$r = r_1$，$T = T_1$，则有

$$T = T_1 + \frac{q_v}{4\lambda}(r - r_1)^2 \qquad (3-43)$$

其中，$r - r_1$ 为导线漆膜厚度。

在漆膜内部，绕组热量传导的微分方程为

$$\frac{\mathrm{d}T}{\mathrm{d}r} = -\frac{p}{2\pi r \lambda_m} \qquad (3-44)$$

由于稳态场中绕组内热源（铜芯）的生热等于绝缘漆膜传导的能量，所以解得微分方程：

$$T = T_1 - \frac{q_v}{2\lambda_m} r_1^2 \ln \frac{r}{r_1} \qquad (3-45)$$

由上述推导可知，绕组内、外两侧的温度差为

$$\Delta T = \frac{q_v}{4\lambda_{\mathrm{Cu}}} r_1^2 + \frac{q_v}{2\lambda_{\mathrm{Qi}}} r_1^2 \ln \frac{r}{r_1} \qquad (3-46)$$

在外形尺寸不变，绕组各部分温度等因素也保持不变的情况下，绕组内、外两侧的温度差可表示为

$$\Delta T = \frac{q_v}{4\lambda}(r_1^2 - r_2^2) = \frac{q_v}{4\lambda} r_1^2 \qquad (3-47)$$

其中，λ 为等效导热系数。

由式（3-46）和式（3-47）可以得出：

$$\lambda = \frac{S}{\dfrac{S_{\mathrm{Cu}}}{\lambda_{\mathrm{Cu}}} + \dfrac{S_{\mathrm{Qi}}}{\lambda_{\mathrm{Qi}}}} \qquad (3-48)$$

其中，S 为绕组等效截面积；S_{Cu} 为绕组铜芯截面积；S_{Qi} 为绕组漆膜截面积。

至此，完成了定子槽和定子绕组的等效过程，等效后定子铁芯模型示意如图 3-21 所示。

3）直线电机表面散热系数的选取

直线电机的散热面主要有动子钛合金套筒内壁、直线电机的端面以及定子铁芯的外表面。针对直线电机的结构特点，可以认为动子钛合金套筒内壁和定子铁芯外表面具有对称性，即沿轴向将直线电机剖开，截面左、右两侧的散热面具有对称性；而端面则可认为是表面无流动的自然散热。在考虑定子铁芯外表面空气

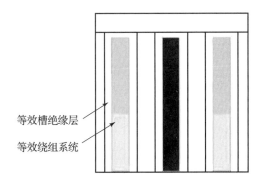

等效槽绝缘层

等效绕组系统

图 3 - 21　绕组系统等效后定子铁芯模型示意图

流动的情况下，计算得到散热面的散热系数为

$$\alpha = 14\left(1 + 0.5\sqrt{\omega_i}\right)\sqrt[3]{\frac{\theta}{25}} \tag{3-49}$$

其中，α 为与流体接触表面的散热系数；ω_i 为定子铁芯外壁风速；θ 为定子铁芯外壁温度。

在自然散热状态下，散热系数可以简化为

$$\alpha = 14\sqrt[3]{\frac{\theta}{25}} \tag{3-50}$$

3.2　FPEG 缸内 - 活塞 - 连杆动子传热过程的理论建模与仿真

作为一种热能动力装置，自由活塞发动机运行时燃烧室各零部件受到缸内高温高压燃气的周期作用，同时伴随着结构传热现象。热负荷过大会导致自由活塞发动机结构强度下降、润滑不良及拉缸等故障，降低工作可靠性。另外，热负荷也是限制 FPEG 热效率、功率密度等性能进一步提升的关键制约因素，因此必须对其结构传热特性进行深入研究。自由活塞发动机活塞运动规律与曲轴式发动机存在较大差异，在研究结构传热时不仅要考虑 FPEG 缸内燃气热力学状态变化的特殊规律，还要考虑 FPEG 活塞与气缸之间相对运动规律的特殊性。为此，本节建立系统动力学、缸内热力学与结构传热学的耦合传热仿真模型，分析 FPEG 活塞运动规律与缸内热机载荷特征对其结构传热的影响。通过对比 FPEG 与 CE 在结构传热规律、热负荷状况及传热损失上的差异，明确 FPEG 结构传热机理与特点。研究结果可指导 FPEG 结构设计，为进一步挖掘其性能优势，提高工作可靠性提供理论依据。

3.2.1　FPEG 多学科耦合瞬态传热模型

自由活塞发动机燃烧室部件传热过程与缸内热力学过程、活塞运动规律及摩擦润滑状态存在十分密切的关系。各部件之间的传热不是孤立存在的，在一个工作循环内，FPEG 活塞动子组件与气缸套之间的传热过程随时间和空间瞬态变化，涉及不同介质之间的传热以及各部件的相互运动关系。考虑到自由活塞发动机缸内气体热力状态变化规律与活塞气缸相对位置变化规律的特殊性，将自由活塞发动机中的活塞、活塞环、气缸套和气缸体作为耦合传热主要研究对象，建立基于系统动力学、缸内热力学及结构传热学的耦合传热仿真模型。耦合传热仿真模型主要由系统动力学子模型、缸内热力学子模型、结构传热学子模型组成。其中，系统动力学子模型和缸内热力学子模型采用零维数值计算，结构传热学子模型采用三维有限元数值计算。由于各模型之间存在互相耦合关系，为了提高仿真精度，采用零维数值计算模型与三维有限元数值计算模型迭代运算方法，如图 3 - 22 所示。

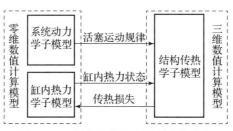

图 3 - 22　耦合传热仿真模型迭代流程

考虑到耦合传热系统的复杂性，为了在数值计算过程中兼顾计算的效果和计算资源的合理利用，建模时需要抓住自由活塞发动机传热的主要特征，忽略次要问题，对系统进行必要的简化和假设。

（1）假设活塞和缸套之间的润滑油膜厚度均匀，由于润滑油膜厚度很小，所以不考虑其对流换热作用，只考虑其导热作用，将润滑油膜假设成一维导热热阻。

（2）假设活塞环不存在漏气，活塞与缸套间仅存在润滑油，活塞环与活塞环槽接触良好。

（3）假设活塞在缸套内部只做轴向运动，不存在二次运动。

（4）假设在自由活塞发动机工作过程中活塞环始终与活塞环槽下底面紧贴，不考虑活塞环在环槽内的轴向和径向移动。

自由活塞发动机工作时活塞沿气缸轴线往复运动，由于气体燃烧时的瞬时缸内温度和换热系数都与活塞运动密切相关，所以活塞处于不同位置时燃烧室边界、内部接触边界、缸内燃气温度及换热系数均会发生变化，如图 3-23 所示。因此，在模拟活塞动子组件与缸套间动接触瞬态传热时需要确定每一时刻活塞、缸套的相对位置，以便确定在该瞬时活塞顶面和缸套暴露在燃气部分的热边界条件。

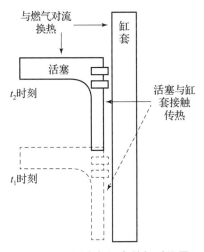

图 3-23　活塞与缸套的相对位置

与曲柄连杆式发动机不同，自由活塞发动机摒除了曲柄连杆机构，活塞动子组件的运动规律完全由瞬时作用在其上的合力决定。因此，在对 FPEG 进行结构传热过程瞬态仿真时必须考虑活塞与缸套相对位置瞬时变化规律的特殊性以保证仿真结果准确有效。FPEG 活塞运动规律可由系统动力学子模型计算得出。

1. 缸内瞬时热力学状态及热边界条件确定

自由活塞发动机缸内高温燃气是结构热负荷的主要热源，明确其缸内燃气循环热力学过程是对整个耦合系统传热研究的基本前提，FPEG 缸内气体压力与温度周期变化规律可通过缸内热力学子模型计算得到。

FPEG 活塞顶部、缸盖和缸套暴露于燃烧室的部分为非接触部分（缸套暴露于燃烧室的部分随 FPEG 活塞 - 缸套相对位置的变化而变化），受缸内高温燃气周期性作用，该区域热边界条件是否正确加载对数值仿真计算结果影响很大。本书进行结构传热计算时采用第三类热边界条件，需确定燃烧室各部件燃气侧热边界上燃气温度与对流换热系数循环瞬时变化规律。缸内燃气温度的变化规律可由缸内热力学子模型计算得到，但还需要确定燃烧室壁面对流换热系数的变化规律。发动机燃烧室换热过程十分复杂，瞬时对流换热系数会受到燃烧室形状、发动机性能等多种因素的影响。为了简化问题描述，忽略辐射传热影响，燃气侧边界上瞬时对流换热系数采用 Woschni 公式确定：

$$\begin{cases} h_g = 130 D^{-0.2} T^{-0.53} P^{0.8} V_g^{0.8} \\ V_g = c_1 V_m + c_2 \dfrac{V_s T_1}{P_1 V_1}(P - P_0) \end{cases} \qquad (3-51)$$

其中，h_g 为换热系数；D 为发动机缸径；V_g 为燃气的有效流速；T，P 分别为缸内燃气瞬时温度和压力，由缸内热力学子模型计算得到；V_m 为 FPEG 活塞平均速度，由系统动力学子模型计算得到；V_s 为发动机排量；T_1，P_1 和 V_1 分别为进气口关闭后至燃烧始点前工质的温度、压力和体积；P_0 为发动机反拖时缸内燃气压力。c_1，c_2 的取值为：换气过程 $c_1 = 6.18$，$c_2 = 0$；压缩过程 $c_1 = 2.28$，$c_2 = 0$；燃烧和膨胀过程 $c_1 = 2.28$，$c_2 = 3.14 \times 10^{-3}$。

2. FPEG 燃烧室各构件间的传热

FPEG 样机采用商用二冲程风冷点燃式发动机，结构主要包括活塞、活塞环、缸套、缸体与缸盖等构件。研究传热过程时将发动机各构件作为一个整体系统，FPEG 耦合传热仿真模型传热路径示意如图 3-24 所示。燃烧室内燃气燃烧产生的热量通过活塞顶部传给活塞，其中一部分由扫气箱内空气带走，另一部分由活塞侧面经润滑油膜传给缸套；同时，缸套与缸盖暴露于燃烧室的部分也直接承受由燃气传递的热量，并将其传递到气缸散热片，通过外部空气带走。归纳发现，热量从燃烧室传递到外部环境需要经过 4 个主要传热路径：①活塞组—缸套—缸体—散热片放热；②活塞组—扫气箱散热；③缸套—缸体—散热片放热；④缸盖—散热片放热。

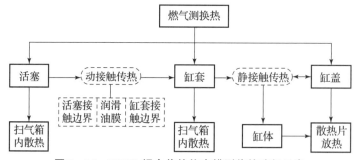

图 3-24 FPEG 耦合传热仿真模型传热路径示意

对于自由活塞发动机燃烧室各构件，固体导热是热量传递的主要方式。单一构件的热传导很简单，但当两个构件表面相互接触时，其传热过程相对复杂。燃烧室各构件之间存在各种接触关系，根据接触关系的不同可分为静接触与动接触。不同接触关系之间的换热形式也不相同，为此需要建立不同的传热模型进行模拟。

1）静接触传热

缸套与缸体、缸体与缸盖的接触都属于静接触。实际中静接触部件表面之间不可能达到完全密合，无论两个表面如何平整光滑，微观上它们仍存在许多微凸体之间的接触。在静接触的两个表面间热传递的主要形式为实际接触区域的固体导热与非接触区域的对流和辐射传热。在接触面上的实际接触区域面积仅占名义接触面积的很小一部分且气层导热系数很小，导致热流的收缩，使两个相互接触部件间的温度产生一个阶跃变化，从而构成了两个表面间的接触热阻。在固体接触导热计算模型中，接触热阻可以通过下式计算：

$$\frac{1}{R_c} = 1.6 \times 10^{-2} \frac{\lambda_1 \lambda_2}{\lambda_1 + \lambda_2} \left(\frac{kp_e}{3\sigma_b}\right)^{0.86} \tag{3-52}$$

其中，p_e 为接触压力；k 为光洁度相关系数；σ_b 为两个接触构件中强度较低方材料的强度极限；λ_1 和 λ_2 为两个接触构件的导热系数。由式（3-52）可知，接触热阻的大小与接触压力成反比关系，接触压力增大造成接触面积增大，相应接触热阻减小。

2）动接触传热

FPEG 活塞与缸套的接触属于动接触，两者的接触传热计算对整个 FPEG 系统的结构耦合瞬态传热仿真结果有重要的影响。一方面，在曲柄连杆式发动机中，活塞的散热损失有 60%~70% 是通过该边界传递出去的，建立该动接触区域准确的传热模型是提高仿真精度的关键；另一方面，对于无强制冷却的活塞来说，活塞散热量中较大部分是由活塞环经润滑油膜传递给缸套，而 FPEG 活塞环处的润滑摩擦特性又会对活塞与缸套之间的传热产生影响，因此传热计算需考虑 FPEG 工作循环内不同时刻的活塞环润滑摩擦状态；再一方面，FPEG 活塞-缸套相对位置瞬时变化的特殊规律会影响 FPEG 在该区域的传热过程，需建立相应动接触模型以便准确模拟自由活塞发动机与曲柄连杆式发动机结构传热的差异。

图 3-25 所示为 FPEG 活塞与缸套的动接触关系。如图所示，活塞与缸套是互为边界的，接触传热关系与两者之间的相对位置有关。活塞在缸套内轴向往复运动，其与缸套之间的相对位置由活塞的运动决定。对于活塞而言，其侧面一直保持与缸套接触，该区域热边界条件取决于与之接触的缸套内壁对应点的温度。

活塞与缸套接触区域不断变化，导致活塞侧面热边界条件也在不断变化。对于缸套而言，接触区域边界随时间历程瞬态变化，其内壁各点传热过程也是不连续的。当内壁与活塞侧面接触时，可视为热传导过程，此时热边界条件取决于活塞边界上相应点的温度与油膜厚度；当气缸内壁与缸内燃气或曲轴箱内气体接触时，可视为对流换热过程，其热边界条件取决于气缸或曲轴箱内气体热力学瞬时状态与壁面换热系数。

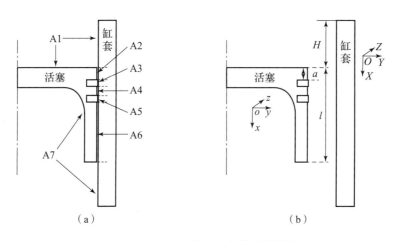

图 3 - 25　FPEG 活塞与缸套的动接触关系

　　根据运行时活塞与缸套的相对位置关系，活塞与缸套内壁可划分成 A1 ~ A7 七个边界区域，如图 3 - 25（a）所示。A1 区域暴露在燃烧室内，受到较强的缸内燃气对流换热作用；A2 区域为活塞火力岸对应区域，其所承受缸内燃气对流换热作用相对 A1 区域较弱；A3 和 A5 区域为两活塞环与缸套接触区域，为内部边界，该区域边界单元同时受到活塞环与缸套之间热传导和摩擦热的作用；A4 和 A6 区域为活塞与缸套接触区域，为内部边界，受到活塞与缸套之间热传导和摩擦热的作用；活塞与缸套在 A7 区域暴露于扫气箱，受到扫气箱气体对流换热作用。A1 ~ A7 动接触区域及其热边界条件都是瞬时变化的，进行数值计算时每一时间步都需要对接触关系与热边界条件进行更新。

　　由于 FPEG 活塞只沿轴向往复运动，在对 FPEG 进行动接触三维传热仿真时可采用轴向位移来描述接触传热边界的变化。为了便于分析，在原有与缸套相对固定的三维坐标系 $OXYZ$ 之外，另建立随活塞运动的动坐标系 $oxyz$，如图 3 - 25（b）所示。两个坐标系在 X 方向的距离即活塞的轴向位移 H，在某一时刻 τ，动接触边界上的传热关系可以直接用 H 和 X，x 坐标来判定和表示。

（1）缸内燃气对活塞与缸套的传热。

对于 FPEG 活塞而言，它的顶面 A1 和火力岸区域 A2 始终与缸内高温高压燃气直接接触，对流热边界条件为燃气瞬时温度和换热系数，在该区域内燃气对活塞的传热关系可表示为

$$q_{g-P} = h_g(\tau)\left[T_g(\tau) - T_P(x,y,z,\tau)\right] \tag{3-53}$$

对缸套而言，其暴露于缸内燃气的区域 A1 和 A2 随活塞的运动瞬时变化，如图 3-25（b）所示，设活塞火力岸的高度为 a，当某一循环时刻活塞位移为 H 时，对于缸套上任一点 X_L，如果 $X_L < H + a$，则可认为此时 X_L 点暴露于缸内燃气中。在该区域燃气对缸套的传热关系可表示为

$$q_{g-L} = h_g(\tau)\left[T_g(\tau) - T_L(X,Y,Z,\tau)\right] \tag{3-54}$$

活塞与缸套在 A1 区域瞬时热边界条件由缸内燃气在该瞬时的热力学状态决定。燃气瞬时温度 $T_g(\tau)$ 可由缸内热力学子模型计算得出，瞬时换热系数 $h_g(\tau)$ 可根据缸内压力和温度由式（3-51）计算得出。A2 区域瞬时边界温度的换热系数的值可由 A1 区域边界温度的换热系数乘以调节系数得出。

（2）活塞与缸套之间的传热。

活塞与缸套动接触区域（A3，A4，A5，A6）为活塞第一环顶部与裙部下端之间的活塞外侧边界与缸套内侧边界接触的区域，属于内部区域。该区域边界上的热边界条件取决于活塞与缸套之间的瞬时相对位置关系。在动接触模型中两者之间通过润滑油膜实现传热，由于润滑油膜厚度相对于活塞和缸套的尺寸很小，所以忽略其对流换热作用，只考虑其导热作用并将其假设成沿径向的一维导热热阻，从而将活塞与缸套间的导热视为类似第三类热边界条件形式的对流传热关系。设活塞与缸套互为等效对流热边界条件，换热系数可表示为

$$h_{oil}(\tau) = \frac{\lambda_{oil}}{\delta_{oil}(\tau)} \tag{3-55}$$

由上式可知，活塞与缸套之间换热系数 h_{oil} 的数值由两者之间润滑油膜导热系数 λ_{oil} 与润滑油膜厚度 δ_{oil} 决定。润滑油膜厚度分两种情况考虑。对于活塞与缸套接触区域（A4，A6），由于其相对活塞环区油膜厚得多，且瞬时变化不大，可将其看作不随时间变化的量。而对于活塞环和缸套接触区域（A3，A5），润滑油膜厚度在一个循环内随时间历程瞬态变化，因此该区域换热系数也随时间历程瞬态变化。鉴于该区域润滑摩擦状态对活塞与缸套间传热的重要影响，瞬时润滑油膜厚度计算需通过 FPEG 活塞环润滑摩擦模型得出。

对于活塞而言，其外侧接触面上的单元始终与缸套内表面单元接触，热边界条件的变化是连续的。在确定活塞侧接触边界上 x_p 点环境温度时，必须将缸套上

与之投影相对应的点 X_L 找到，此时活塞侧 x_p 点的环境温度就是缸套 X_L 点的温度，在该区域缸套对活塞的传热关系可表示为

$$q_{L-P} = h_{oil} [T_L(X, Y, Z, \tau) - T_P(x, y, z, \tau)] + q_{vP} \qquad (3-56)$$

对于缸套而言，接触面热边界条件的变化是不连续的，这些单元的边界条件随着活塞循环内的往复运动不断发生变化。当某一循环时刻活塞位移为 H 时，对于缸套上任一点 X_L，如果 $H + a < X_L < H + l$，则可认为此时 X_L 点与活塞侧接触，在该区域活塞对缸套的传热关系可表示为

$$q_{P-L} = h_{oil} [T_P(x, y, z, \tau) - T_L(X, Y, Z, \tau)] + q_{vL} \qquad (3-57)$$

在式（3-56）、式（3-57）中，q_{vP} 与 q_{vL} 分别为活塞环与缸套之间的摩擦热在两者之间的分配（由于 FPEG 活塞在气缸内往复运动过程中几乎不受侧向力，裙部受到的摩擦力极小，所以只考虑活塞环产生的摩擦热）。活塞环和缸套之间处于相对运动状态，缸套是固定的，活塞连同活塞环做轴向往复运动。对于活塞环来说，只需要将摩擦热施加在外侧接触区域上。而对于缸套，因为摩擦副与其相对运动，所以摩擦热分布与活塞运动相关。在运行过程中，活塞环与缸套的瞬时相对位置确定后，再将该时刻摩擦热施加到缸套内壁所对应的单元上。

（3）扫气箱内气体与活塞及缸套间的换热。

活塞的内腔区域 A7 始终与扫气箱内气体接触，热边界条件相对稳定，其环境温度与换热系数根据扫气箱内气体对流情况由经验参数确定，与时间无关。该区域换热关系可表示为

$$q_{S-P} = h_S [T_S - T_P(x, y, z, \tau)] \qquad (3-58)$$

而对于缸套上任一点 X_L，如果 $X_L < H + l$，则可认为 X_L 点与扫气箱内气体接触。缸套在 A7 区域的换热关系可表示为

$$q_{S-L} = h_S [T_S - T_L(x, y, z, \tau)] \qquad (3-59)$$

式（3-58）与式（3-59）中的 h_S 为扫气箱内区域边界换热系数。

3.2.2 FPEG 结构传热有限元数值计算模型

自由活塞发动机工作时活塞沿着缸套内壁做轴向往复运动，活塞与缸套之间的相对位置及热边界条件都是瞬时变化的，传热过程为瞬态过程。计算时，假设各构件物性为常数，每时刻的导热可视为准稳态导热，活塞与缸套接触表面上产生的摩擦热可等效为一个连续放热的热源，根据能量守恒原理，在直角坐标系下的三维瞬态有内热源温度场控制方程为

$$\rho c_p \frac{\partial T}{\partial t} - k\left(\frac{\partial^2 T}{\partial x^2} + \frac{\partial^2 T}{\partial y^2} + \frac{\partial^2 T}{\partial z^2}\right) - q_v = 0 \qquad (3-60)$$

其中，k 为材料的导热系数；ρ 为材料密度；c_p 为材料的定压比热容；q_v 为热源密度。对于传热偏微分方程，定义热边界条件是对结构温度场进行求解的前提，热边界条件可以归为三类。

第一类热边界条件：结构边界上的温度已知，给出边界上的函数值。

$$T|_{\varGamma} = f(x, y, z, t) \qquad (3-61)$$

其中，$\varGamma$ 为物体的边界；$f(x, y, z, t)$ 为结构边界上的温度变化函数。

第二类热边界条件：结构边界上的热流密度已知，给出边界上的导函数值。

$$-k\frac{\partial T}{\partial n}\Big|_{\varGamma} = g(x, y, z, t) \qquad (3-62)$$

其中，k 为材料的导热系数；$g(x, y, z, t)$ 是结构边界上的热流密度函数。

第三类热边界条件：结构边界上的温度和换热系数已知，给出边界上的函数与导函数的关系式。

$$-k\frac{\partial T}{\partial n}\Big|_{\varGamma} = \alpha\,(T - T_f)_{\varGamma} \qquad (3-63)$$

其中，α 为传热系数；T_f 为周围介质温度。本书在进行结构传热计算时采用第三类热边界条件。

工程中对结构传热微分控制方程一般采用有限元数值方法进行求解。目前有限元理论已经非常成熟，其基本思想为：将空间与时间坐标中连续的物理场，用一系列有限个离散节点上变量值的集合来表示，通过一定原则建立起描述这些离散节点上变量值之间关系的代数方程，通过求解代数方程获得所求变量的近似值。

温度场有限单元法的平衡方程可以由泛函变分求解，也可以由微分方程出发通过加权余量法求解。加权余量法因为其数理分析过程简单从而得到了较为广泛的应用。本书通过加权余量法推导空间三维有限单元平衡方程，则微分方程的等效积分形式为

$$\iiint_{D} W_g\left[\rho c_p \frac{\partial T}{\partial t} - k\left(\frac{\partial^2 T}{\partial x^2} + \frac{\partial^2 T}{\partial y^2} + \frac{\partial^2 T}{\partial z^2}\right) - q_v\right]\mathrm{d}x\mathrm{d}y\mathrm{d}z = 0 \qquad (3-64)$$

其中，D 为空间温度场的定义域；T 表示温度；W_g 为加权函数。

通过高斯公式将区域 D 中的体积积分与边界面积分联系起来，使 $T(x, y, z, t)$ 满足热边界条件，并将式（3-64）展开，得出有限单元法计算三维温度场的基本方程：

$$\iiint_D \left[k \left(\frac{\partial W_g}{\partial x} \cdot \frac{\partial T}{\partial x} + \frac{\partial W_g}{\partial y} \cdot \frac{\partial T}{\partial y} + \frac{\partial W_g}{\partial z} \cdot \frac{\partial T}{\partial z} \right) - W_g q_v + \rho c_p W_g \frac{\partial T}{\partial t} \right] \mathrm{d}x\mathrm{d}y\mathrm{d}z$$

$$\text{(3-65)}$$

$$- \iint_\Gamma k W_g \frac{\partial T}{\partial n} \mathrm{d}S = 0$$

其中，$\frac{\partial T}{\partial n} = \frac{\partial T}{\partial x} n_x + \frac{\partial T}{\partial y} n_y + \frac{\partial T}{\partial z} n_z$，$n_x$，$n_y$，$n_z$ 为边界表面法线方向分量。将式（3–63）代入式（3–65）进行推导，可得出满足第三类热边界条件的结构三维温度场有限元平衡方程。

本书通过对结构进行四面体单元网格划分将计算区域离散，单元中任意一点的温度 T 可由 i，j，m，n4 个节点的温度 T_i，T_j，T_m，T_n 线性插值表示：

$$T(x,y,z,t) = N_i T_i + N_j T_j + N_m T_m + N_n T_n \tag{3-66}$$

其中，N_i，N_j，N_m，N_n 为形函数，根据加权函数定义可知 $W_g = N_g (g = i,j,m,n)$。将式（3–66）代入式（3–65）可求得四面体单元的有限元平衡方程，然后对单元矩阵进行装配，最终得到整体合成有限元方程为

$$[K]\{T\} + [N]\{\dot{T}\} = \{Q\} \tag{3-67}$$

其中，$[K]$ 为系统热传导刚度矩阵；$\{T\}$ 为节点温度向量；$[N]$ 为变温矩阵；$\{Q\}$ 为节点热流向量，求解微分方程组即可得出结构各节点温度。

3.2.3　整体结构建模及网格划分

建立自由活塞发动机结构传热三维有限元模型时参考本课题组物理样机，其主要构件包括活塞、活塞环、缸套、缸体和缸盖等，缸体与缸盖外侧铸有规则排列的散热片以增大散热面积。对各个部件进行特征分析与尺寸参数测量，并通过三维绘图软件进行实体建模，最终得到三维 CAD 装配模型，如图 3–26 所示。由于自由活塞发动机采用半球形燃烧室，其整个实体结构的几何特征与进、排气口等相关热边界条件均关于图 3–26 剖面严格对称，所以建模时采用 1/2 模型，以降低计算成本。另外，考虑到自由活塞发动机结构复杂性，在不影响计算精度的前提下，针对活塞销座根部倒角、裙部拐角、用于安装螺栓的螺纹孔以及安装火花塞的螺纹孔等局部细节特征进行了适当简化。

考虑到实体结构的复杂性，在对其进行网格划分时采用四面体单元自由网格划分方式进行。由于活塞–缸套运动接触边界、活塞顶部及缸盖火力面等区域要承受剧烈变化的热边界条件，温度梯度较大，为准确反映这些关键位置瞬态温度波动的情况，通过手动控制的方法对该区域网格进行局部加密处理。在进行有限

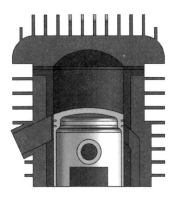

图 3 - 26　自由活塞发动机三维 CAD 模型

单元数值计算时，在结构相同的情况下网格数量倍数差异会导致计算时间呈指数形式增长，因此需要控制网格划分数量以减小数值计算规模。本书综合考虑自由活塞发动机结构有限元耦合传热仿真模型的计算规模与计算精度的要求，将整个模型划分为 115 472 个单元、196 586 个节点，如图 3 - 27 所示。各部件材料传热性能参数见表 3 - 19。

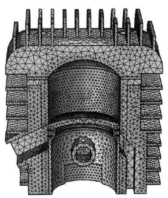

图 3 - 27　自由活塞发动机三维有限元模型及网格划分

表 3 - 19　各部件材料传热性能参数

类别	活塞	活塞环	缸套	缸体
材料	铝合金	合金铸铁	铸铁	铝合金
导热系数/[W·(m·K)$^{-1}$]	155	39	50	155
密度/[kg·m^{-3}]	2 730	7 570	7 000	2 730
比热/[J·(kg·K)$^{-1}$]	893	470	420	893

3.2.4　FPEG 结构传热特性分析

1. 结构传热模型初始热边界条件

进行 FPEG 瞬态结构传热仿真计算时忽略起动过程对结构传热的影响，各结构初始温度为单一温度，即环境温度。结构传热计算边值条件由系统动力学与缸内热力学子模型给出，包括一个循环内活塞位移速度历程、燃气侧瞬时压力、温度及传热系数。额定工况下 FPEG 传热计算边界条件如图 3 – 28 ~ 图 3 – 31 所示，图中时间坐标变换为相同时刻下 CE 对应的曲轴转角表示，进行 FPEG 瞬态传热计算时各边界条件连续施加于各工作循环。

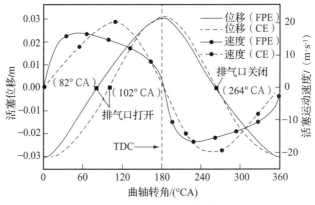

图 3 – 28　活塞运动规律

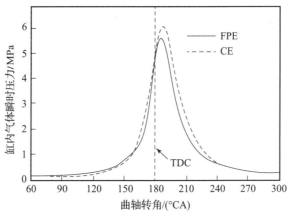

图 3 – 29　缸内气体瞬时压力

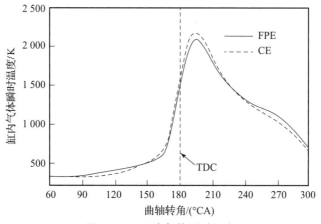

图 3 − 30　缸内气体瞬时温度

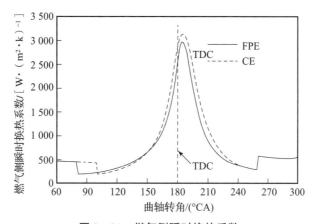

图 3 − 31　燃气侧瞬时换热系数

2. 结构温度场

图 3 − 32 所示为 FPEG 额定工况下不同时刻对应的活塞 − 缸套结构温度场分布。一个工作循环内，虽然缸内气体温度与对流换热系数变化幅度较大，但由于结构自身的热惯性作用，且额定工况下运行频率较高，所以工作循环内不同时刻 FPEG 结构温度场分布规律基本一致，活塞运动与缸内燃气热力学状态的瞬时变化仅对活塞顶部和缸套内壁温度产生非常小的影响。

图 3 − 33 所示为额定工况下 FPEG 与 CE 结构温度场对比，图 3 − 34 所示为 FPEG 与 CE 主要部件温度分布对比，图中各结构点温度取一个循环内温度的平均值。通过对比发现，FPEG 与 CE 结构温度场分布规律相似。两者活塞均为结构温度最高的部件，这是由于活塞顶部直接暴露在燃烧室内，且不能将自身热量

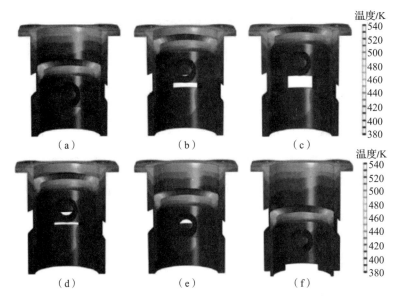

图 3 – 32　FPEG 额定工况下不同时刻对应的活塞 – 缸套温度场分布

(a) 90°CA；(b) 150°CA；(c) 180°CA；(d) 210°CA；(e) 240°CA；(f) 270°CA

直接传递到外部环境中。FPEG 与 CE 最高温度均出现在活塞顶部中心处，CE 的该点温度为 580 K，FPEG 为 538 K，比 CE 低 42 K，两者出现差异主要因为 FPEG 缸内燃气热载荷峰值及作用时间均小于 CE。相对于活塞，两者缸套结构温度差异并不明显，这主要与 FPEG 活塞和缸套之间的相对运动有关。FPEG 活塞在膨胀行程速度较快，造成 FPEG 缸套更早地暴露于燃烧室内，增大了缸内高温燃气热载荷作用面积，部分抵消了 FPEG 与 CE 热载荷峰值差异造成的影响。CE 在缸套上沿处温度为 489 K，FPEG 为 461 K，比 CE 低 28 K。CE 第一活塞环位置温度为 442 K，FPEG 为 422 K，比 CE 低 20 K。

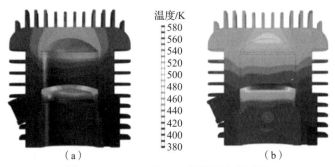

图 3 – 33　FPEG 与 CE 结构温度场对比

(a) FPEG；(b) CE

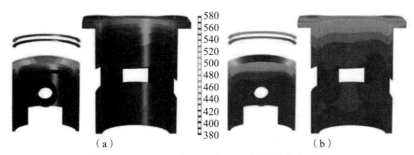

图 3 - 34　FPEG 与 CE 主要部件温度分布对比

(a) FPEG；(b) CE

3. 燃烧室壁面热流

在发动机缸内气体与燃烧室各部件间的传热过程中，缸内气体瞬时温度与换热系数、各部件壁面温度分布、活塞 – 缸套相对运动等因素均会对结构局部热流产生影响。本书在已知稳态温度场的基础上，对 FPEG 与 CE 周期内燃烧室壁面的热流进行对比，分析燃烧与膨胀阶段不同时刻 FPEG 与 CE 活塞顶部及缸套内壁的热流密度分布，如图 3 – 35 所示。

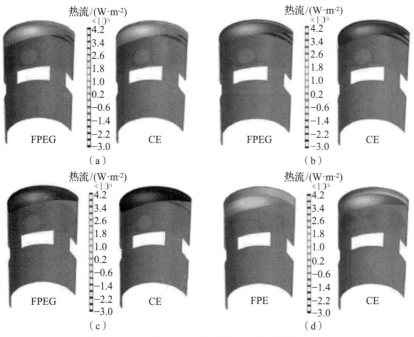

图 3 – 35　FPEG 与 CE 不同时刻热流密度分布

(a) 170°CA；(b) 180°CA；(c) 190°CA；(d) 200°CA

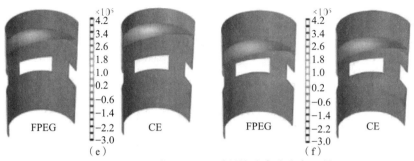

图3-35 FPEG与CE不同时刻热流密度分布（续）

(e) 220°CA；(f) 240°CA

随着燃烧过程的进行，缸内温度与对流换热系数逐渐升高（增大），燃烧室壁面热流逐渐增大。缸内温度与对流换热系数达到峰值后，燃烧室壁面热流逐渐减小。在燃烧与膨胀阶段，FPEG缸内温度与对流换热系数均小于CE，导致相同时刻FPEG燃烧室壁面热流密度小于CE。FPEG与CE热流密度在两者缸内压力峰值时刻附近（190°CA左右）达到最大值，此刻两者热流密度差异也最为明显。随后，两者缸内气体温度与压力逐渐降低，燃烧室壁面热流密度逐渐减小。相对于CE，FPEG活塞在经过上止点后加速度较大，在膨胀阶段活塞运动表现为"先快后慢"，而CE活塞运动表现为"先慢后快"，两者活塞运动规律的差异导致在膨胀阶段相同时刻FPEG活塞距离上止点较远，其缸套暴露于燃烧室内的面积大于CE缸套。综合以上分析可以发现，FPEG燃烧与膨胀阶段的燃烧室壁面热流密度小于CE，传热面积大于CE。

本章建立了涉及系统动力学、缸内热力学与结构传热学的多学科耦合FPEG结构传热仿真模型，并验证了模型的有效性；分别将额定工况下FPEG与CE的活塞运动规律及缸内热机载荷作为计算边界条件，对比分析了相同结构燃烧室部件在两种工作模式运行时的结构传热特性，得出以下结论。

FPEG与CE最高温度均集中在活塞顶部中心区域，前者最高为538 K，比后者低42 K，相对于活塞与缸盖，两者缸套结构温度差异较小；相对于CE，FPEG活塞顶部径向温度梯度与缸套内壁轴向温度梯度较小。FPEG各结构特征点温度波动幅度除缸套内壁外均小于CE，在活塞环处两者差异最明显，前者为7.1 K，比后者低1.9 K。FPEG热负荷相对CE较小，具有较大的性能潜力。

相对于CE，FPEG膨胀阶段相同时刻的燃烧室壁面热流密度较小，但暴露于燃烧室内的结构传热面积较大。FPEG通过活塞与缸盖流出的热量较CE少，而通过缸套流出的热量较CE多。FPEG缸套热流量占比较CE高，特殊的活塞运动规律有利于减小其活塞与缸盖的热负荷。

3.3 内燃机－直线电机热平衡关系的建模与仿真

自由活塞发动机作为内燃发电装置具有可变压缩比及高功率密度的特点，提高压缩比和运行频率有助于进一步发挥其功率密度高的性能优势，但会导致缸内爆发压力升高，燃烧室各部件热负荷与机械负荷增加，结构应力与变形增大。其中，活塞是整个自由活塞发动机中工作环境最恶劣的部件，也是限制其性能进一步提升的关键因素，在 FPEG 中是影响内燃机－直线电机间热平衡的关键部件之一，必须对其传热特性进行深入研究。同样地，自由活塞发电机系统的直线电机工作环境温度较高，如果发热严重会加速绝缘老化、增加功率损耗、缩短使用寿命。因此，对直线电机进行温度场分析，探究内燃机－直线电机热平衡关系就显得尤为重要。

3.3.1 FPEG 内燃机传热特性建模与分析

1. FPEG 内燃机传热仿真模型

自由活塞发动机耦合传热仿真模型由系统动力学子模型、缸内热力学子模型和结构传热子模型 3 部分组成。其中，系统动力学子模型和缸内热力学子模型采用零维数值计算，结构传热子模型采用三维有限元数值计算。由于各模型之间存在互相耦合关系，为了提高仿真精度，采用零维模型与三维有限元模型迭代运算方法。

1）系统动力学子模型

自由活塞发动机摒除了曲柄连杆机构，其活塞的运动规律完全由瞬时作用在其上的合力决定，如图 3－36 所示，主要有左、右两侧气缸内气体压力、活塞与缸套之间的摩擦力、直线电机产生的电磁阻力以及动子组件惯性力。

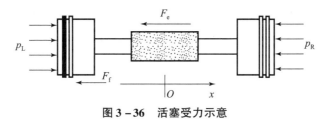

图 3－36 活塞受力示意

根据牛顿第二定律得

$$m\frac{d^2x}{dt^2} = (p_L - p_R)A - F_f - F_e \tag{3-68}$$

其中，m 为活塞连杆组件的质量；x 为活塞位移；A 为气缸截面积；p_L，p_R 分别为左、右侧气缸内气体压力，由缸内热力学仿真获得；F_f 为摩擦力；F_e 为直线电机的电磁阻力，稳态工作时表达式为

$$F_e = k_f k_e \frac{1}{R_L + R_i + jL} \cdot \frac{dx}{dt} = C\frac{dx}{dt} \tag{3-69}$$

其中，k_f 为直线电机推力系数；k_e 为直线电机反电动势系数；R_L 为负载电阻；R_i 为线圈内阻；L 为直线电机电感；C 为直线电机负荷系数。

2）缸内热力学子模型

自由活塞发动机缸内热力学过程主要包括燃料燃烧放热过程、缸内容积变化引起的热力学过程、换气过程、缸内燃气与燃烧室内壁的换热过程。仿真时采用零维单区热力学模型，即在任意时刻气缸内气体都处于热力学平衡状态。根据热力学第一定律得

$$\frac{d(m_c u_c)}{dt} = \frac{dQ_c}{dt} - \frac{dQ_t}{dt} - p\frac{dV}{dt} + \sum_i \frac{dm_i}{dt}h_i \tag{3-70}$$

引入理想气体状态方程的微分表达式为

$$p\frac{dV}{dt} + V\frac{dp}{dt} = m_c R\frac{dT}{dt} + RT\frac{dm_c}{dt} \tag{3-71}$$

结合式（3-70）和式（3-71），再根据 $R = c_p - c_v$，$\gamma = c_p/c_v$ 和 $u = c_v T$，可推出缸内气体压力变化率为

$$\frac{dp}{dt} = \frac{\gamma - 1}{V}\left(\frac{dQ_c}{t} - \frac{dQ_t}{t}\right) - \gamma\frac{p}{V} \cdot \frac{dV}{dt} + \frac{\gamma - 1}{V}\sum_i \frac{dm_i}{dt}h_i \tag{3-72}$$

其中，m_c 为缸内燃气质量；u 为比热力学能；Q_c 为燃烧释放的能量，可用单 Wiebe 方程进行描述；Q_t 为传热损失的能量，通过结构传热仿真获得；p，V 为缸内压力和容积；m_i 为流入、流出气缸的气体质量；h_i 为比焓；T 为缸内气体温度；R 为气体常数；c_p，c_v 为定压比热容和定容比热容。计算得到缸内压力的时间历程后可根据理想气体状态方程导出瞬时缸内气体温度。

3）结构传热子模型

结构瞬态传热三维有限元模型如图 3-27 所示，其主要由活塞、活塞环、缸套、缸体和缸盖组成，各构件材料传热性能参数见表 3-19。为了减小计算量，对整机 1/2 结构进行建模及网格划分，并对结构中螺栓孔和倒角等局部特征进行

适当简化。

　　活塞、缸盖和缸套暴露于燃烧室的表面部分为非接触部分（缸套暴露于燃烧室的部分随活塞 – 缸套相对位置的变化而变化），受到缸内高温燃气周期性作用。其边界上瞬时对流换热系数采用 Woschni 公式计算。

　　4）仿真模型试验验证

　　为了验证仿真模型的有效性，将仿真模型计算结果与样机试验结果进行对比。直线电机式自由活塞发动机试验测试系统如图 3 – 37 所示。试验样机采用二冲程汽油发动机，主要结构参数：缸径为 52.5 mm，总行程为 68 mm，有效行程为 34 mm。图 3 – 38 所示为半负荷工况下通过仿真和试验得到的活塞位移 – 缸内压力曲线，通过对比可知，仿真得到的缸内压力曲线与试验测得的缸内压力曲线基本吻合，两者峰值差异在 6% 左右，满足研究对精度的要求。

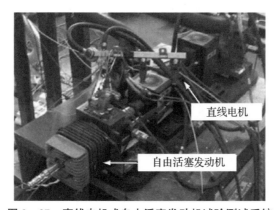

图 3 – 37　直线电机式自由活塞发动机试验测试系统

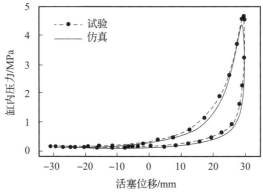

图 3 – 38　仿真模型试验验证

2. 仿真分析

为了探寻自由活塞发动机结构传热特性，对 FPEG 与 CE 两种不同形式的发动机进行仿真。为了便于对比分析，CE 结构参数、循环供油量及工作频率均与 FPEG 保持一致，并将 FPEG 仿真结果中的时间坐标等效变换为相同时刻 CE 对应的曲轴转角。根据 FPEG 可以只在单一工况下运行的特点，分析工况选用发动机标定工况，转速为 6 000 r/min，对应 FPEG 工作频率为 100 Hz。在此工况下对 FPEG 与 CE 的运动规律、缸内热力学状态变化规律、结构传热规律和本体结构温度场进行对比分析。仿真时假设空气与燃油完全混合，燃烧过程充分且没有气体泄漏。

表 3 - 20 所示为标定工况下缸内燃气与活塞、缸盖和缸套构件对流传热量分配情况。FPEG 缸内燃气与缸套的对流传热量占比较 CE 高出 4.4%，这主要与活塞和缸套两者之间的相对运动有关。FPEG 活塞在膨胀行程中"先快后慢"，而 CE 活塞在膨胀行程中"先慢后快"，即在膨胀行程中 FPEG 缸套更早地暴露于燃烧室内。这造成了 FPEG 通过缸套流出的热量占比相对 CE 高，而通过活塞和缸盖流出的热量占比相对 CE 低。因此，FPEG 活塞特殊的运动规律有利于减小活塞和缸盖的热负荷。

表 3 - 20 对流传热量分配情况

参数	热流量/kW	对流传热量/%
FPEG 活塞	1.281	34.2
FPEG 缸盖	1.619	43.2
FPEG 缸套	0.847	22.6
CE 活塞	1.579	36.5
CE 缸盖	1.960	45.3
CE 缸套	0.788	18.2

图 3 - 39 所示为标定工况下传热过程稳定后 FPEG 与 CE 的结构温度场。通过对比发现，FPEG 与 CE 结构温度场分布规律相似，最高温度均出现在活塞顶部中心处。自由活塞发动机缸套靠近上沿区域轴向温度梯度、活塞顶面与缸盖内壁径向温度梯度均小于曲柄连杆式发动机，热负荷较小。

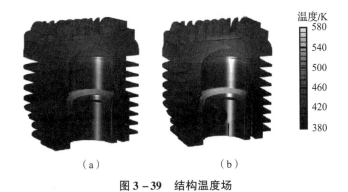

温度/K

（a）　　　　　（b）

图 3 - 39　结构温度场

（a）FPEG；（b）CE

在活塞、缸套等构件中选取 3 个关键点，分别对 FPEG 与 CE 各关键点的温度进行对比分析。CE 活塞顶部中心最高温度为 580 K，FPEG 为 538 K，比 CE 低 42 K。CE 第 1 活塞环位置温度为 442 K，FPEG 为 422 K，比 CE 低 20 K。CE 在缸套上沿处温度为 489 K，FPEG 为 461 K，比 CE 低 28 K。对比发现标定工况下 FPEG 各部件的温度要明显低于 CE，这主要因为 FPEG 缸内燃气热负荷峰值及作用时间均小（短）于 CE。

在一个工作循环中，对 FPEG 与 CE 的 3 个关键点温度变化进行比较，如图 3 - 40 所示。由于活塞顶部与缸套上沿直接暴露于缸内燃气中，两者在膨胀行程初期温度波动剧烈，FPEG 温度波动幅度小于 CE，两者的差异与缸内气体热力状态变化规律有关。FPEG 与 CE 均在缸套上沿处温度波动幅度最大，CE 为 4.5 K，FPEG 为 3.6 K，相差 0.9 K。CE 活塞顶部温度为 3.7 K，FPEG 为 3.0 K，相差 0.7 K。第 1 活塞环处为热负荷较大的位置，温度波动较为剧烈，在此处温度波动 CE 为 9.0 K，FPEG 为 7.1 K，相差 1.9 K，两者的差异与活塞和缸套之间的相对运动有关。一方面，FPEG 缸套轴向温度梯度小于 CE；另一方面，FPEG 在上止点停留时间短，缩短了缸套顶部高温区域对活塞环的传热时间。两方面共同作用使 FPEG 活塞环位置温度波动幅度小于 CE。总体而言，FPEG 各关键点温度波动幅度小于 CE。

3.3.2　FPEG 直线电机传热特性建模与分析

本小节首先介绍温度场分析的基本理论和数学模型，对直线电机的热源、导热系数和对流系数进行了分析和计算，然后分析了温升对直线电机性能的影响。

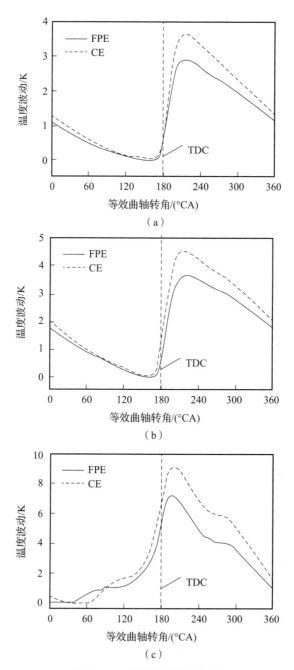

图 3 - 40　循环瞬时温度变化

（a）活塞顶部中心；（b）缸套上沿；（c）第 1 活塞环

1. 热传递的基本理论

根据热力学第二定律，物体之间只要存在温度差，热能就会从温度高的物体向温度低的物体传递。热能传递的速率方程是热能传递的基本规律，它描述了单位时间内所传递的热能与物体的温度差之间的关系。

一般情况下，温度场是关于坐标和时间的函数，即

$$T = f(x, y, z, t) \tag{3-73}$$

根据传热学理论，三维非稳态导热微分方程的一般形式为

$$\frac{\partial}{\partial x}\left(k_x \frac{\partial T}{\partial x}\right) + \frac{\partial}{\partial y}\left(k_y \frac{\partial T}{\partial y}\right) + \frac{\partial}{\partial z}\left(k_z \frac{\partial T}{\partial z}\right) + q = \rho_m c \frac{\partial T}{\partial t} \tag{3-74}$$

其中，T 是温度；t 是时间；c 是材料的比热容（J/K）；ρ_m 是材料的密度（kg/m³）；k_x 是介质沿 x 方向的导热系数，[W/(m·K)]；k_y 是介质沿 y 方向的导热系数 [W/(m·K)]；k_z 是介质沿 z 方向的导热系数 [W/(m·K)]；q 是热流密度（W/m³）。

为了求得具体导热问题的温度分布，需要给出特定问题的附加条件。对于非稳态导热问题，附加条件包括初始条件和热边界条件。

常见的热边界条件有 3 类。

（1）给出边界上的温度，这类热边界条件的表达式为

$$t > 0 \text{ 时，} \quad T = f_1(t) \tag{3-75}$$

（2）给出边界上的热流密度，这类热边界条件的表达式为

$$t > 0 \text{ 时，} \quad -\lambda\left(\frac{\partial T}{\partial n}\right) = f_2(t) \tag{3-76}$$

（3）给出边界上的表面传递系数 h 和流体的温度 t_f，这类热边界条件的表达式为

$$-\lambda\left(\frac{\partial T}{\partial n}\right) = h(t_w - t_f) \tag{3-77}$$

2. 直线电机内的热源计算

直线电机内的热源是指直线电机内部产生损耗的地方。一般情况下，直线电机的损耗可以分为铁耗、铜耗和机械损耗。

1）铁耗的计算

铁耗是指在铁芯中产生的损耗，主要包括磁滞损耗和涡流损耗。

磁滞损耗常用斯坦尼茨方程公式进行计算：

$$p_h = C_h f B_m^2 \tag{3-78}$$

其中，C_h 是磁滞损耗系数，是与铁芯材料有关的常数；f 是磁化频率；B_m 是磁感应强度最大值。

涡流损耗可以按下式计算：

$$p_e = \frac{\pi^2 \delta^2}{6\rho_c \gamma_c}(fB)^2 \tag{3-79}$$

其中，δ 是硅钢片的厚度；γ_c 是铁芯的密度；ρ_c 是铁芯的电阻率。

2）铜耗的计算

铜耗是指电流在绕组中产生的损耗，它是直线电机损耗的主要组成部分。本书中直线电机的工作频率为 50 Hz，集肤效应和邻近效应对直线电机铜耗的影响可以忽略。直线电机的运行环境温度较高，散热条件较差，需要考虑温度对直线电机绕组阻值的影响。

铜耗的计算按下式进行：

$$p_{cu} = I^2 R = I^2 \rho_r \frac{l}{S} \tag{3-80}$$

其中，I 是电流；ρ_r 是导体的电阻率，它是温度的线性函数，其表达式为

$$\rho_r = \rho_{15}\left[1 + \beta(T - 15)\right] \tag{3-81}$$

其中，ρ_{15} 是 $T = 15°$ 时的电阻率；β 是温度系数，对于铜导线，$\beta = 0.004/℃$。

3）机械损耗的计算

直线电机的机械损耗主要是轴承摩擦产生的损耗。机械损耗按下式计算：

$$p_{nw} = k_{tp}\frac{G}{d_{nw}}w_{nw} \tag{3-82}$$

其中，G 是轴承环的载荷（N）；d_{nw} 是经滚珠或滚珠中心的圆周直径（m）；w_{nw} 是轴的圆周速度（m/s）。

3. 温度场热参数的计算

1）导热系数的计算

直线电机的内部结构比较复杂，各种材料的热性能参数差别比较大，内部空气流动规律复杂等方面的原因，使直线电机温度场分析比较困难，计算的结果精确度相对不高。对于动子做往复运动的直线电机，直线电机表面的空气流动规律更为复杂，对直线电机进行温度场分析的难度更大。

在直线电机内部，直线电机槽内的导热系数计算最复杂。直线电机槽内填充有绕组、绝缘纸、绝缘漆和槽契等材料，如图 3 - 41（a）所示。直线电机槽内各种材料的导热系数差别巨大，而且各种材料混杂在一起，很难建立与实体结构完全对应的温度场仿真模型，直接进行温升计算变得非常困难。由漆包线等材料组成的填充式绕组是具有复杂温度场的各向异性体。为了便于计算，可以将各个绕组看成各向同性体，且在热流方向采用等效导热系数，如图 3 - 41（b）所示。

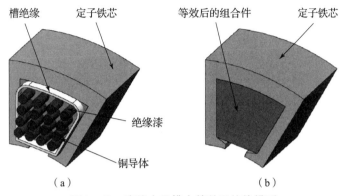

图 3 - 41　直线电机槽内等效导热体模型

各种材料构成的组合件的等效导热系数取决于各种材料的结构、组成、热特性，以及它们的绕制、组合和热处理等工艺特点。

应用基于 Gasar 多孔金属材料模型计算的直线电机槽导热系数的计算公式为

$$\lambda_{eq} = \lambda_{ex}(1 - \sqrt{\varepsilon}) + \frac{\sqrt{\varepsilon}\lambda_{ex}\lambda_{cu}}{\lambda_{cu} + (\lambda_{ex} - \lambda_{cu})\sqrt{\varepsilon}} \quad (3 - 83)$$

其中，ε 是直线电机的槽满率；λ_{ex} 是直线电机槽内绝缘的等效导热系数；λ_{cu} 是裸铜导线的等效导热系数。

直线电机槽内部填充材料的热参数见表 3 - 21。

表 3 - 21　直线电机槽内部填充材料的热参数

材料	导热系数/[W·(m·℃)$^{-1}$]	比热容/[J·(kg·℃)$^{-1}$]	密度/(kg·m^{-3})
铜	400	385	8 933
聚氨酯漆	0.035	—	40 ~ 60
聚酰亚胺	0.25	1 400	1 150
环氧树脂	0.15 ~ 0.2	980	1.5

由于直线电机槽内空气的导热系数约为 0.025 W/(m·℃)，电工纸或电缆纸横穿各层在空气中的导热系数为 0.07 ~ 0.11 W/(m·℃)，这两个导热系数在同一个数量级，取 0.05 W/(m·℃) 作为直线电机槽内绝缘的等效导热系数。

2）对流系数的计算

影响对流传热的因素很多。流体流动动力、流动状态、流体相变、换热面形状都会影响对流传热。表面传热系数可以表示为

$$h = f(u, l, \rho, \eta, \lambda, c_p) \qquad (3-84)$$

其中，u 是空气速度；l 是特征长度；ρ 是流体密度；η 是动力黏度；λ 是导热系数；c_p 是比定压热容。

直线电机机壳外上表面的表面传热系数通过努塞尔数求取：

$$h = \frac{\lambda Nu}{l} \qquad (3-85)$$

其中，Nu 是努塞尔数。

当直线电机工作在自然环境中时，努塞尔数通常采用下式计算：

$$Nu = C\,(GrPr)^n \qquad (3-86)$$

其中，Gr 是格拉晓夫数；Pr 是普朗特数；C 是常数，与换热面形状、位置、热边界条件及流态等有关。

（1）机壳侧表面平均努塞尔数。

机壳侧表面的努塞尔数可以由式（3-86）计算，公式中的参数 C 和 n 的取值见表 3-22。

表 3-22　常数 C 和 n 的取值

加热表面形状与位置	流态	系数 C	系数 n	Gr 适用范围
竖平板及竖圆柱	层流	0.59	1/4	$1.43 \times 10^4 \sim 3 \times 10^9$
	过渡	0.029 2	0.39	$3 \times 10^9 \sim 2 \times 10^{10}$
	湍流	0.11	1/3	$> 2 \times 10^{10}$
横圆柱	层流	0.48	1/4	$1.43 \times 10^4 \sim 5.76 \times 10^8$
	过渡	0.016 5	0.42	$5.76 \times 10^8 \sim 4.65 \times 10^9$
	湍流	0.11	1/3	$> 4.65 \times 10^9$

（2）机壳上表面平均努塞尔数。

机壳上表面的努塞尔数的计算公式，可以根据瑞利数 Ra 的取值范围确定：

$$Nu = 0.54\,(GrPr)^{1/4}, \quad 10^4 \leqslant GrPr \leqslant 10^7 \qquad (3-87)$$

$$Nu = 0.15\,(GrPr)^{1/4}, \quad 10^7 \leqslant GrPr \leqslant 10^{11} \qquad (3-88)$$

其中，$GrPr$ 即瑞利数 Ra。

（3）机壳下表面平均努塞尔数。

机壳下表面的努塞尔数的经验计算公式为

$$Nu = 0.27\,(GrPr)^{1/4}, \quad 10^5 \leqslant GrPr \leqslant 10^{10} \qquad (3-89)$$

3）强制传热对流系数的计算

强制对流传热可以分为内部强制对流传热和外部强制对流传热两种类型。本书研究的直线电机没有外部强制冷却设备，因此只在直线电机内部存在强制对流传热。

直线电机机壳内部是一个相对密闭的空间，动子做往复运动时，机壳内的气体与各接触面会发生强制对流传热过程。

流体在管道内的流动有层流和湍流两种形式。流体的两种流动状态可以根据雷诺数 Re 进行区分，当 $Re < 2\,300$ 时，流体处于层流状态；当 $Re > 10\,000$ 时，流体处于湍流状态；当 $2\,300 < Re < 10\,000$ 时，流体处于层流到湍流的过渡阶段。

雷诺数 Re 的计算公式为

$$Re = \frac{ul}{v} \tag{3-90}$$

其中，u 是空气流速（m/s）；l 是特征长度（m）；v 是运动黏度（m^2/s）。

动子下表面与定子上表面空气隙的对流传热努塞尔数为

$$Nu = 0.212\,(Gr\mathrm{Pr})^{1/4} \tag{3-91}$$

沿运动方向的侧面及动子侧上表面的努塞尔数为

$$Nu = 0.332\,\mathrm{Re}^{1/2}\mathrm{Pr}^{1/3}, \quad \mathrm{Re} \leqslant 5 \times 10^5 \tag{3-92}$$

4. 温升对直线电机性能的影响

随着直线电机内部温度的升高，直线电机的性能会发生变化。对于永磁体和铁芯等磁性材料来说，温升会使材料磁性能降低，导致直线电机的出力减小。温升还会导致直线电机损耗增大，导致直线电机的温度进一步升高。这里主要讨论温升对直线电机损耗的影响。

1）温度对铁芯损耗的影响

直线电机铁芯的损耗可以分为静态损耗和动态损耗两部分，静态损耗就是磁滞损耗，动态损耗包括涡流损耗和附加损耗。动态损耗实际上就是涡流效应引起的损耗。直线电机的铁耗可用下式表示：

$$p_{\text{iron}} = p_{\text{static}} + p_{\text{dynamic}} = K_h f B_m^x + \frac{K_{ec}'}{1 + k(T - T_0)} f \int_0^T \left(\frac{\mathrm{d}B}{\mathrm{d}t}\right)^2 \mathrm{d}t \tag{3-93}$$

其中，K_h 是磁滞损耗系数；B_m^x 是磁通密度的峰值（T）；K_{ec}' 是复合涡流损耗系数，$K_{ec}' = d^2/12\rho\delta$；$\rho$ 是等效电阻率（$\Omega \cdot \mathrm{m}$），$\rho = l/\sigma$。

根据公式计算可知，直线电机温度从 20 ℃变为 200 ℃时，直线电机的铁芯损耗变化不大。因此，在分析温升对直线电机性能的影响时可以认为铁耗不随温度的变化而变化。

2）温度对铜耗的影响

铜耗是直线电机损耗的主要组成部分，直线电机的温升对铜耗的影响也很大，FPEG 的工作环境温度约为 140 ℃，温度对直线电机损耗和效率的影响非常明显。

考虑温度影响时的铜耗计算公式为

$$p_{cu} = I^2 \rho_{15} \left[1 + \beta(T - 15) \right] \frac{l}{S} \tag{3 - 94}$$

其中，$I = \dfrac{n!}{r!(n-r)!}$ 是电流（A）；ρ_{15} 是 $T = 15°$时的电阻率；β 是温度系数，对于铜导线，$\beta = 0.004/℃$；T 是温度；l 是导线长度；S 是导线截面积。

通过上述分析可以看出，直线电机的温升导致直线电机损耗增大，损耗增大又会引起温升，直到达到新的平衡状态。因此，在直线电机的温度场计算过程中，需要考虑温升对损耗的影响。一般情况下，在直线电机的各种损耗中，铜耗所占的比重最大，因此尤其要注意温升对铜耗的影响。

3.4　FPEG 活塞动子/永磁体动子间热传递隔离

FPEG 活塞动子与直线电机动子间隔有连杆，活塞动子与直线电机动子间的传热主要经过的部件就是连杆，因此，FPEG 活塞动子与永磁体动子之间隔热的关键在于连杆的设计。连杆的设计要考虑诸多方面，其与 FPEG 系统运行行程有关，运行行程会限制连杆长度；另外，与其他运动部件的配合会限制连杆的结构，连杆在运动过程中，连接着活塞动子和永磁体动子，因此连杆两端的连接形式也会受到限制，并且，所采用的同步机构也必须与连杆连接在一起，使连杆结构变得更为复杂。连杆的材料一方面考虑到运动部件轻量化的因素，因此较重的材料一般被放弃，另一方面还要具有高的刚强度，以防止运动过程中变形和损坏。

FPEG 活塞动子/永磁体动子间热传递隔离技术研究应该主要集中在以下方面。

（1）连杆长度。

连杆长度在设计时考虑到要在活塞动子和永磁体动子之间实现隔热的效果，连杆长度应该尽量大一点，但为了系统紧凑性的设计要求，连杆长度又要尽可能小，因此综合考虑多种因素，连杆长度在系统总体尺寸一定的情况下不太好改变。

（2）连杆材料。

在轻量化的限制条件下，连杆材料的选择可以考虑铝合金、钛合金以及相关隔热树脂材料，但考虑到刚强度的要求，钛合金和铝合金应该是相对较好的材料。表 3 - 23 所示为铝合金 7075 和钛合金 TC4 物性参数的对比。

表 3 - 23　铝合金 7075 和钛合金 TC4 物性参数的对比

材料	密度 /(g·cm^{-3})	弹性模量 /GPa	泊松比	热导率 /[W·(m·K)$^{-1}$]	线膨胀系数 /K^{-1}
铝合金 7075	2.81	71	0.33	134	23.4×10^{-6}
钛合金 TC4	4.5	110	0.34	8	8.6×10^{-6}

图 3 - 42 ~ 图 3 - 45 所示为铝合金连杆与钛合金连杆在相同的热边界条件下温度场云图。铝合金和钛合金连杆最高温度均出现在与活塞连接处，但钛合金连杆最高温度要比铝合金连杆最高温度要高 5 ℃ 左右，并且钛合金连杆最低温度也比铝合金连杆最低温度低 5 ℃ 左右，且最低温度出现位置两者相似，均为中间突起处和与动子连接处。因此，采用钛合金连杆，可以降低连杆与动子相连处的温度，起到一定的隔热作用。

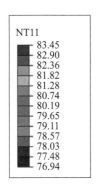

图 3 - 42　铝合金连杆温度场云图（一）

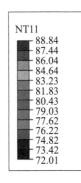

图 3 - 43　钛合金连杆温度场云图（一）

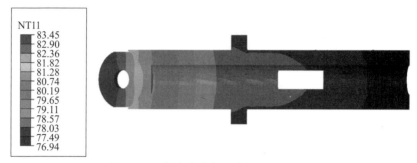

图 3 - 44　铝合金连杆温度场云图（二）

图 3 - 45　钛合金连杆温度场云图（二）

参 考 文 献

[1] 吴兆汉. 内燃机设计 [M]. 北京：北京理工大学出版社，1990.

[2] 周龙保. 内燃机学 [M]. 北京：机械工业出版社，2011.

[3] 张卫正. 内燃机失效分析与评估 [M]. 北京：北京航空航天大学出版社，2011.

[4] 李延骁，左正兴，冯慧华. 自由活塞发动机结构传热特性 [J]. 内燃机学报，2018，36（01）：90 - 95.

[5] 李延骁，左正兴，冯慧华，等. 同结构活塞 FPE 与 CE 两种工作模式下应力变形差异 [J]. 北京理工大学学报，2019，39（3）：228 - 234.

[6] 李延骁. 自由活塞发动机结构关键热 - 机特性研究 [D]. 北京：北京理工大学，2018.

第 **4** 章

控制系统开发

　　FPEG 作为增程器使用，应满足自成体系的特性，这是指 FPEG 需具备起动、切换、发电、克服干扰、制动等功能，此时 FPEG 为多物理场耦合的动力系统。需要建立一套完整的应用体系，来实现 FPEG 作为增程器自成体系的特点。基于多物理场能量流的分析研究，专门针对其应用设计了拓扑结构（图 4-1），进行能量关系的梳理，以便对多物理场耦合的动力系统进行解耦分析。FPEG 中耦合了一套直线电机系统，因此可通过直线电机电动模式与发电模式的切换实现发动机冷起动、持续稳定的燃烧以及制动。再加上直线电机电气响应速度快，可即时改变电机力，将其作为动子所受合力中最容易控制的力。因此，需要设计一个能量调节单元，作为电机力出力控制的核心，也作为增程器应用的能量管理核心点。基于此思路按照子目标逐步完成性能验证，然后组成一套整体系统。

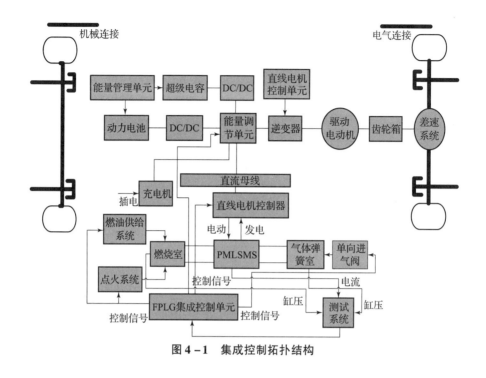

图 4-1 集成控制拓扑结构

4.1 FPEG 系统控制器开发

4.1.1 基于系统稳定失稳判断的上层控制策略

系统稳定运行过程是能量动态平衡的过程。当出现波动或干扰时，控制系统必须能够有效地消除偏差和抑制干扰。FPEG 系统具有典型的混成系统特性，各个参数之间存在较强的耦合作用，并且发动机和直线电机两个控制子系统又有明显不同的运行特性。这为控制系统设计带来了难题。为了解决控制系统复杂性的问题，根据混成系统分层结构特点，设计了分层混合控制系统，以期将系统控制目标分解，简化每个子系统及其相互间的强耦合作用。能量动态平衡控制子系统是以保持动态的能量平衡为目标，基于系统稳定失稳判断来协调发动机和直线电机控制子系统进行具体控制执行。

从控制系统分层结构可以看到，能量动态平衡控制子系统是上层控制系统。它并不直接对具体的发动机和直线电机运行参数和性能进行控制，而是通过对系统运行状态进行监测，利用自身的控制策略对系统失稳倾向进行研判，进而对下

层的控制子系统进行协调，下达控制目标指令。这样的设计是由系统的发动机和
直线电机强耦合特性决定的。通过上层控制策略对发动机和直线电机控制子系统
进行解耦，不仅能够减少控制系统的输入和输出参数数量，降低控制策略复杂
度，还可以较好地满足系统稳定运行分层目标要求。简单地说，就是通过能量动
态平衡动态控制子系统将直 FPEG 系统"一分为二"，即在上层控制系统的统一
"调度"和"指挥"下，发动机和直线电机控制子系统各自"独立"运行。

　　能量动态平衡控制子系统采用开环形式，其结构如图 4 - 2 所示。控制系统
通过测试系统监测运行过程，获得运行状态的关键参数，包括对应活塞运动特性
的活塞位移、对应发动机循环过程的峰值压力和对应直线电机电磁换能的感生电
势。通过与设定值进行对比判断，分析系统运行过程的失稳倾向，研判能量不平
衡程度，根据指令库获得目标控制指令，并传送给发动机控制子系统和直线电机
控制子系统。上层控制系统采用 If - Then 控制策略，其输入变量、输出变量和基
本控制策略见表 4 - 1。

图 4 - 2　能量动态平衡控制子系统结构

表 4 - 1　能量动态平衡控制子系统控制策略

输入	判断标准 - If （与设定值的 绝对偏差比例）/%	输出 - Then	
		发动机控制使能	直线电机控制使能
活塞位移	≤30	TRUE	FALSE
	>30	TRUE	TRUE
峰值压力	≤30	TRUE	FALSE
	>30	TRUE	TRUE
感生电动势	≤35	TRUE	FALSE
	>35	TRUE	TRUE
感生电流	≤35	TRUE	FALSE
	>35	TRUE	TRUE

控制系统根据输入变量与设定值之间的偏差判断系统失稳趋势，有选择地对发动机和直线电机控制子系统进行使能驱动。之所以选择这样的控制策略，主要是因为现有直线电机选型及相应的控制与驱动系统限制了控制策略的灵活性。在试验样机设计过程中，复杂的直线电机象限切换与励磁控制尚无法全面实现，因此，首先选择以发动机为主的控制策略。通过后面的分析还可以发现，由于发动机燃烧波动对活塞运动规律十分敏感，例如压缩比和止点位置变化会显著影响发动机燃烧，因此，当扰动引起的能量不平衡或失稳倾向超过一定范围时，必须使用适当的直线电机控制来弥补单纯依靠发动机控制保持系统稳定的不足。

4.1.2　基于稳态压缩能量传递的控制策略

建立发动机控制子系统是为了较为可靠地控制自由活塞发动机运行过程，获得良好的稳定运行性能。通过能量流动过程分析可以看到，压缩能量和压缩能量变化不仅可以表征系统运行稳定性状态，还对系统保持连续稳定运行趋势至关重要。因此，稳态压缩能量传递是能量流动稳定性的基本要求。缸内压力由燃烧放热决定，压缩过程产生的压强和温度直接影响燃烧。在压缩过程中，缸内气体压力和温度逐渐升高，活塞动能转化为内能。为了获得稳定的燃烧放热和连续的能量传递平衡状态，必须控制压缩过程，即对压缩能量和压缩比进行有效控制。

具体来说，被传递的压缩能量不仅影响活塞运动，还影响下一个周期的燃烧情况。通常，如果传递的压缩能量过小，则燃烧条件变差，容易出现失火；如果压缩能量过大，则可能出现活塞撞缸。在压缩能量传递过程中，必然存在气体泄漏和散热损失。如果能够通过控制其他能量来弥补损失的压缩能量，就可以保持每周期各燃烧室压缩能量稳定，形成波动较小的燃烧，从而获得连续的能量转换与传递过程，即保持稳定运行状态。选择压缩比和节气门开度为控制变量，建立发动机控制子系统框图，如图4-3所示。其中，纵向标识的自由活塞发动机的输入与输出是指与直线电机控制子系统的交互。

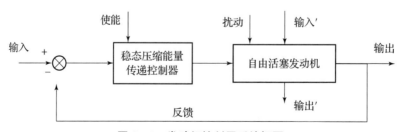

图4-3　发动机控制子系统框图

为了更清晰地表明压缩能量量与压缩比的关系，将压缩能量模型和理想气体状态方程代入其中，可以获得

$$E_c = -\int_{x_{\text{EX}}}^{x_{\text{TDC}}} p_0 \left(\frac{V_0}{V}\right)^{\gamma_c} \mathrm{d}V \tag{4-1}$$

其中，p_0 为压缩过程初始时刻缸内气体压力；V_0 为压缩过程初始时刻缸内气体体积；γ_c 为压缩过程多变指数。考虑到压缩比 R 可以表示为

$$R = \frac{V_0}{V} \tag{4-2}$$

得到压缩能量为

$$E_c = \frac{p_0 V_0}{\gamma_c - 1}(R^{\gamma_c - 1} - 1) \tag{4-3}$$

由式（4-3）可以看到，压缩比可以用于表征压缩能量。通过对压缩比的有效控制可以实现对压缩能量的控制，建立稳态压缩能量传递控制策略。

在系统运行过程中，压缩能量的变化是由系统能量输入与输出的不平衡导致的。由于选用了电机力作为控制目标，所以动力气缸的压缩能量变化与回复气缸的压力变化其实可以视为一致的，而摩擦力与电机力在假设时都是粘滞阻尼力，因此可以视为一体，所以

$$E_i(n) = E_e(n) + E_c(n+1) - E_c(n) \tag{4-4}$$

假设系统稳态情况下压缩能量控制目标值为 E_{c0}。采用比例 - 积分 - 微分（PID）控制器进行控制，于是可以得到第 n 周期的能量传递期望状态为

$$E_i(n) = E_e(n) + E_{c0}(n+1) - E_c(n) + u(n) \tag{4-5}$$

其中，$u(n)$ 为 PID 控制器的输出量，且

$$u(n) = P(n) + I(n) + D(n) \tag{4-6}$$

其中，

$$\begin{aligned}
P(n) &= K_P \cdot e(n), \\
I(n) &= K_I \cdot e(n) + I(n-1), \\
D(n) &= K_D[e(n) - e(n-1)]
\end{aligned} \tag{4-7}$$

其中，$P(n)$，$I(n)$ 和 $D(n)$ 分别为 PID 控制器的比例项、积分项和微分项；K_P，K_I 和 K_D 分别为比例系数、积分系数和微分系数；$e(n)$ 是指压缩能量与设定压缩能量的偏差项，即

$$e(n) = K_c[E_{c0}(n+1) - E_c(n)] \tag{4-8}$$

其中，K_c 为偏差项增益系数。

假设每周期燃料燃烧放热能量与节气门开度近似成正比例关系，则有

$$E_i(n) = K_i \cdot \theta \qquad (4-9)$$

其中，K_i 为节气门开度比例系数；θ 为节气门开度。

在设定参数小范围变化的情况下，压缩比与压缩能量可近似为正比例关系。假设 K_R 为近似的比例系数，则有

$$E_c(n) = K_R \cdot R \qquad (4-10)$$

以节气门开度和压缩比为控制输出变量，通过数学推导获得控制系统的状态空间表达式为

$$\begin{aligned} x(n+1) &= Ax(n) + Bu(n) \\ y(n) &= Cx(n) + Du(n) \end{aligned} \qquad (4-11)$$

其中，A，B，C 和 D 为状态空间系数矩阵。各矩阵分别为

$$A = \begin{pmatrix} -K_c(K_P + K_I + K_D) & -K_D & 1 \\ -K_c & 0 & 0 \\ -K_I K_c & 0 & 1 \end{pmatrix},$$

$$B = \begin{pmatrix} 1 + K_c(K_P + K_I + K_D) & 0 & 0 \\ K_c & 0 & 0 \\ K_I K_c & 0 & 0 \end{pmatrix}, \qquad (4-12)$$

$$C = \begin{pmatrix} K_R & 0 & 0 \\ -1 - K_c(K_P + K_I + K_D) & -K_D & 1 \end{pmatrix},$$

$$D = \begin{pmatrix} 0 & 0 & 0 \\ 1 + K_c(K_P + K_I + K_D) & 1 & 0 \end{pmatrix}$$

根据式（4-12）建立的状态空间方程，将实际结构参数和控制系统参数代入系数矩阵 A，其特征值及根符合稳定性判据。因此，基于稳态压缩能量传递的发动机控制子系统在实际参数约定范围内是稳定的。

4.1.3 基于直线电机的变负载控制策略的开发

1. 以稳定压缩比为目标的变负载控制

在运行过程中会遇到燃烧波动以及其他不可预期的扰动影响，从而使活塞运动状态发生变化。由于没有类似曲柄连杆机构的约束，活塞运动状态的变化必然影响下一个循环的压缩过程，并使其压缩比发生变化。压缩比的变化直接导致燃烧条件恶化，严重时容易诱发失火或撞缸停车。稳定的压缩比是维持内燃机稳定

工作的基本条件，常规内燃机通过曲柄连杆机构可以轻易实现稳定的压缩比，但对于 FPEG 系统来说，需要依靠变负载控制的方式改变电机力进而约束活塞运动的能力来稳定压缩比的控制方法。这里从以下两个方面进行探讨。

（1）变负载控制对实现预定压缩比的控制；

（2）变负载控制对抑制燃烧波动引起的压缩比变化的控制。

在 FPEG 系统工作时，压缩比是通过活塞的 TDC 位置计算得到的。在发生燃烧波动的情况下，活塞在不受控的自由状态下会导致 TDC 位置的变化，从而使压缩比改变。由于很难准确描述燃烧波动状态下的系统各参数，所以不适合使用解析的方式对系统进行控制，采用闭环负反馈控制将会给控制过程带来便利。在实施压缩比控制时，以实际压缩比与期望压缩比的偏差作为控制输入，系统根据该输入值对等效负载进行调节，通过改变总负载的阻抗来影响发电机/负载回路的电流强度，以此改变电机力，从而实现对活塞的约束。在控制系统中，负载系数 Ratio 映射了实际负载阻抗的大小，因此在控制系统中用负载系数来描述负载对电机力的影响，如图 4 − 4 所示。

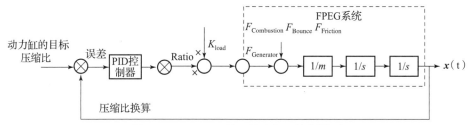

图 4 − 4　FPEG 系统压缩比闭环控制模型

由发动机匹配设计，得出在特定的喷油量下，压缩比为 10 时对发动机的动力特性与燃烧特性最佳，所以选择压缩比为 10 作为控制目标，仿真结果如图 4 − 5 所示。

通过图 4 − 5 分析可知，第一阶段是稳定燃烧放热的情况下压缩比控制的效果，可发现在稳定燃烧阶段通过检测上一循环的压缩比，去调控下一循环的负载系数可以完成目标压缩比的控制，此方法可以用来在特定稳定的运行工况下匹配电机力，完成参数匹配的工作。在第二阶段连续两个循环发生了燃烧波动（以输入能量减少的 30% 来反映），通过调控电机力，实现飞轮的作用，快速消弥燃烧波动造成的无法按照原计划的轨迹运行的影响，通过将近 8 个循环的调控，最后负载系数稳定在一个特定的值，这个值和稳定燃烧阶段对应的值一样，体现出变负载控制只是消弥扰动发生的几个循环，当进入稳定运行阶段后，无波动时，仍按照匹配的电机力运行，体现出变负载控制具有"削锋填谷"的作用，但是在实际过程中燃烧受各种因素的影响，如果消弥的周期不能控制在一个循环内，由于波动是会积累的，会传递到下一个循环，波动的不确定性就会变大，所以此控制方法不太适用于本系统。

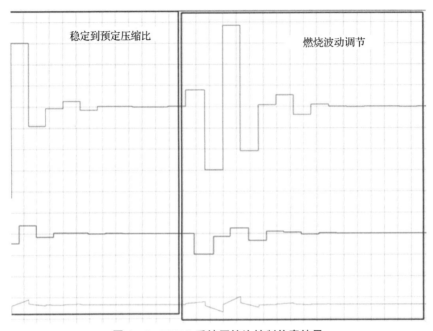

稳定到预定压缩比　　　　　　　燃烧波动调节

图 4 - 5　FPEG 系统压缩比控制仿真结果

2. 以稳定峰值缸压为目标的变负载控制

FPEG 系统的运行状态也可以从缸压的稳定度方面考察。在 FPEG 系统工作时，不同的燃烧放热条件会对应不同的缸压状态。因此，有效控制 FPEG 系统的缸压也是稳定 FPEG 系统运行的方法之一。对于稳定峰值缸压的控制方法，从以下两个方面进行探讨。

（1）变负载控制对实现预定峰值缸压的控制；

（2）变负载控制对抑制燃烧波动引起的峰值缸压变动的控制。

在 FPEG 系统工作时，缸压通过压力传感器实时测量得到。在发生放热异常的情况下，缸压随放热量的变化而变化，从而偏离期望缸压。在控制过程中，如按照跟随整个缸压曲线的方式进行控制，将存在很大的实施困难，且没有必要。以峰值缸压作为缸压的特征进行控制则相对简单，且峰值缸压的稳定程度可以作为评价 FPEG 系统工作稳定状态的参数。实施峰值缸压控制时，通过采集到的峰值缸压与目标缸压进行对比，使用其偏差量作为控制的输入量。通过闭环控制调节负载系数，使作用在活塞上的电磁阻力发生变化，约束活塞运动，使峰值缸压跟随该变化而变化。当偏差量小于期望值时，停止调节，完成峰值缸压的稳定控制。与控制压缩比的原理相同，采集参数调整为缸压，同时将 PID 控制器参数对应调整。FPEG 系统峰值缸压闭环控制模型如图 4 – 6 所示。

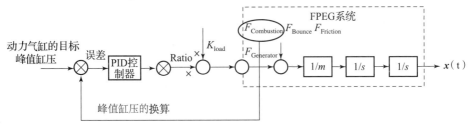

图 4 – 6　FPEG 系统峰值缸压闭环控制模型

考虑到汽油机的动力特性，在零维仿真下，以 8 MPa 的峰值缸压作为控制目标，这个目标值可以在试验标定时进行不断修正以匹配出符合 FPEG 系统的最优运动特性，本系统选择该峰值缸压目标只是为了验证控制机理的合理性。

通过对图 4 – 7 的分析可知，第一阶段是稳定燃烧放热情况下峰值缸压的控制效果，可发现在稳定燃烧阶段通过检测上一循环的峰值缸压，去调控下一循环的负载系数可以完成目标峰值缸压的控制，此方法可以用来在特定稳定的运行工况下匹配电机力，完成参数匹配的工作。在第二阶段连续两个循环发生了燃烧波动，通过调控电机力，实现飞轮的作用，快速消弥燃烧波动造成的无法按照原计划的轨迹运行的影响，通过将近 8 个循环的调控，最后负载系数稳定在一个特定的值，这个值和稳定燃烧阶段对应的值一样，体现出变负载控制只是消弥扰动发生的几个循环，当进入稳定运行阶段后，无波动时，仍按照匹配的电机力运行，体现出变负载控制具有"削锋填谷"的作用，但是在实际过程中燃烧受各种因素的影响，如果消弥的周期不能控制在一个循环内，由于波动是会积累的，会传递到下一个循环，波动的不确定性就会变大，所以此控制方法不太适用于本系统。

3. 以稳定压缩比与高速阶段速度的级联控制式的变负载控制

基于对以上两种控制方法的分析，可知无法实现单次循环内滤除绝大部分的波动，在实际系统中会造成燃烧波动积累效应越来越强，这是造成 FPEG 系统不能长时间稳定运行的根本原因。因此，本书提出一个级联式的控制方法，它将在一个循环内以检测一个点作为调节理由，变为在一个循环内以检测多个点作为调控理由，这样会加快收敛速度，为单循环内滤除大量的波动提供了可能。位移环控制器使用共振摆式控制器，速度环使用 PID 控制器，且速度环的 PID 控制器使用 2 套，一个 PID 控制器用于调控膨胀行程，另一个 PID 控制器用于调控压缩行程。控制原理的拓扑图如图 4 – 8 所示。

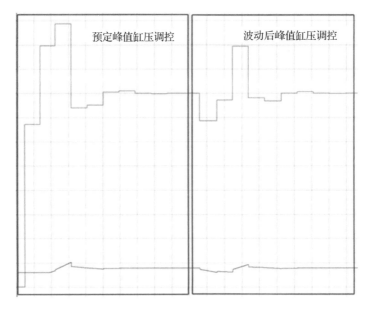

图 4 - 7　FPEG 系统峰值缸压控制仿真结果

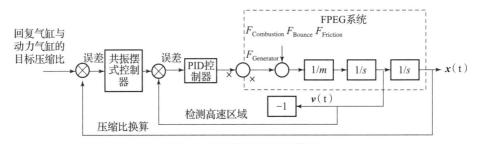

图 4 - 8　级联控制原理拓扑图

　　该级联控制方法中共振摆式控制器是基于 FPEG 系统的运动特性所提出的比较创新的想法，由于 FPEG 系统的运动特性是往复式的，这样动力气缸与回复气缸的压强特性是相互耦合的，所以共振摆式控制器提出的控制思想是根据测量得到上一循环回复气缸与动力气缸的压缩比，产生本次循环的目标速度。又由于考虑到燃烧与进、排气时的气流组织易受扰动，所以速度控制器的作用阶段，选择燃烧结束与排气门关闭期间，此时也恰是 FPEG 系统的高速运行阶段，该阶段可以简化为受动力气缸气体压力与空气弹簧压力以及电机力的简谐振荡原理的自由运动部分。共振摆式控制器产生的速度命令是矩形波，由幅度 A 和偏移量 O 定义，使用上、下止点处的压缩比误差来计算 A 和 O，CR_TDC 代表动力气缸压缩比，CR_BDC 代表回复气缸压缩比。

$$\begin{cases} A = k_A \int (E_{CR\_TDC} - E_{CR\_BDC}) \, dt \\ O = k_O \int (E_{CR\_TDC} + E_{CR\_BDC}) \, dt \end{cases} \qquad (4-13)$$

当 CR_TDC 和 CR_BDC 两者的压缩比均超过命令时，动子的振荡幅度应减小，因此幅度 A 减小。同样，当这两个压缩比都不足以满足命令时，动子的振荡幅度应增大，因此幅度 A 增大。相反，当 CR_TDC 超过命令且 CR_BDC 不足以满足命令时，动子应向下止点振荡，从而需要减小偏移量 O。同样，当 CR_TDC 不足以满足命令且 CR_BDC 超过命令时，动子应向上止点振荡，从而增大偏移量 O。由于 FPEG 系统中动子被认为是周期性地重复振荡，因此本循环的速度命令值可通过上一循环产生，共振摆式控制器控制原理如图 4-9 所示。

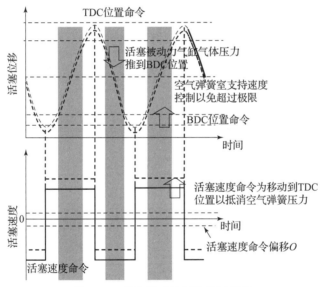

图 4-9　共振摆式控制器控制原理

该控制方案的具体执行效果如图 4-10 所示。

从以上可反映出，参数匹配与燃烧波动调控都可在本次循环内实现稳定调控，有效地滤除了燃烧波动现象，控制作用类似传统发动机的飞轮作用。因此，本系统主要选择级联控制作为变负载控制的主要思想。

4. 基于双参数的控制研究

压缩比和缸压是强耦合关联的，这使两个参数不能任意组合，因此，单独使用变负载控制不能实现缸压和压缩比的同时控制。在变负载控制下，对应相同压缩比的峰值缸压会因为进入系统的热量的不同而产生差异。

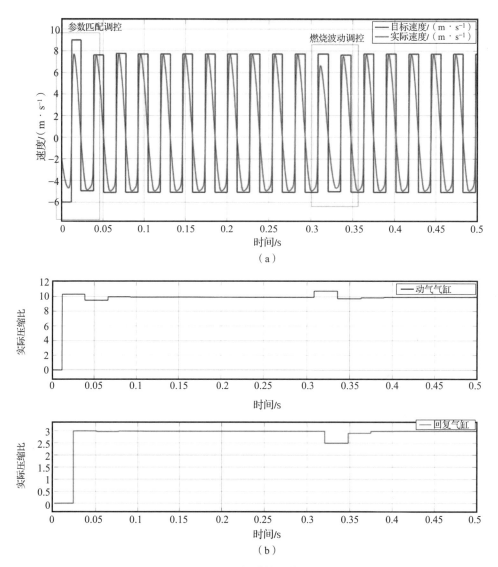

图 4 - 10　级联控制效果

（a）速度控制命令与实际运行速度；（b）回复气缸与动力气缸的实际压缩比

　　对于确定的 FPEG 系统，压缩比和缸压的变化都反映了进入系统的能量和从系统输出的能量的变化情况，因此控制压缩比和缸压可以从调节能量的方法入手。通过控制喷油量，可以调节进入系统的能量。在压缩比被 VLC 约束后，缸压会随着进入系统能量的变化同方向变化，通过精确调节喷油量可以实现压缩比和峰值缸压的同时控制。由于需要对两个参数同时进行控制，所以可以采用双参数闭环控制系统对压缩比和缸压同时控制，控制精度取决采样精度和控制误差要求。双参数控制原理拓扑图如图 4 – 11 所示。

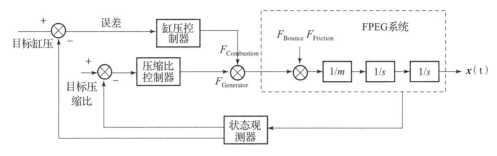

图 4 – 11 双参数控制原理拓扑图

双参数控制实现方法如下。通过变负载控制的方法调节系统输出能量，通过控制喷油量调节系统的输入能量。因此，综合使用变负载控制和喷油量调节控制，构造双参数闭环反馈控制系统。主要采用"乒乓"操作的控制模式，压缩比调节与缸压调节间隔进行。使用双参数控制的前提是：双参数的反馈值在调节过程中是同向变化的，且变化幅度应逐步递减，以便收敛。"乒乓"操作控制过程如图 4 – 12 所示。

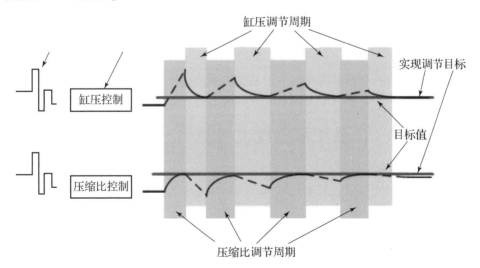

图 4 – 12 "乒乓"操作控制过程（附彩插）

图 4 – 12 中，红色实线为调节的目标值，靠近红色实线波动的黑色线代表调节过程中的实际压缩比和缸压的变化情况。在调节周期中，黑色实线代表主动控

制引起的压缩比或缸压变化，同一周期内的黑色虚线则代表另外一个参数的被动变化情况。具体控制效果如图 4 – 13 所示。

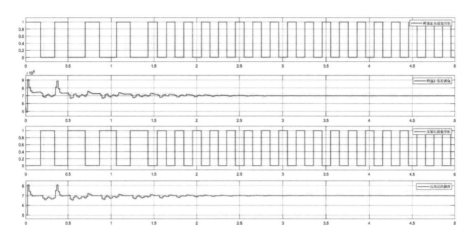

图 4 – 13　缸压和压缩比的双参数控制效果

从仿真结果中看到，调节过程有波动，但总体趋势收敛，在调节后期，缸压和压缩比均达到控制目标。波动是"乒乓"操作带来的影响，是过渡状态，波动的幅值会随着调节进程的发展而趋于平缓。在两个参数的控制偏差都达到预期后，实现控制目标，调节过程结束，进入保持状态。在完成调节后，此时的供油量和负载系数对当前系统的状态是最优的。此后，关闭缸压控制闭环，保持供油参数不变，缸压和压缩比重新建立强耦合关联。此时的供油量和负载系数是满足缸压和压缩比的双参数控制要求的，最终使系统参数回归期望值。

4.2　FPEG 系统双直线电机驱动/控制器设计开发

控制系统结构框图如图 4 – 14 所示，根据系统功能要求，分为直线电机控制模块和 DC/DC（直流/直流）变换器控制模块。

对于直线电机控制模块，逆变单元采用三相半桥型拓扑结构，两组挂接在同一直流母线上的逆变单元实现对两个直线电机的独立驱动。

DC/DC 变换器采用图 4 – 15 所示的拓扑结构，该结构可以通过控制桥臂上、下开关管的通断来切换升压和降压模式，从而实现直线电机直流母线侧与蓄电池（或超级电容）侧能量的双向传递。

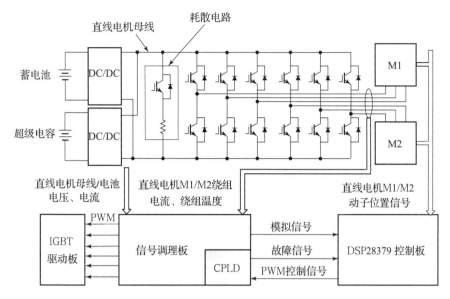

图 4 - 14 控制系统结构框图

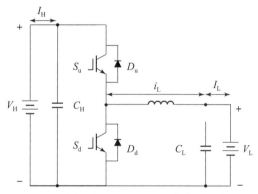

图 4 - 15 半桥型双向 DC - DC 变换器拓扑结构

4.2.1 驱动器硬件设计

图 4 - 16 所示为 PMLSM 控制系统的硬件框图。该系统的硬件电路主要由控制和驱动两部分构成。控制部分按照功能可分为控制和信号调理两个模块，控制模块内含 DSP、A/D 转换、通信电路及接口电路等，用于运算处理反馈信号，进而执行闭环控制算法以下达控制信号指令等；信号调理模块包含传感器、电源供电电路及运放信号调理电路等，也包括不同电源电压（满足各类芯片的供电需

求)、电压电流等模拟信号的采集调理及故障保护电路等。驱动部分主要由功率变换器中开关器件驱动电路、强弱电隔离电路和电源供给电路等组成。考虑到驱动电路和控制电路涉及强弱电隔离和数模电隔离，为了避免信号干扰，分别在驱动电路和控制电路上设计了电源。

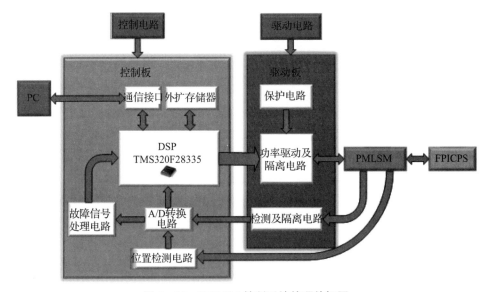

图 4 - 16 PMLSM 控制系统的硬件框图

1. 控制电路硬件设计

基于 MBD 的设计思路，DSP 系列产品中 C2000 系列设备在数据处理与复杂控制算法执行能力方面具有明显的优势，并具有各类外设组合以适应 DMC（数字电机控制）所需的各类组件硬件接口，如 ADC、ePWM、QEP、eCAP 等。这些外围设备能实现满足系统安全要求所涉及的调控量，比如 PWMS 和比较器的跳闸区。与此同时，由软件库和硬件应用程序包组成的 C2000 生态系统有助于减少开发数字电机控制解决方案所需的时间和精力。控制电路负责实现直线电机动子位置和定子绕组线圈电压、电流信号的实时检测处理及矢量控制计算，并通过通信接口与 PC 实现人机交互。由于本系统采用矢量控制，为了满足控制系统实时性和准确性的要求，选用 TI 公司的 DSP 控制器 TMS320F28335，最高运行速度可达150 MIPS，能进行快速的复杂运算，实现功率驱动模块的 PWM 控制，其硬件参数特性见表 4 - 2。控制板硬件接口定义如图 4 - 17 所示。PMLSM 控制器原理图如图 4 - 18 所示。

表 4-2　DSP 芯片的硬件参数

模块	参数
处理器	TMS320F28335 DSP，处理能力为 150 MIPS
AD	16 通道，12 bit AD，转换时间为 250 ns，输入范围为 0~3 V 6 通道，16 bit AD，转换时间为 3.1 μs，输入范围为 -10~+10 V
PWM	3 通道独立 PWM 信号，分辨率为 16 位 1 通道有两路互补对称的输出
QEP	4 通道 QEP 单元正交编码信号处理模块，两路为 TI DSP 片内自带两路外扩的编码器芯片
RS232	3 路 RS232 串口
FLASH	512 k×16 bit 的片内 FLASH
SARAM	68 k×16 bit 的 SARAM
定时器	3 个 32 bit 的系统定时器、4 个 16 bit 通用定时器
SPI、SCI、IIC	低速时钟
CAN	75 MHz
ADC	高速时钟

序号	信号	信号类型	含义	电平说明	接口处理	初始值	最大值
1	+5V	控制电源	5V			5V	5V
2	GND	控制地	GND			0	0
3	UDC AD	模拟输入	母线电压采样	DSP1 800VDC=》3V	电阻下拉	0	3.3V
4	IDC AD	模拟输入	母线电流采样	DSP1	电阻下拉	1.65V	3.3V
5	M1 IUAD	模拟输入	M1 U相电流采样	DSP1	电阻下拉	2.5V	5V
6	M1 IVAD	模拟输入	M1 V相电流采样	DSP1	电阻下拉	2.5V	5V
7	M1 IWAD	模拟输入	M1 W相电流采样	DSP1	电阻下拉	2.5V	5V
8	GND	控制地	GND		电阻下拉	0	3.3V
9	M2 IUAD	模拟输入	M2 U相电流采样	DSP1	电阻下拉	2.5V	5V
10	M2 IVAD	模拟输入	M2 V相电流采样	DSP1	电阻下拉	2.5V	5V
11	M2 IWAD	模拟输入	M2 W相电流采样	DSP1	电阻下拉	2.5V	5V
12	GND	控制地	GND			0	0
13	+5V	控制电源	5V			5V	5V
14	M1 SIN	模拟输入	M1 位置信号SIN	DSP1		0	5V
15	M1 COS	模拟输入	M1 位置信号COS	DSP1		0	5V
16	GND	控制地	GND			0	0
17	M2 SIN	模拟输入	M2 位置信号SIN	DSP1		0	5V
18	M2 COS	模拟输入	M2 位置信号COS	DSP1	电阻上拉	0	5V
19	GND	控制地	GND		电阻上拉	0	3.3V
20	IPM1 TAD	模拟输入	IPM1 温度信号	DSP1	电阻下拉	0	3.3V
21	IPM2 TAD	模拟输入	IPM1 温度信号	DSP1		0	3.3V
22	M1 TAD	模拟输入	M1 温度信号	DSP1		0	3.3V
23	M2 TAD	模拟输入	M1 温度信号	DSP1		0	3.3V
24	GND	控制地	GND			0	0
25	+3.3V	控制电源	3.3V			3.3V	3.3V
26	M1 SC	TZ输入	M1输出短路	DSP1 "下降沿"有效	电阻上拉	3.3V	3.3V
27	M1 OC	TZ输入	M1输出过流	DSP1 "下降沿"有效	电阻上拉	3.3V	3.3V
28	M2 SC	TZ输入	M2输出短路	DSP1 "下降沿"有效	电阻上拉	3.3V	3.3V
29	M2 OC	TZ输入	M2输出过流	DSP1 "下降沿"有效	电阻上拉	3.3V	3.3V
30	GND	控制地	GND			0	0
31	D1 CAP1	沿捕获输入	M1速度传感器零点信号	DSP1			3.3V
32	D1 CAP2	沿捕获输入	M2速度传感器零点信号	DSP1			3.3V
33	+3.3V	控制电源	3.3V			3.3V	3.3V
34	GND	控制地	GND			0	0
35	D1 DI1	数字输入	数字输入1（M1接近开关	DSP1 "1"有效	电阻下拉	0	3.3V
36	D1 DI2	数字输入	数字输入2（M1接近开关2）	DSP1 "1"有效	电阻下拉	0	3.3V
37	D1 DI3	数字输入	数字输入3（M2接近开关	DSP1 "1"有效	电阻下拉	0	3.3V
38	D1 DI4	数字输入	数字输入4（M2接近开关2）	DSP1 "1"有效	电阻下拉	0	3.3V
39	+3.3V	控制电源	3.3V			3.3V	3.3V
40	GND	控制地	GND			0	0
41	M2 PWMEN	输出	MOTOR2 PWM使能	DSP1 "1" ON "0"封锁	电阻下拉	0	3.3V
42	GND	控制地	GND			0	0
43	M2 PUH	PWM输出	M2 U相上管PWM	DSP1 "1" ON	电阻下拉	0	3.3V
44	M2 PUL	PWM输出	M2 U相下管PWM	DSP1 "1" ON	电阻下拉	0	3.3V
45	M2 PVH	PWM输出	M2 V相上管PWM	DSP1 "1" ON	电阻下拉	0	3.3V
46	M2 PVL	PWM输出	M2 V相下管PWM	DSP1 "1" ON	电阻下拉	0	3.3V
47	M2 PWH	PWM输出	M2 W相上管PWM	DSP1 "1" ON	电阻下拉	0	3.3V
48	M2 PWL	PWM输出	M2 W相下管PWM	DSP1 "1" ON	电阻下拉	0	3.3V
49	GND	控制地	GND			0	0
50	GND	控制地	GND			0	0

接口管脚分布图			
+5V	1	2	GND
UDC AD	3	4	IDC AD
M1 IUAD	5	6	M1 IVAD
M1 IWAD	7	8	GND
M2 IUAD	9	10	M2 IVAD
M2 IWAD	11	12	GND
+5V	13	14	M1 SIN
M1 COS	15	16	GND
M2 SIN	17	18	M2 COS
GND	19	20	IPM1 TAD
IPM2 TAD	21	22	M1 TAD
M2 TAD	23	24	GND
+3.3V	25	26	M1 SC
M1 OC	27	28	M2 SC
M2 OC	29	30	GND
D1 CAP1	31	32	D1 CAP2
+3.3V	33	34	GND
D1 DI1	35	36	D1 DI2
D1 DI3	37	38	D1 DI4
+3.3V	39	40	GND
M2 PWMEN	41	42	GND
M2 PUH	43	44	M2 PUL
M2 PVH	45	46	M2 PVL
M2 PWH	47	48	M2 PWL
GND	49	50	GND

图 4-17　控制板硬件接口定义

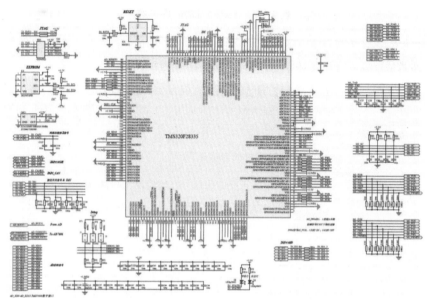

图 4 – 18 PMLSM 控制器原理图

2. 驱动电路硬件设计

直线电机的定子三相绕组线圈和全桥三相功率变换器电路交流侧相连，全桥三相功率变换器电路的直流侧与电气储能系统相连。直线电机全桥三相功率变换器的功率开关器件控制电路，接收来自 DSP 的控制命令。为避免强电信号对其造成干扰，使用光电耦合器 TLP155E 进行隔离，如图 4 – 19 所示。

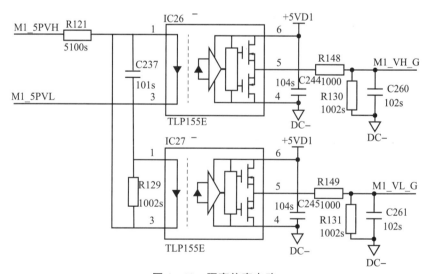

图 4 – 19 隔离仿真电路

全桥三相功率变换器的主功率驱动电路包括智能功率模块（IPM）、IGBT 开关器件驱动电路。IPM 集成了功率开关器件驱动控制电路、过热信号检测电路、PWM 错误检测电路、过压错误检测电路等。本课题组选用 PS22A78 - E 功率板，为直线电机绕组电流的控制提供可靠的保障，如图 4 - 20 所示。

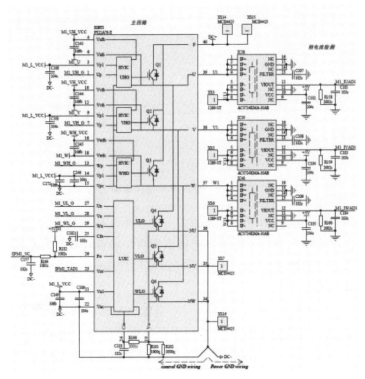

图 4 - 20　功率驱动仿真电路

本课题组设计的 FPEG 目标额定发电功率为 6 ~ 8 kW，因此单台直线电机的额定发电功率为 3 ~ 4 kW，选用的 Linmot 直线电机型号直流母线额定电压应为 560 V，因此在全桥三相功率变换器的直流母线侧连接稳压滤波电路。为了避免过压造成电容损坏，电压设计应留有余量，采用两个 400 V 电容串联，如图 4 - 21 所示。

4. 2. 2　驱动控制软件开发

为了获得 FPEG 更好的动态性能，需要采用复杂的控制方案，因此借助 DSP 微控制器提供的强大数学运算处理能力，可以实现先进的控制策略，利用数学变

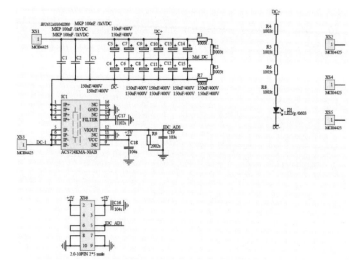

图 4 – 21　直流滤波稳压电路

换解耦永磁同步电动机的励磁分量与磁力分量。为了解耦励磁分量与磁力分量，应进行几个数学变换，而 DSP 微控制器提供的数字运算处理能力使这些数学转换快速运行，这意味着控制直线电机的整个算法可以以较快的速度执行，从而实现更高的动态控制性能。

为实现 FPEG 的控制目标，将由上层控制策略解算出的目标电机力作为给定值 i_q^* 的比例转换，直线电机的实际相电流经过霍尔传感器实时采样，再经过坐标变换后即可得到交轴电流 i_q 的反馈值，然后将两者进行比较后，偏差量 Δi_q 经过交轴电流控制器处理后输出定子电压交轴分量 u_q^*。同理，直轴电流给定量 i_d^* 与实际量 i_d 比较所得偏差 Δi_d 经过直轴电流控制器处理后输出定子电压直轴分量 u_d^*。u_d^* 与 u_q^* 经过 SVPWM 算法计算后得到三相功率变换器的桥臂开关管 PWM 控制信号占空比，以此实现对 PMLSM 的精确电机力调控。

4.2.3　驱动器技术参数以及对外接口

本课题组开发的驱动器结构尺寸示意如图 4 – 22 所示。驱动器基本参数见表 4 – 3。驱动器实物如图 4 – 23 所示。驱动器环境适应性见表 4 – 4。双直线电机控制器基本原理图如图 4 – 24 所示。驱动器对外接口见表 4 – 5。

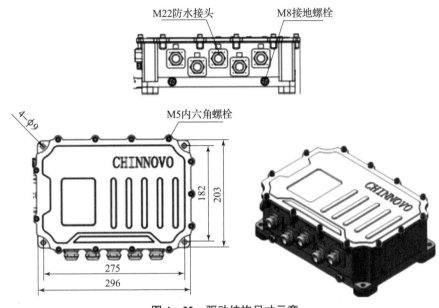

图 4 – 22　驱动结构尺寸示意

表 4 – 3　驱动器基本参数

名称	规格参数
控制器型号	MCU – 2 × 3 kW/540 VDC
全功率输入电压范围/VDC	450 ~ 650（典型值 560）
适用电机	直线电机
额定功率/kW	单路 3，双路 6
峰值功率/kW	单路 5，双路 10
峰值输出电流/AAC	28
额定条件控制器效率/%	≥95
输出频率范围/Hz	0 ~ 60
外形尺寸/mm	316 × 236 × 100（长 × 宽 × 高）
质量/kg	约 6.0
冷却方式	自冷
防护等级	IP21

续表

名称	规格参数	
控制方式	转速模式	
电源输入	+、-	电源输入端子
		适用线径范围：≥2.0 mm²
三相输出	U、V、W	直线电机接线端子
		适用线径范围：≥2.0 mm²
保护功能	控制器过温、直线电机过温、过载、短路、过流、过压、欠压等	

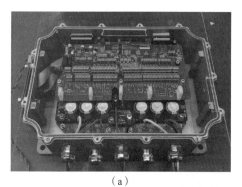

（a）

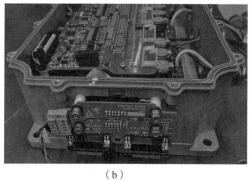

（b）

（c）

图 4 – 23　驱动器实物

（a）俯视图；（b）侧视图；（c）机盖以及注意事项

表 4 - 4　驱动器环境适应性

名称	规格参数
存储温度/℃	− 20 ~ + 55
防护等级	IP21
工作环境温度/℃	5 ~ 40
最大海拔高度/m	2 000
湿度/%	5 ~ 95（不允许凝露）

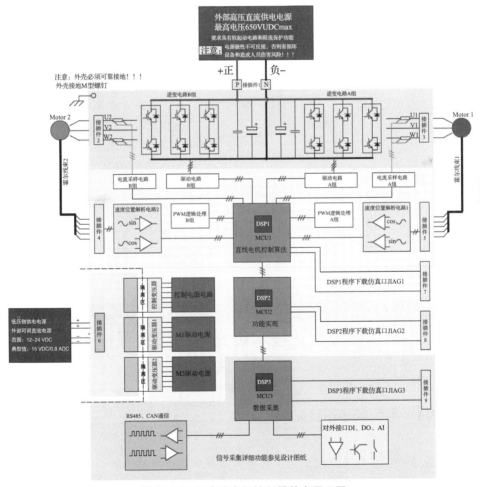

图 4 - 24　双直线电机控制器基本原理图

表 4-5　驱动器对外接口

序号	名称	功能	说明
1	直流进线 P	外部高压直流 DC + 输入	外部直流供电需要具有软起动功能、限流功能，控制器内部直流滤波电容量为 800 V/450 μF，控制器内部无软起动回路。注意极性，不可反接
2	直流进线 N	外部高压直流 DC - 输入	
3	直线电机 1 动力线	直线电机 1 U、V、W 三相接线	直线电机 1 接线，注意相序
4	直线电机 2 动力线	直线电机 2 U、V、W 三相接线	直线电机 2 接线，注意相序
5	位置传感器 1 接线	直线电机 1 速度位置传感器接线	控制器上插口，插头和上位机连接
6	位置传感器 2 接线	直线电机 2 速度位置传感器接线	带自锁功能
7	低压侧电源接线	低压侧外部供电电源接线	可调电源，12~24 VDC，典型值 15 VDC/0.8 A（12 W）

4.3　FPEG 控制系统功能与关键性能指标验证软/硬件平台设计技术研究与物理实现

4.3.1　原型初步设计阶段

1. 基于 PMAC 的直线电机同步起动驱动控制器技术的开发

针对原理样机各子系统，为了快速验证样机同步起动的机理，本书所搭建的试验样机台架，选择空压机作为回复气缸缸体，另加工出动力气缸缸套。本样机的商用圆筒形直线电机选择美国 Linmot 直线电机，并配有 DeltuTauDataSystem 公司生产的 PMAC 运动控制卡和 CopleyControls 公司生产的 XenusXTL 驱动器来精确控制直线电机动子运行。直线电机本体、PMAC 运动控制卡和 Xenus XTL 驱动器如图 4 - 25 所示。其工作原理是直线电机内部自带的位移传感器实时检测直线电机动子位移（精度为 400 μm），并计算出直线电机动子速度。当直线电机运行为电动机模式时，PMAC 运动控制卡根据直线电机动子实时位移和速度与指令位移和速度进行对比形成控制偏差，PMAC 运动控制卡采用 PID 控制策略调节 PWM 脉宽调制的占空比，从而控制直线电机绕组电流，实现对直线电机动子位移和速度的精确控制。

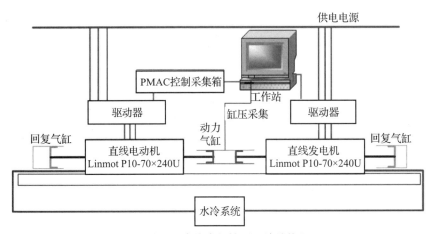

图 4 - 25　双直线电机控制系统结构原理

驱动硬件平台如图 4 - 26 所示。

2. 切换平台的设计

由于前期采用的是商用直线电机，所以驱动器需要专门设计一个切换电路，为此选用 IGBT 电子元器件，实现电路的切换。IGBT 选用 SEMIKRON 公司生产的 IGBT 模块 SKM200GB12T4。图 4 - 27 所示为该模块外观与内部，其最高耐压 1 200 V，最大可通过 200 A 电流，可满足控制系统性能要求。

4.3.2　设计迭代修正阶段

1. 集成一体化控制平台

硬件连接说明如图 4 - 28 所示，FPEG 系统接线如图 4 - 29 所示。

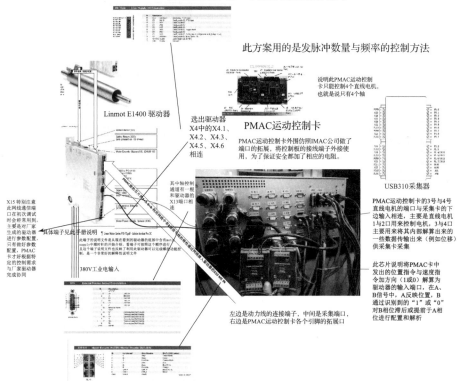

图 4 - 26　驱动硬件平台

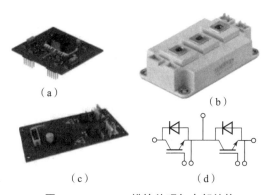

图 4 - 27　**IGBT 模块外观与内部结构**

（a）IGBT 驱动模块；（b）IGBT 硬件——SKM200GB12T4；

（c）IGBT 驱动的适配器模块；（d）IGBT 硬件原理拓扑图

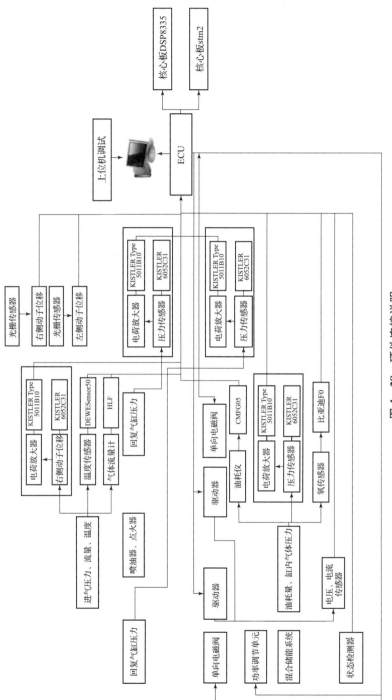

图 4－28　硬件连接说明

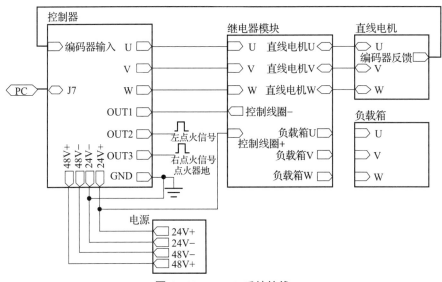

图 4 – 29 FPEG 系统接线

2. 控制器原理图

总体控制框图如图 4 – 30 所示。把它分成了几个部分，分别为：任务，中断，LED 指示灯，全局变量的定义、定时器设计。

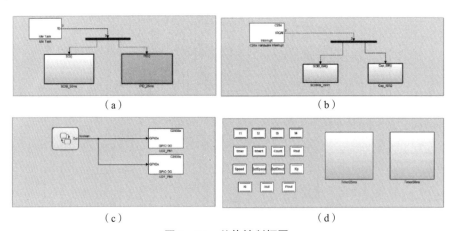

图 4 – 30 总体控制框图

（a）任务；（b）中断；（c）LED 指示灯；（d）全局变量的定义、定时器设计

（1）**任务部分**：模型包括一个 IdleTask 和 2 个触发子系统。其中 SCB_50 ms 触发子系统实现的功能是通过 SCIB 往上位机发送数据，每 50 ms 发送一帧。PID_25 ms 子系统主要是实现 PID 控制，直线电机转速控制功能就在这里实现，模型每 25 ms 执行一次。

（2）中断部分：包括一个 C28XX 中断模块和两个触发子系统。该部分的作用是实现串口接收中断和捕获中断（获取直线电机转速）。

（3）LED 指示灯部分：一个 Stateflow 状态机连接 2 个 GPIO 模块。在硬件中这 2 个 GPIO 模块连接的是 2 个 LED。这部分模型的功能是控制 LED1 和 LED2 亮 2 s、灭 2 s 周期闪烁（定时器 0 定时）。

（4）全局变量的定义、定时器设计部分：定义系统中使用到的一些全局变量和实现 25 ms 定时、50 ms 定时。

完成上述功能的硬件支撑平台如图 4 - 31 所示（DSP28335 核心板原理图）。

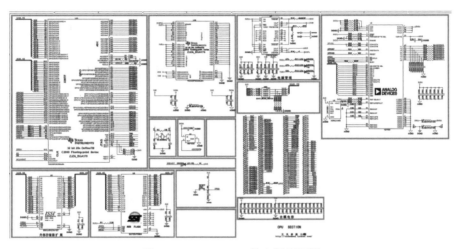

图 4 - 31　DSP28335 核心板原理图

为了完成驱动以及 0 ~ 5 V 电压信号的采集，驱动板原理图如图 4 - 32 所示。

4.3.3　FPEG 系统 ECU 硬件平台搭建设计

FPEG 多物理场耦合的动子运动动力学模型，是一个复杂的动力学系统，具有强烈的耦合性和时变性，因此 FPEG 稳定运行的关键在于控制。此外，由于动子的运动状态是由合力决定的，而电机力是唯一可控且可实时改变的力，所以选择电机力作为控制参数。相比于传统发动机，本发动机没有飞轮这种储能装置，因此需要 ECU 具有更快的实时响应能力和信号处理能力。

为提高 FPEG 系统 ECU 的时效性以及增加 MCU 的未来升级和扩展性能，设计采用核心板与底板分离的方式，该方法适用于开发阶段。采用该方式一方面可以在未来对芯片升级扩展，另一方面若 MCU 选型出现问题可以快速调整方向。

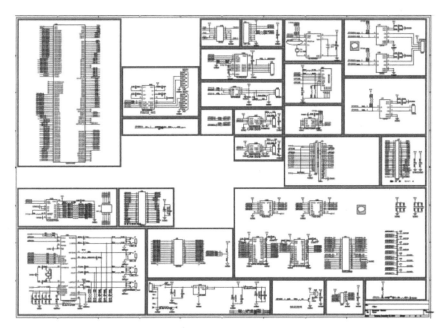

图 4 - 32　驱动板原理图

核心板是 MCU 芯片的最小系统以及功能模块底板的连接电路，底板主要采用输出信号处理电路、执行器驱动电路和连接器电路等。同时，需要考虑电源的隔离，保证系统安全可靠。

采用 KEIL 和 QT 软件分别进行嵌入式层次化架构构建与 PC 端控制台设计，使 PC 端控制台实现发动机各个参数检测与发动机控制功能。采用分层的思想，使每层都具有内聚性，各个层次通过接口连接，保证各层之间的解耦。KEIL 软件有较为完善的库函数，便于后期的移植和修改。QT 作为多平台的控制台显示界面设计软件，可以移植于 Android 或者 Linux 系统，为后续移动端检测设备扩展和移植提供便利。

在发动机工作时，需要实时采集活塞的速度、缸压、温度、进气流量等参数来识别发动机运行的状态，并且按照这些参数计算控制输出。同时，需要有较高的信号处理速度，具有多个数模转换通道，以及强大的驱动力和多种通信协议的支持，因此需要采用任务调度能力强、可后期拓展并且便于维护的方案和路线。这里采取 MCU 作为主控单元的方案。该技术路线为：通过外部输入的器件将发动机运行状态和指令发送至 MCU 中，MCU 将其作为控制算法输入参数，经过运算得到各个执行器的控制量并将其下发到各个执行器，实现对发动机的控制。ECU 总体架构框图如图 4 - 33 所示。

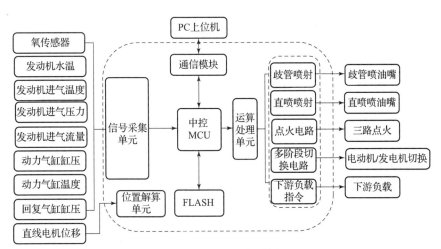

图 4 – 33 ECU 总体架构框图

信号采集单元完成 ECU 的传感器信号接入操作。在 FPEG 运行过程中,需要实时采集两侧气缸内的压力、进气温度、空气流量、加速踏板信号、停车信号、位置信息等。这些信号的表现形式各不相同,信号采集单元需要通过信号转换,将各个不同类型的信号转化为 CPU 可以识别的信号形式,并保证信号在传输过程中不发生畸变。对于本板设计,信号电压需要控制为 0~3.3 V,对于有抗干扰要求的信号采用差分信号传输。

位置解算单元完成对活塞位置的精确测量。FPEG 的活塞做直线往复运动,不能使用常规发动机中的转角测量方式,需要使用直线测量机构完成工作。在传统转角测量方式下,受到转盘中心轴承的约束,传感器和运动部件之间的间隙比较稳定,测量干扰较小。而在直线测量中,由于行程的加大会改变传感器和标尺之间的距离,使测量受到干扰,所以需要选择具有强纠错能力的测量算法,位置解算单元是完成这一过程的保证。同时,由于不同 FPEG 的配置不同,所以在信号采集单元中需要预留差分信号位置传感器设计接口,该接口与位置解算单元并存,这样可以扩大 ECU 的通用性。

运算处理单元是以 MCU 为核心的算法处理单元。信号采集单元将传感信息送到运算处理单元进行处理,通过控制算法得到对应的输出控制,对外部设备进行控制操作。控制算法需要处理 3 个部分的内容:①对采集到的信号进行软件滤波,消除硬件设计上不易除去的干扰;②计算内燃机的喷油量、点火位置;③计算可变负载系数。

控制输出单元是对外部设备进行驱动的单元。运算处理单元在计算得到控制参数后输出到 MCU 管脚,此时的信号很弱,不足以驱动外部设备,这就需要控制输出单元将控制指令放大以驱动外部设备。

通信接口单元实现 ECU 同上位机（PC）的通信。在试验和调试过程中，往往需要通过 PC 对 ECU 进行参数更新并观察 FPEG 的运行状态，所有信息通过一个控制界面实现参数的下发和状态信息的上传。PC 和 ECU 使用不同的电平信号，也存在通信协议的问题，这些都需要通信接口单元解决。

在硬件设计过程中，为了得到快速原型，采用母板 + 核心板的方案。母板上集成了信号采集单元、位置解算单元和控制输出单元的硬件，也承载 ECU 工作所需要的电源和时钟。核心板是以 STM32F407 芯片为核心的最小系统板，作为 ECU 的运算单元。两块板通过板间连接器互连。

PCB 正面视图如图 4 – 34 所示，PCB 背面视图如图 4 – 35 所示，PCB 布局及功能划分如图 4 – 36 所示。

图 4 – 34　PCB 正面视图

图 4 – 35　PCB 背面视图

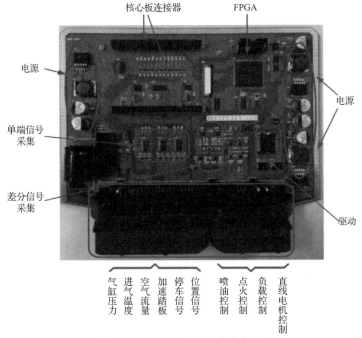

图 4 – 36　PCB 布局及功能划分

　　母板承载了 ECU 的信号采集、控制输出电源时钟等路，布线繁杂，所以需要合理的布局来分配母板空间，使各单元依照功能紧密关联，同时抑制 EMI 风险。布局时需要充分考虑电源发热的影响，将电源安置于 PCB 边缘，使电源发热不影响晶振等热敏感器件的工作。

　　在单板的布局和布线阶段都需要关注信号质量问题，尽量减弱布局、布线所带来的信号畸变问题。在本板的 PCB 布线设计中，采用了 4 个布线层。其中，信号线走第一层和第四层；第二层作为地平面，给第一层信号作参考平面；第三层是电源平面，用来作第四层的参考平面。由于参考平面靠近信号层，所以可以按照"最小回路面积"的原则进行布局、布线，将可能受到 EMI 影响的电路走线与参考平面之间的面积控制到最小，降低干扰侵入的概率。

　　1. ECU 供电方案设计

　　ECU 上的各个功能单元需要不同的供电类型，因此，合理的供电方案是保证 ECU 可靠工作的前提。ECU 的供电分成母板供电和核心板供电两个部分。核心板从母板取电，只需要提供 3V3 单一供电即可。母板需要完成信号采集以及控制输出，因此供电类型比较复杂，除了供给本板器件供电外，还为外部传感器和伺服机构提供随行电源。母板供电方案如图 4 – 37 所示。

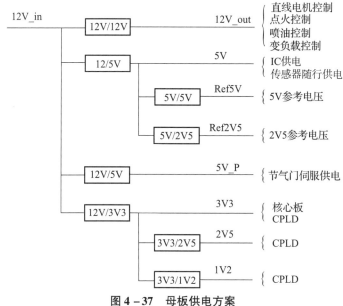

图 4-37　母板供电方案

　　由于供电种类较多，所以在设计中尽量使用同类电路以降低 PCB 的复杂程度。12 V/5 V 和 12 V/3 V3 电路采用同类电路设计；5 V/5 V 和 5 V/2 V5 电路采用同类电路设计；3V3/2V5 和 3V3/1V2 采用同类电路设计。同类电路中的不同输出电压可以通过更换电源芯片实现，图 4-38~图 4-40 所示为典型电源电路仿真设计。

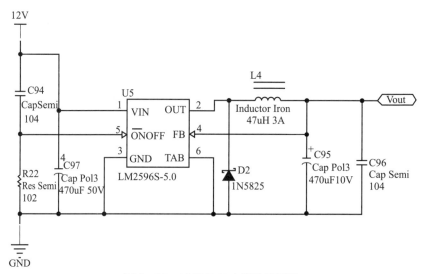

图 4-38　12 V/5 V 电源仿真设计

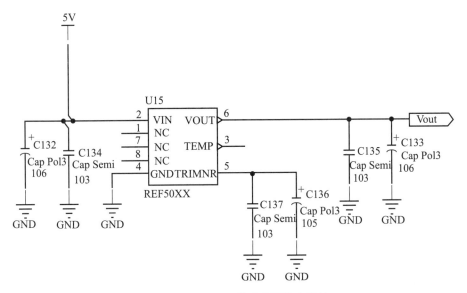

图 4 − 39　**5V/2V2 基准电源仿真设计**

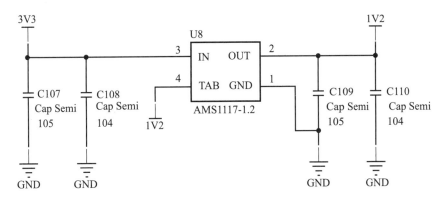

图 4 − 40　**3V3/1V2 电源仿真设计**

2. 信号采集单元设计

在对 FPEG 的控制中，需要采集气缸压力信号、进气温度信号、加速踏板（转角、油门）信号、空气流量信号和位置信号。由于测量设备接口的差异，采集同一个参数时可能得到模拟量或者数字量，为了兼容两类信号，ECU 设计了数字和模拟两套备用的采集通道。同时，各信号保留了单端和差分两类传输形式，以尽可能适配不同类型的传感器。ECU 共有 9 个输入信号（2 个预留信号），信号采集方案如图 4 − 41 所示。

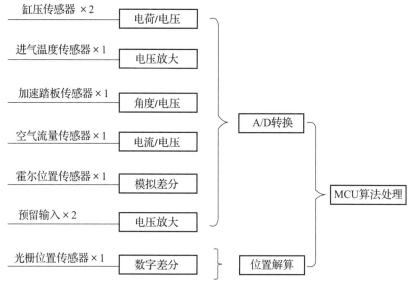

图 4 - 41 信号采集方案

1）单端模拟信号的处理

图 4 - 42 所示为单端模拟信号接口仿真电路。由于常见的传感器输出电压信号范围为 0~5 V，但 MCU 的 A/D 转换器的接收量程为 0~3.3 V，所以使用精密电阻 R_1 和 R_2 进行分压，使模拟信号等比例缩小到 A/D 转换器量程内。同时，使用齐纳二极管 D1 对分压信号进行限压，当分压信号超过阈值时对地短路，将电压拉回安全范围。模拟信号输入电压由计算得到：

$$V_{out} = V_{in} \cdot \frac{R_2}{R_1 + R_2} \qquad (4-14)$$

其中，V_{in} 是传感器输入电压信号；V_{out} 是经过电压转换后送给 A/D 转换器的电压信号；R_1 和 R_2 是分压电阻。

2）单端数字信号的处理

在应用中有设备使用数字信号输出，对于该类设备，ECU 设计了对应的单端数字接口，如图 4 - 43 所示。

图中，LM2901D 是电压比较器，用来处理传感器送来的数字信号。电路有两个电压等级，其中 5 V 是 IC 的工作电压，3.3 V 是 MCU 的接口电平。由于比较器的输出电路为 OC 门，所以需要将电压上拉到 3.3 V。

3）差分模拟信号的处理

霍尔位置传感器的位置信号需要可靠地传送到 ECU，因此，在设计中使用了

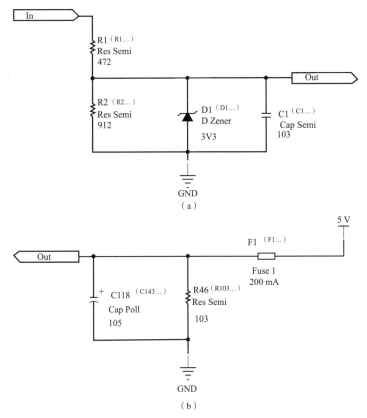

（a）

（b）

图 4 – 42　单端模拟信号接口仿真电路

（a）模拟信号输入仿真电路；（b）模拟信号随行供电仿真电路

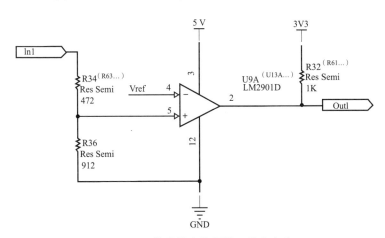

图 4 – 43　单端数字信号接口仿真电路

ADS8861 精密差分 A/D 转换芯片。使用差分信号可以有效提高模拟信号的抗干扰性能。图 4 - 44 所示为模拟差分信号的处理过程。

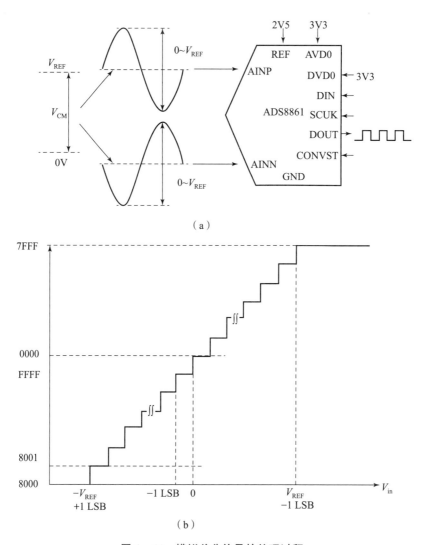

（a）

（b）

图 4 - 44 模拟差分信号的处理过程

（a）差分信号转换过程；（b）模拟信号的数字化

其中，LSB（Least Significant Bit）由 $LSB = [2 \times (V_{REF}/2^{16})]$ 计算，ECU 差分信号的 A/D 转换仿真电路如图 4 - 45 所示。

控制信号输出方案如图 4 - 46 所示。

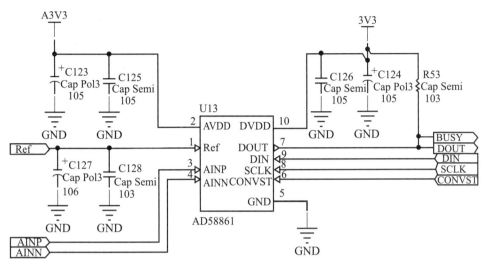

图 4 – 45   ADS8861 A/D 转换仿真电路

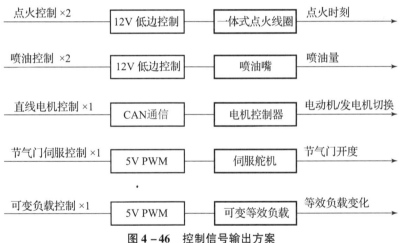

图 4 – 46   控制信号输出方案

4.3.4   控制输出单元设计

1. 点火控制

点火需要高压电和较高的能量释放，会对 ECU 上的元器件产生影响。为了减小风险，在 ECU 上仅设计点火控制电路，升压及储能部件独立于 ECU。ECU 通过高、低边开关控制外部一体式点火线圈，点火线圈产生的高压电引发火花塞放电。点火线圈驱动仿真电路如图 4 – 47 所示。点火控制使用了 IR2101S 双通道高压驱动芯片。该芯片的第5、第7输出管脚通过连接器连接点火线圈的控制端，控制两个火花塞交替工作。

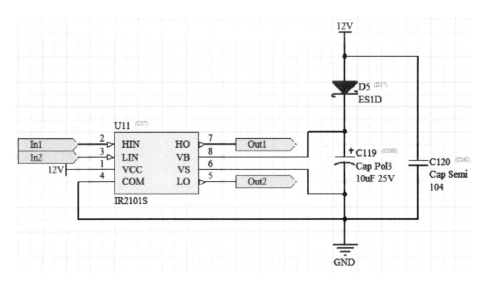

图 4-47 点火线圈驱动仿真电路

2. 喷油控制

L9781 驱动仿真电路如图 4-48 所示。

在通常情况下，喷油量根据进气量进行等比例喷射，使空燃比达到最佳状态。但是，在起动过程，加、减速过程，以及稳定调节过程中，为了改变燃烧条件，空燃比不采用最佳配比，而采用根据试验得到的特殊比例，此时就需要根据 MAP 进行配比的调节。因此，喷油量不仅受到进气流量的影响，还受到发动机状态的影响，ECU 需要根据预定的喷油策略进行控制。ECU 通过低边开关对喷油嘴和油泵实施控制，喷油嘴及油泵控制仿真电路如图 4-49 所示。

为了保证后期设计扩展，采用 L9781 芯片为缸内直喷喷油嘴的驱动，使 ECU 按照确定喷油量进行喷油处理。采用缸内直喷目的则是使喷油雾化效果更好。

3. 直线电机控制

在当前的 FPEG 中，直线电机扮演了电动机和发电机两个角色。ECU 能够检测活塞的运动状态和气缸内气体的状态，因此，ECU 可以直接控制直线电机进行电动机状态和发电机状态的切换。在设计这部分功能时，考虑了扩展应用，除了控制切换外还预留了 1 个控制信号，以方便扩展使用。图 4-50 所示为直线电机/负载控制输出仿真电路。

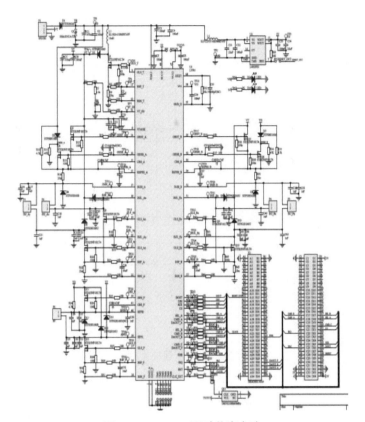

图 4 - 48　L9781 驱动仿真电路

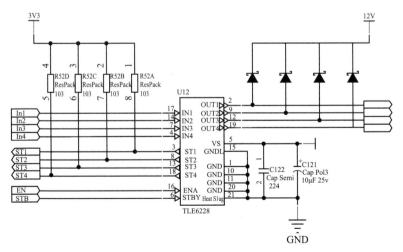

图 4 - 49　喷油嘴及油泵控制仿真电路

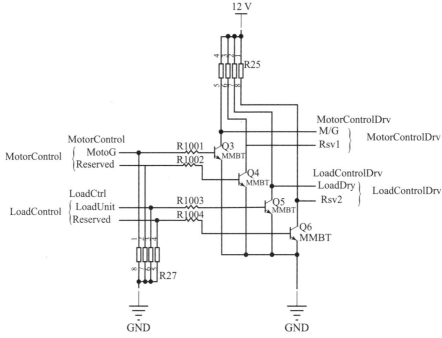

图 4 - 50 直线电机/负载控制输出仿真电路

切换操作对于直线电机会产生冲击，由于直线电机本身具备短时间的过负载能量，所以可以不考虑在切换过程中直线电机受到的冲击，只考虑过电压对负载的冲击即可。考虑到切换是在毫秒级的时间内完成的，故使用 IGBT 作为切换的开关元件。IGBT 内阻较大，在实际应用中会对效率产生影响，因此将切换过程分成两级进行：第一级使用 IGBT 实现直线电机从驱动器脱开，并连通负载回路，这利用了 IGBT 的快速性；第二级使用继电器与 IGBT 并联，在第一级完成操作后接入第二级，减小切换单元的电阻和电能损耗。通过两级切换的方式可以兼顾快速性和低损耗的要求。

4.3.5 FPEG 系统 ECU 软件设计

上层控制台采用分层思想，这是为了让每层的组件保持内聚性，每层都应与其下面的各层保持松耦合，对于小型的项目一般三层就够了。分层的方案有很多种，其中最具影响力也最成熟的是三层架构。

三层指的是表示层、业务逻辑层、执行器访问层。

表示层：位于最外层（最上层），使用户能够直接访问，用于显示数据和接收用户输入的数据，为用户提供一种交互式操作界面。

业务逻辑层：主要功能是对业务逻辑处理的封装，在业务逻辑层中，通常会定义一些接口，表示层通过调用业务逻辑层的接口实现各种操作。

执行器访问层：该层实现对数据的保存和读取操作。

三层架构中，各层之间相互依赖，上一层依赖下一层，各层之间的数据传递分为请求和响应两个方向，如图 4 – 51 所示，其具体过程如下。

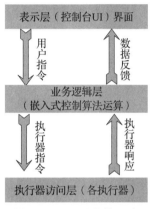

图 4 – 51　三层架构示意

表示层（控制台 UI 界面）根据用户的操作，通过串口将数据提交到业务逻辑层（嵌入式控制算法运算）。

业务逻辑层对用户的操作进行审核和处理，然后通过 CAN 请求执行器访问层（各执行器）或者直接返回给表示层。

执行器访问层收到业务逻辑层的请求后便开始对相应的传感器或者执行器进行操作，并把请求结果通知业务逻辑层，业务逻辑层对数据进行审核和处理，然后通知表示层，表示层收到数据，并把数据展示给用户。

主流软件设计方法倾向于将不同控制层面的软件分开设计，通过界面将各层关联起来，并协同工作。分层设计可以隔离各层内容变动对其他层的影响，因此十分适合联合开发应用。在本设计中，将 ECU、软件按照"应用""驱动""资源配置"三个层面进行开发设计，如图 4 – 52 所示。其中，应用软件层（Application software layer）针对 FPEG 运行的具体任务操作，是 ECU 的最上层描述软件；ECU 抽象层（ECU abstraction layer）封装了微处理器以及外围设备驱动，是连接应用层和硬件抽象层的桥梁；硬件抽象层（Hardware abstraction layer）是最底层软件，它包含对微处理器访问的驱动，为控制过程提供资源配置。三层协作实现 ECU 操作。

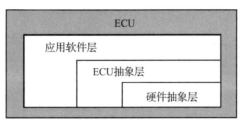

图 4-52 ECU 软件分层

结合分层思想，设计 ECU 软件总体架构，采用总体架构的目的是使设计更加清晰、思路更加明确，将所有风险尽可能提前考虑，不出现大范围返工，节省时间，提高效率。图 4-53 描述了 ECU 软件总体架构，该部分总共分为两个模块——前端和后台，前端和后台之间通过一个结构体的两个对象实现信息的交换。前端维护的对象为指令对象，后台只读该对象，不能修改；相应地，后台维护的对象称为飞行数据对象，前端只读该对象。前端由 UART、LED 驱动和指令终端构成，是面向用户的。UART 为用户之间的控制和数据通道。LED 的点亮、熄灭以及闪烁标志着 ECU 的工作状态。指令终端是逻辑上的控制接口，一方面解析指令交由后台处理，另一方面主动发送飞行数据给用户。

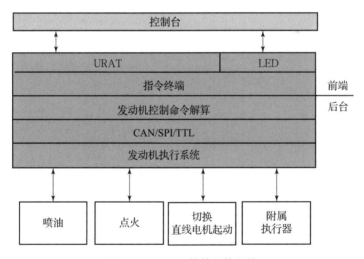

图 4-53 ECU 软件总体架构

1. ADC 模块

ADC 即 A/D 转换器（Analog-to-Digital Converter），是用于将模拟形式的连续信号转换为数字形式的离散信号的一类设备。一个 A/D 转换器可以提供信号用于测量。与之相对的设备称为 D/A 转换器。

ADC 的作用是将连续变化的模拟信号转换为离散的数字信号。现实世界中的模拟信号，例如温度、压力、声音或者图像等，需要转换成更容易存储、处理和发送的数字形式。发动机运行过程中需要较快地采集状态信息，通常采用模拟信号作为输入，ADC 进行模拟信号和数字信号的转换，对发动机的运行非常重要。关于模拟量的采集硬件电路已经在前文描述，在这里不再赘述。ADC 软件驱动包括初始化和采集两部分。ADC 初始化程序如图 4 - 54 所示。

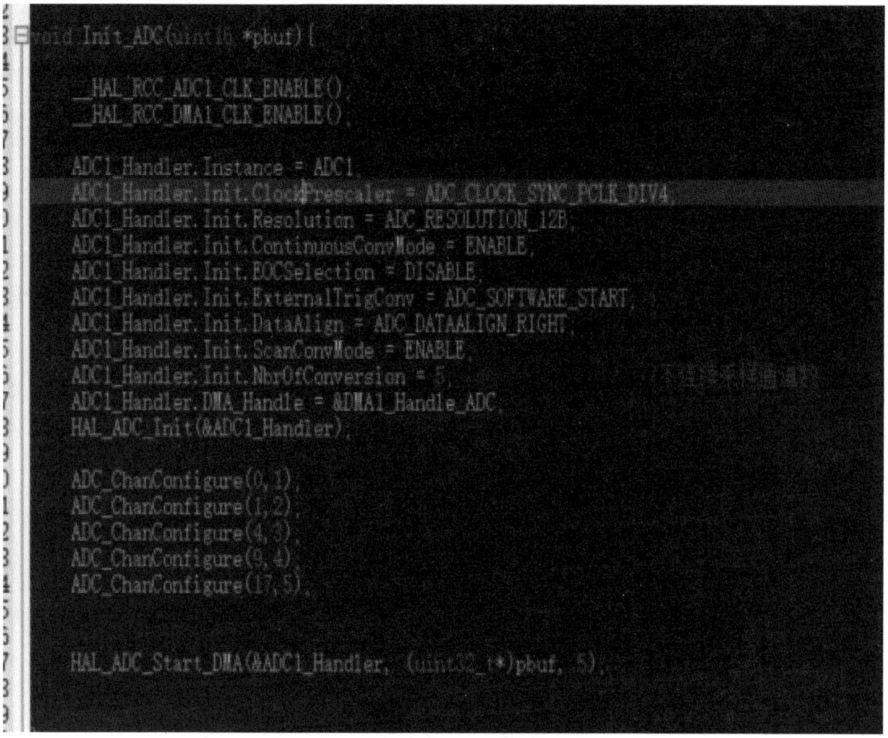

```
void Init_ADC(uint16 *pbuf){

    __HAL_RCC_ADC1_CLK_ENABLE();
    __HAL_RCC_DMA1_CLK_ENABLE();


    ADC1_Handler.Instance = ADC1;
    ADC1_Handler.Init.ClockPrescaler = ADC_CLOCK_SYNC_PCLK_DIV4;
    ADC1_Handler.Init.Resolution = ADC_RESOLUTION_12B;
    ADC1_Handler.Init.ContinuousConvMode = ENABLE;
    ADC1_Handler.Init.EOCSelection = DISABLE;
    ADC1_Handler.Init.ExternalTrigConv = ADC_SOFTWARE_START;
    ADC1_Handler.Init.DataAlign = ADC_DATAALIGN_RIGHT;
    ADC1_Handler.Init.ScanConvMode = ENABLE;
    ADC1_Handler.Init.NbrOfConversion = 5;
    ADC1_Handler.DMA_Handle = &DMA1_Handle_ADC;
    HAL_ADC_Init(&ADC1_Handler);

    ADC_ChanConfigure(0, 1);
    ADC_ChanConfigure(1, 2);
    ADC_ChanConfigure(4, 3);
    ADC_ChanConfigure(9, 4);
    ADC_ChanConfigure(17, 5);


    HAL_ADC_Start_DMA(&ADC1_Handler, (uint32_t*)pbuf, 5);
```

图 4 - 54　ADC 初始化程序

2. DMA 模块

DMA 控制器是一种在系统内部转移数据的独特外设，可以将其视为一种能够通过一组专用总线将内部和外部存储器与每个具有 DMA 能力的外设连接起来的控制器。它之所以属于外设，是因为它是在处理器的编程控制下执行传输操作的。值得注意的是，通常只有数据流量较大（kB/s 或者更高量级）的外设才需要支持 DMA 能力，这方面的典型例子包括视频、音频和网络接口。

一般而言，DMA 控制器包括一条地址总线、一条数据总线和控制寄存器。

高效率的 DMA 控制器具有访问其所需要的任意资源的能力，而无须处理器本身的介入，它必须能产生中断。它还必须能在内部计算出地址。

一个处理器可以包含多个 DMA 控制器。每个 DMA 控制器有多个 DMA 通道，以及多条直接与存储器站（memory bank）和外设连接的总线。在很多高性能处理器中集成了两种类型的 DMA 控制器。第一类通常称为"系统 DMA 控制器"，可以实现对任何资源（外设和存储器）的访问，对于这种类型的 DMA 控制器来说，信号周期数是以系统时钟（SCLK）来计数的，以 ADI 的 Blackfin 处理器为例，其频率最高可达 133 MHz。第二类称为内部存储器 DMA 控制器（IMDMA），专门用于内部存储器所处位置之间的相互存取操作。因为存取操作都发生在内部（L1 – L1、L1 – L2 或者 L2 – L2），信号周期数的计数则以内核时钟（CCLK）为基准进行，该时钟的频率可以超过 600 MHz。

每个 DMA 控制器有一组 FIFO，起到 DMA 子系统和外设或存储器之间的缓冲器的作用。对于 MemDMA（Memory DMA）来说，传输的源端和目标端都有一组 FIFO 存在。当资源紧张而不能完成数据传输时，FIFO 可以提供数据暂存区，从而提高性能。

通常会在代码初始化的过程中对 DMA 控制器进行配置，内核只需要在数据传输完成后对中断做出响应即可。对 DMA 控制器进行编程，让其与内核并行地移动数据，同时让内核执行其基本的处理任务——那些应该让它专注完成的工作。

由于 FPEG 发动机需要可靠地运行和较快地执行动作，所以不能让通信或者采集系统打断系统的主进程进而导致执行器动作超前或者滞后，使系统处于较不稳定的状态。图 4 – 55 所示为 DMA 控制器初始化和配置操作。

3. I2C 总线模块

I2C 总线是由飞利浦公司开发的一种简单、双向二线制同步串行总线。它只需要两根线即可在连接于总线上的器件之间传送信息。

主器件用于启动总线传送数据，并产生时钟以开放传送的器件，此时任何被寻址的器件均被认为是从器件。在总线上主和从、发和收的关系不是恒定的，而取决于此时的数据传送方向。如果主器件要发送数据给从器件，则主器件首先寻址从器件，然后主动发送数据至从器件，最后由主器件终止数据传送；如果主器件要接收从器件的数据，首先由主器件寻址从器件，然后主器件接收从器件发送的数据，最后由主器件终止接收过程。在这种情况下，主器件负责产生定时时钟和终止数据传送。图 4 – 56 所示为 I2C 初始化程序。

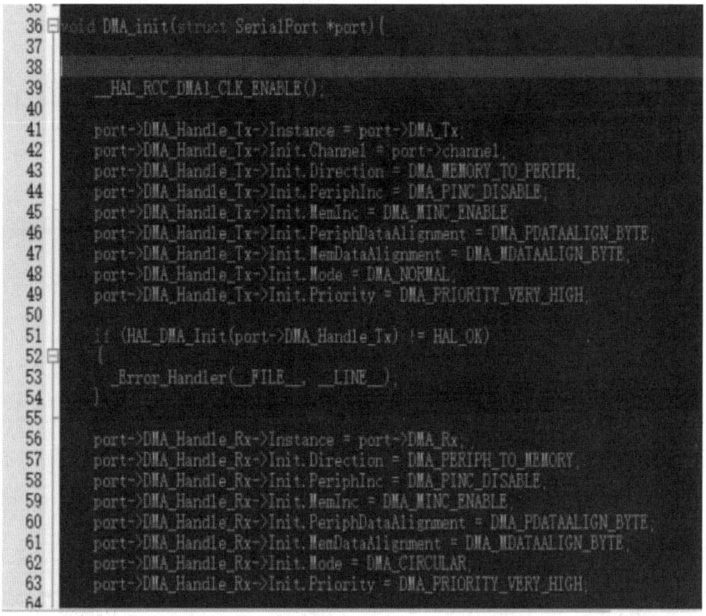

```
35
36  void DMA_init(struct SerialPort *port){
37
38
39      __HAL_RCC_DMA1_CLK_ENABLE();
40
41      port->DMA_Handle_Tx->Instance = port->DMA_Tx;
42      port->DMA_Handle_Tx->Init.Channel = port->channel;
43      port->DMA_Handle_Tx->Init.Direction = DMA_MEMORY_TO_PERIPH;
44      port->DMA_Handle_Tx->Init.PeriphInc = DMA_PINC_DISABLE;
45      port->DMA_Handle_Tx->Init.MemInc = DMA_MINC_ENABLE;
46      port->DMA_Handle_Tx->Init.PeriphDataAlignment = DMA_PDATAALIGN_BYTE;
47      port->DMA_Handle_Tx->Init.MemDataAlignment = DMA_MDATAALIGN_BYTE;
48      port->DMA_Handle_Tx->Init.Mode = DMA_NORMAL;
49      port->DMA_Handle_Tx->Init.Priority = DMA_PRIORITY_VERY_HIGH;
50
51      if (HAL_DMA_Init(port->DMA_Handle_Tx) != HAL_OK)
52      {
53          _Error_Handler(__FILE__, __LINE__);
54      }
55
56      port->DMA_Handle_Rx->Instance = port->DMA_Rx;
57      port->DMA_Handle_Rx->Init.Direction = DMA_PERIPH_TO_MEMORY;
58      port->DMA_Handle_Rx->Init.PeriphInc = DMA_PINC_DISABLE;
59      port->DMA_Handle_Rx->Init.MemInc = DMA_MINC_ENABLE;
60      port->DMA_Handle_Rx->Init.PeriphDataAlignment = DMA_PDATAALIGN_BYTE;
61      port->DMA_Handle_Rx->Init.MemDataAlignment = DMA_MDATAALIGN_BYTE;
62      port->DMA_Handle_Rx->Init.Mode = DMA_CIRCULAR;
63      port->DMA_Handle_Rx->Init.Priority = DMA_PRIORITY_VERY_HIGH;
64
```

图 4-55　DMA 控制器初始化和配置操作

```
10  void MX_I2C_Init(void){
11
12      __HAL_RCC_I2C1_CLK_ENABLE();
13      __HAL_RCC_GPIOB_CLK_ENABLE();
14      GPIO_InitTypeDef GPIO_InitStructure;
15
16
17      /* PB6-I2C1_SCL, PB7-I2C1_SDA*/
18
19      GPIO_InitStructure.Mode = GPIO_MODE_AF_OD;
20      GPIO_InitStructure.Pin = GPIO_PIN_6 | GPIO_PIN_7;
21      GPIO_InitStructure.Speed = GPIO_SPEED_FREQ_HIGH;
22
23      HAL_GPIO_Init(GPIOB, &GPIO_InitStructure);
24
25      /*I2C初始化*/
26
27      /* I2C 配置*/
28      I2C_InitStructure.Instance = I2C1;
29      I2C_InitStructure.Init.ClockSpeed = I2C_SPEEDCLOCK;
30      I2C_InitStructure.Init.DutyCycle = I2C_DUTYCYCLE;
31      I2C_InitStructure.Init.OwnAddress1 = 0;
32      I2C_InitStructure.Init.AddressingMode = I2C_ADDRESSINGMODE_7BIT;
33      I2C_InitStructure.Init.DualAddressMode = I2C_DUALADDRESS_DISABLE;
34      I2C_InitStructure.Init.OwnAddress2 = 0;
35      I2C_InitStructure.Init.GeneralCallMode = I2C_GENERALCALL_DISABLE;
36      I2C_InitStructure.Init.NoStretchMode = I2C_NOSTRETCH_DISABLE;
37
38      HAL_I2C_Init(&I2C_InitStructure);
39
40
41  }
42
```

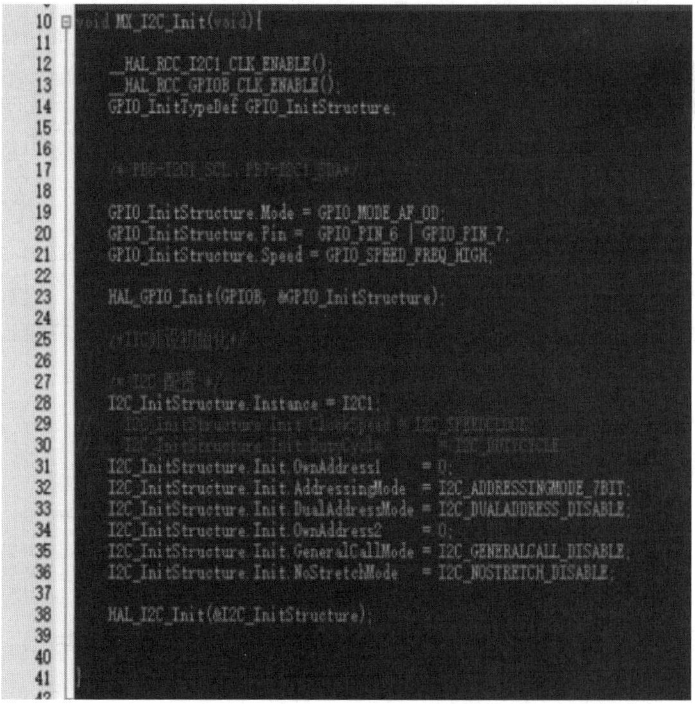

图 4-56　I2C 初始化程序

4. SPI 通信模块

串行外设接口（Serial Peripheral Interface，SPI）是一种同步外设接口，它可以便单片机与各种外围设备以串行方式进行通信以交换信息。外围设备包括 FLASH RAM、网络控制器、LCD 显示驱动器、A/D 转换器和 MCU 等。SPI 最早是由摩托罗拉公司首先提出的全双工三线同步串行外设接口，采用主从模式（Master – Slave）架构，支持一个或多个 Slave 设备，首先出现在其 M68 系列单片机中。由于其简单实用、性能优异，又不牵涉专利问题，所以许多厂家的设备都支持该接口，广泛应用于 MCU 和外设模块，如 E2PROM、ADC、显示驱动器等的连接。需要注意的是，SPI 是一种事实标准，大部分厂家都是参照摩托罗拉公司的 SPI 定义来设计的，并在此基础上衍生出多个变种，因此，不同厂家产品的 SPI 在使用上可能存在一定差别，有的甚至无法直接互连（需要通过软件进行必要的修改），在实际使用中需仔细阅读厂家产品文档确认。SPI 通信初始化如图 4 – 57 所示。

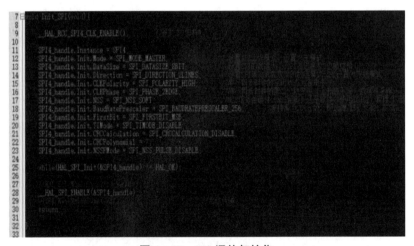

图 4 – 57　SPI 通信初始化

5. PWM 模块

PWM 是一种对模拟信号电平进行数字编码的方法。通过高分辨率计数器的使用，方波的占空比被调制用来对一个具体模拟信号的电平进行编码。PWM 信号仍然是数字的，因为在给定的任何时刻，满幅值的直流供电要么完全有（ON），要么完全无（OFF）。电压或电流源是以一种通（ON）或断（OFF）的重复脉冲序列形式被加到模拟负载上去的。通的时候即直流供电被加到负载上的时候，断的时候即供电被断开的时候。只要带宽足够大，任何模拟值都可以使用 PWM 进行编码。

　　PWM 的一个优点是从处理器到被控系统信号都是数字形式的，在进行 D/A 转换时可将噪声影响降到最低（可以跟计算机一样）。噪声只有在强到足以将逻辑"1"改变为逻辑"0"或将逻辑"0"改变为逻辑"1"时，才能对数字信号产生影响。

　　对噪声抵抗能力的增强是 PWM 相对于模拟控制的另外一个优点，而且这也是在某些时候将 PWM 用于通信的主要原因。从模拟信号转向 PWM 可以极大地增大通信距离。在接收端，通过适当的 RC 或 LC 网络可以滤除调制高频方波并将信号还原为模拟形式。

　　PWM 控制技术一直是变频技术的核心技术之一。从最初采用模拟电路完成三角调制波和参考正弦波的比较，产生正弦脉宽调制 SPWM 信号以控制功率器件的开关开始，采用全数字化方案，可以完成优化的实时在线的 PWM 信号输出，可以说，PWM 在各种应用场合仍处于主导地位，并一直是人们研究的热点。

　　由于 PWM 可以同时实现变频变压反抑制谐波，所以它在交流传动及其他能量变换系统中得到广泛应用。PWM 控制技术大致可以分为三类：正弦 PWM（包括以电压、电流或磁通的正弦波为目标的各种 PWM 方案，多重 PWM 也应归于此类）、优化 PWM 及随机 PWM。正弦 PWM 已为人们所熟知，而旨在改善输出电压、电流波形，降低电源系统谐波的多重 PWM 技术在大功率变频器中有其独特的优势（如 ABB ACS1000 系列和美国 ROBICON 公司的完美无谐波系列等）；优化 PWM 所追求的是电流谐波畸变率（THD）最小、电压利用率最高、效率最优，及转矩脉动最小以及其他特定优化目标。图 4-58 所示为 PWM 初始化程序。

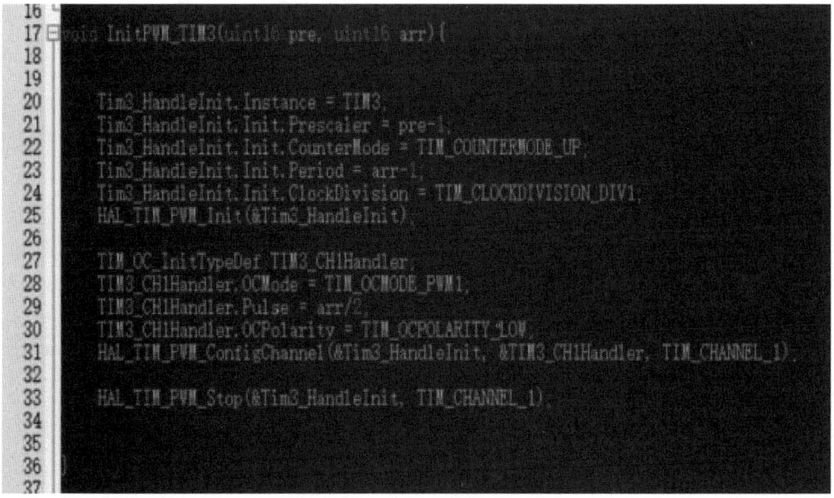

```
16
17  void InitPWM_TIM3(uint16 pre, uint16 arr){
18
19
20      Tim3_HandleInit.Instance = TIM3;
21      Tim3_HandleInit.Init.Prescaler = pre-1;
22      Tim3_HandleInit.Init.CounterMode = TIM_COUNTERMODE_UP;
23      Tim3_HandleInit.Init.Period = arr-1;
24      Tim3_HandleInit.Init.ClockDivision = TIM_CLOCKDIVISION_DIV1;
25      HAL_TIM_PWM_Init(&Tim3_HandleInit);
26
27      TIM_OC_InitTypeDef TIM3_CH1Handler;
28      TIM3_CH1Handler.OCMode = TIM_OCMODE_PWM1;
29      TIM3_CH1Handler.Pulse = arr/2;
30      TIM3_CH1Handler.OCPolarity = TIM_OCPOLARITY_LOW;
31      HAL_TIM_PWM_ConfigChannel(&Tim3_HandleInit, &TIM3_CH1Handler, TIM_CHANNEL_1);
32
33      HAL_TIM_PWM_Stop(&Tim3_HandleInit, TIM_CHANNEL_1);
34
35
36
37
```

图 4-58　PWM 初始化程序

参 考 文 献

[1] 王成元，夏加宽，孙宜标. 现代电机控制技术［M］. 北京：机械工业出版社，2014.

[2] 袁雷，胡冰新，魏克银，等. 现代永磁同步电机控制原理及 MATLAB 仿真［M］. 北京：北京航空航天大学出版社，2016.

[3] 孙柏刚，杜巍. 车辆发动机原理［M］. 北京：北京理工大学出版社，2015.

[4] 田春来. 直线电机式自由活塞发动机运动特性与控制策略研究［D］. 北京：北京理工大学，2012.

[5] TIAN C L, FENG H H, ZUO Z X. Dynamics of a small – scale single free piston engine generator［J］. Journal of Beijing Institute of Technology（English Edition），2011，20：128 – 134.

[6] TIAN C L, FENG H H, ZUO Z X. Load following controller for single free – piston generator［J］. Applied Mechanics and Materials，2012，157：617 – 621.

[7] 贾博儒. 点燃式自由活塞内燃发电机起动与工作过程研究［D］. 北京：北京理工大学，2015.

[8] JIA B, ZUO Z, FENG H, et al. Effect of closed – loop controlled resonance based mechanism to start free piston engine generator：Simulation and test results［J］. Applied Energy，2016，164：532 – 539.

[9] 袁晨恒，冯慧华，许大涛，等. 自由活塞内燃发电机稳定运行参数耦合分析［J］. 农业机械学报，2013，44（7）：1 – 5.

[10] 袁晨恒，冯慧华，李延骁，等. 自由活塞直线发电机总体参数设计方法［J］. 西安交通大学学报，2014，48（7）：41 – 45.

5.1　电气储能系统电能处理技术控制系统的硬件设计

　　电气储能系统控制系统由主控模块、DC/DC 模块、电池模组、超级电容器模组和充电机组成，按照图 5 - 1 中的箭头走向，实现电功率传递，进而成为闭环系统，以适应 FPICPS 大范围功率波动的系统特性。为了可靠高效地实现电气储能特性，按照表 5 - 1 完成硬件电路的设计。

　　FPEG 的相电流、功率驱动直流侧的母线电流、蓄电池电流以及超级电容电流通过 LEM 公司生产的霍尔电流传感器 IT60 - S 检测，再通过两个运算放大器调理电路采集正、反电流信号，将大电流信号转换成 0 ~ 3 V 低压信号，反馈给控制板。电流信号调理电路原理图如图 5 - 2 所示。

　　如图 5 - 3（a）所示，在单电源运放结构中，运放电路的设计在输入与输出侧都通过二极管将电压信号钳位在 V_{cc} 与地之间，但由于被测电流是交流电，如图 5 - 3（b）所示，运放需采用 ± U_c 双电源，才能测试交流电，因此在进行硬件试验时，霍尔电流传感器的供电电压必须采用双电源模式。

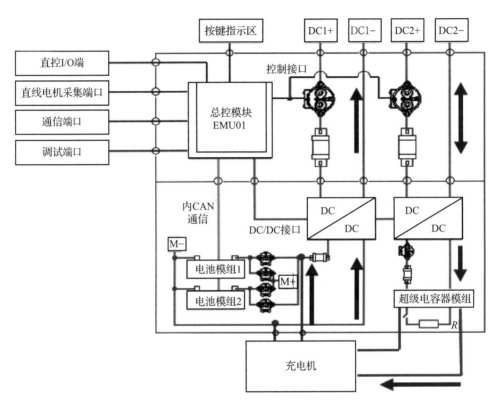

图 5-1　电气储能系统硬件架构

表 5-1　电气储能系统设计要点

序号	系统	性能参数
1	超级电容系统	具备 CMS 管理系统 充放电电能统计：具备双向统计 保护方案：主动保护 + 被动保护（主动保护：过压、过流、过功率、欠压；被动保护：过流） 保护动作：直流高压继电器 具备预充放电电路 低压侧电压范围：300 ~ 400 V 高压侧电压范围：500 ~ 600 V

续表

序号	系统	性能参数
2	电池系统	具备 BMS 管理系统 充放电电能统计：具备双向统计 保护方案：主动保护 + 被动保护（主动保护：过压、过流、过功率、欠压；被动保护：过流） 保护动作：直流高压继电器 具备预充放电电路 低压侧电压范围：210 ~ 280 V 高压侧电压范围：500 ~ 600 V
3	DC/DC 变换器	功率等级：15 kW 控制方式：恒压/恒流 最大效率：> 90% 自耗电：< 10 W 保护功能：过流、短路、过热、过载、直流过/欠压等 工作温度：− 10 ℃ ~ + 50 ℃ 模块组成：功率模块、驱动模块、主控模块、采样模块、电感模块、电容模块

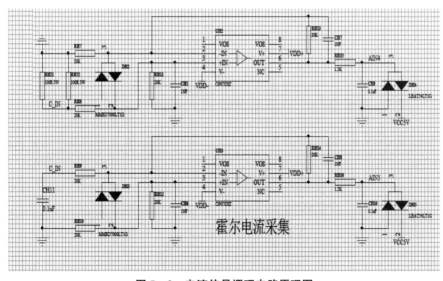

图 5 − 2　电流信号调理电路原理图

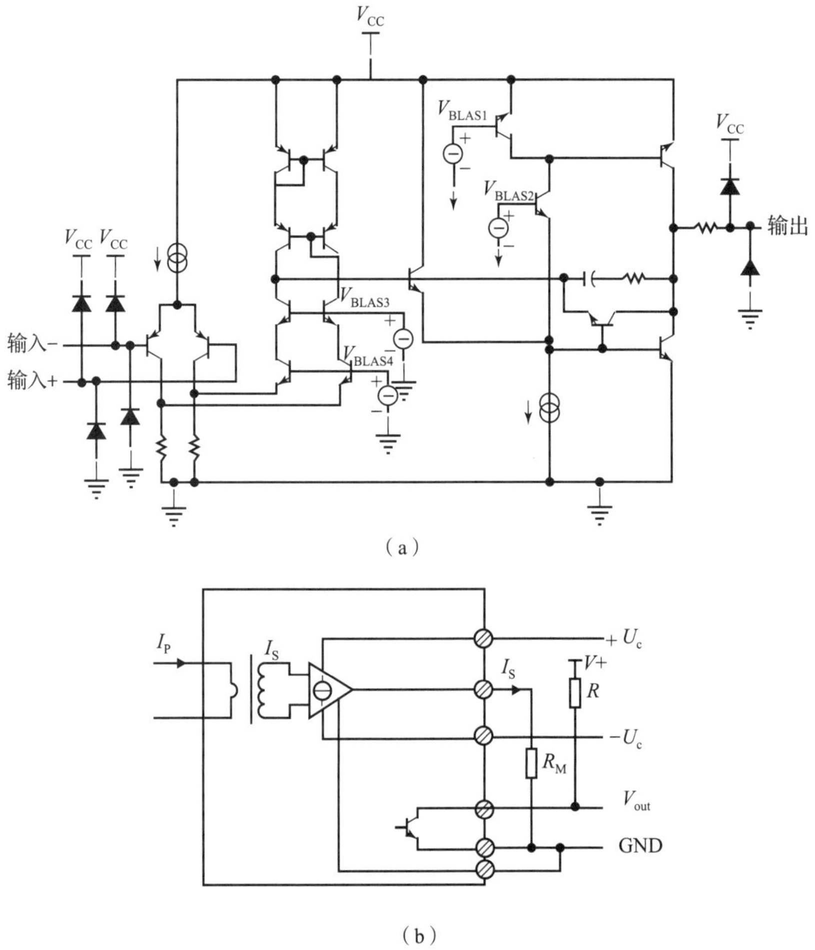

（a）

（b）

图 5 - 3　霍尔电流传感器工作原理

（a）单电源运放结构；（b）交流测量原理

　　为了将 $0 \sim 5$ V 的电源电压变换成 ± 15 V 供给霍尔电流传感器使用，选用金升阳公司生产的 E0515S - 3WR2，由于霍尔电流传感器的精度对电源供给十分敏感，所以在电源电路变换的出口处使用稳压二极管。电源电路原理图如图 5 - 4 所示。

　　进行软/硬件设计时，滤波效果是设计时首先考虑的因素。一般工程上滤波只考虑一阶滤波，RC 低通滤波原理如图 5 - 5 所示。

$$C\frac{\mathrm{d}U_{\text{out}}}{\mathrm{d}t}R + U_{\text{out}} = U_{\text{in}} \tag{5 - 1}$$

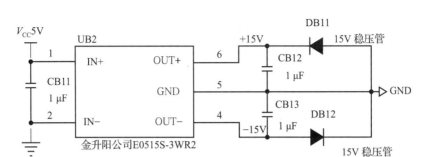

图 5 - 4　电源电路原理图

对上式进行拉氏变换得

$$U_{\text{out}} = U_{\text{in}} \frac{1}{1 + RCs} \qquad (5-2)$$

其符合一阶惯性闭环传递函数的特性：

$$G(s) = \frac{K}{1 + \tau s} \qquad (5-3)$$

其中，K 为增益；τ 为惯性时间常数。

图 5 - 5　RC 低通滤波原理

一阶惯性闭环传递函数的伯德图中幅频特性是设计滤波的关键，将 $U_{\text{out}}/U_{\text{in}}$ 的放大倍数的自然对数的 20 倍作为纵坐标，横坐标以频率底数为 10 的指数增长观看，出现放大倍数衰减 3 dB 即可认为后面的频率输入信号不能再复现，出现一定的损失，如图 5 -6 所示。

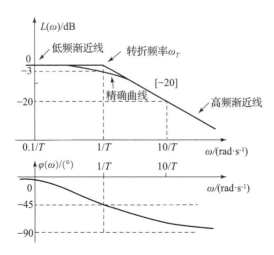

图 5 -6　基于伯德图的小信号滤波衰减原理

5.2　电能处理技术的上层控制策略开环执行校验

基于模型设计的思路，如图 5 - 7 所示，在 Simulink 平台上完成上、下位机的搭建，实现电能处理技术控制系统解耦式的上层控制策略仿真调试与烧录。

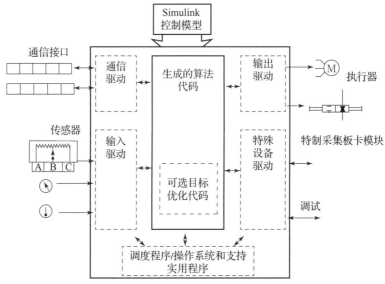

图 5 - 7　基于模型设计的架构图

为了验证基于零维仿真模型实现控制策略研究的合理性，搭建简易的控制程序调试平台，如图 5 - 8 所示。

图 5 - 8　简易的控制程序调试平台

控制程序调试设计至少要包含三大类：采集信号输入处理，闭环控制输出和上、下位机通信。控制程序是按顺序执行的，为了确保控制程序中的多任务控制程序有序运行，有两种处理设计思路，如图 5 - 9 所示。图 5 - 9（a）中基于中断完成接收主机调试信息与处理输入采集信号，主任务程序是基于循环定时顺序完成信息上传与控制算法执行。图 5 - 9（b）中基于中断完成接收主机调试信息和顺序执行采集信息输入处理、控制算法执行与上传主机当前信息。在控制与外设系统内，PWM 触发 A/D 转换，以便在 PWM 边沿转换期间不会发生采样（从而将采样信号上的噪声降至最低）。使用 A/D 转换结束中断来调度控制算法。这样可在 A/D 转换和 PWM 占空比的新值之间提供最短和最具确定性的延迟，且保证采样值的正确性。因此，采用图 5 - 9（b）所示的架构相对合理，省去了采用定时器时计算每个模块最长运行时间的流程，保障了程序稳定有序地运行。

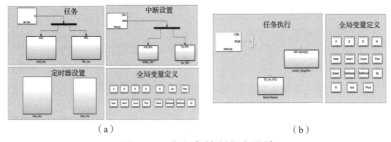

（a）　　　　　　　　　　　　　　　　（b）

图 5 - 9　多任务控制程序设计

（a）基于定时运行；（b）基于中断运行

基于 DSP28335 开发板实现开环控制策略模型与上位机模型的功能性验证，如图 5 - 10 所示。

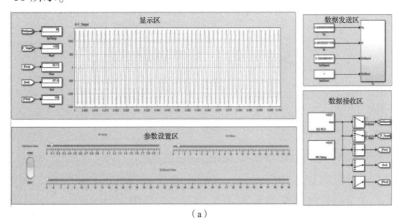

（a）

图 5 - 10　开环控制策略模型与上位机模型的功能性验证

（a）基于 Simulink 的上位机

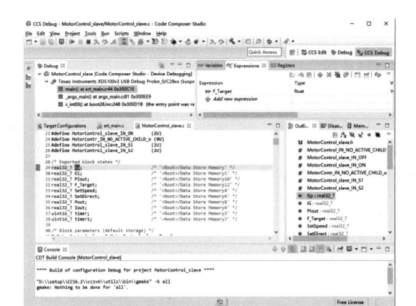

（b）

图 5 – 10　开环控制策略模型与上位机模型的功能性验证（续）

（b）基于 CCS 的仿真调试

图 5 – 10（a）反映了 FPICPS 的电能处理技术上层控制策略计算得到的目标电机力正确输出，此目标值可通过 SPI 通信实现与直线电机 DSP 控制器相连。图 5 – 10（b）反映了可基于 CCS 实现算法的集成与调试。总之，通过开环的验证调试，证明基于零维仿真进行上层控制策略的研究是正确的。此外，这种设计流程便于零维仿真模型相互迭代更新，使控制策略具有较好的可移植性。

5.3　仿真模型的校验

对 FPEG 系统的研究及控制策略的制定都是基于零维仿真模型来完成的，为了验证模型的有效性，如图 5 – 11 所示，将起动验证试验台架的动力气缸缸压的试验数据和零维仿真模型计算出的缸压结果进行比对校核。由于起动验证试验台架不涉及点火且没有进、排气过程，所以主要校正零维仿真模型中的泄漏模块与传热模块。将试验采集到的位移数据作为驱动输入零维仿真模型，由零维仿真模型计算对置动力气缸内的性能参数。起动验证试验从下止点开始，零维仿真模型的缸内初始状态设置为与大气状态一致。

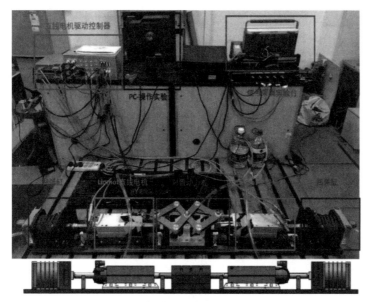

图 5－11 FPEG 起动验证试验台架与三维结构模型

图 5－12 所示为将模型中的传热与漏气模块进行校核获得的拟合效果。从曲线可看出试验数据与模型数据匹配良好。误差来源于两方面，一方面，位移采集信号和实际位置有动态偏差，最大偏差为 ±0.5 mm；另一方面，缸压采集系统

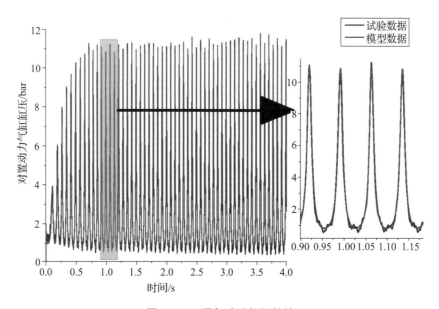

图 5－12 漏气试验数据校核

（由奇石乐6052C31和奇石乐5011B10电荷放大器组成）测试接近大气压的状态时高频杂波严重。按照上述匹配结果，漏气模型中被校核的部分是漏气面积。漏气面积被分为两个状态，主要是因为起动验证试验台架中对置动力气缸原本加工有进、排气口，后来因试验条件限制（缺少稳定的进气罐），将进、排气口用螺栓堵住，但密封性较差，从而引入了漏气面积。传热模型中被校核的部分是壁面温度，由于动子往复运动，一方面因摩擦对动力气缸壁面做功而升温，另一方面动力气缸内工质将部分热量传递给壁面，所以为了描述壁面从冷态到运行过程中缸壁的升温特性，将工质最高温度除以相应的比例系数得到动力气缸壁面增温量。表5-2所示为模型校验结果。

表5-2　模型参数校验结果

参数	数值
活塞顶部在排气口关闭位置以内运动的漏气总面积/m^2	7.500 0e-07
活塞顶部在排气口打开位置以外运动的漏气总面积/m^2	1.312 5e-05
动力气缸内工质最高温度转换为动力气缸壁面升温比例系数	1/10

　　如图5-13（a）所示，位移采集设备的动态误差导致仿真模型校核后仍有偏差，用峰值压力反映此误差限，证明模型校验的有效性。当模型校验成功后，可获得无法用传感器动态实时感知的动力气缸内工质的动态特性参数，如图5-13（b）所示。

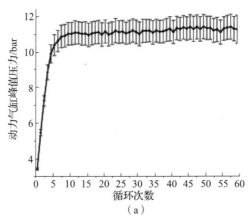

图5-13　校核后动力气缸性能参数

（a）位移测量误差造成的峰值压力误差限

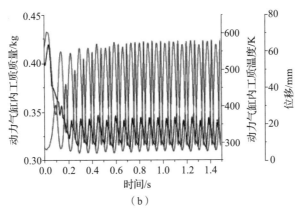

图 5 - 13　校核后动力气缸性能参数（续）

（b）动力气缸内工质参数

参　考　文　献

［1］袁雷，胡冰新，魏克银，等. 现代永磁同步电机控制原理及 MATLAB 仿真 ［M］. 北京：北京航空航天大学出版社，2016.

［2］克里斯多夫. D. 瑞恩. 电池建模与电池管理系统设计 ［M］. 北京：机械工业出版社，2018.

［3］（法）Francois Beguin，（波兰）Elzbieta Frackowiak，等. 超级电容器：材料、系统及应用 ［M］. 张治安，等译. 北京：机械工业出版社，2014.

［4］贾博儒. 点燃式自由活塞内燃发电机起动与工作过程研究 ［D］. 北京：北京理工大学，2015.

［5］王成元，夏加宽，孙宜标. 现代电机控制技术 ［M］. 北京：机械工业出版社，2014.

［6］吴礼民. 对置式自由活塞发电机建模理论与关键技术问题研究 ［D］. 北京：北京理工大学，2022.

6.1 FPEG 进、排气相关结构设计

6.1.1 扫气口

根据对置活塞式 FPEG 的结构特点，应采用周向直流扫气的形式。为了形成较为合适的扫气空气，保证扫气效果，扫气口轴线可沿径向倾斜 15°，轴向无倾斜。

对于设计优良的扫气口，无论在何种转速条件下，新鲜充量在扫气口打开的过程中总能充满扫气口打开位置对应的整个气缸，以保证接近 100% 的扫气效率。该条件下要求扫气口的扫气过程平均流速 $\bar{v}$ 满足：

$$\bar{v} = \frac{\pi n}{30} \cdot \frac{V_e + As\left[\,(\cos\alpha_e - \cos\alpha_s) + \lambda/2\,(\sin^2\alpha_s - \sin^2\alpha_e)\,\right]}{B_s s\left[\,(2h_s - 1 + \lambda/4)(\pi - \alpha_s) + \sin\alpha_s + \lambda/8\sin2\alpha_s\,\right]} \quad (6-1)$$

其中，n 为等效转速；V_e 为有效压缩容积；A 为气缸径向截面积；s 为行程；α_e 为排气相位角；α_s 为扫气相位角；λ 为名义连杆比；B_s 为扫气口宽度；h_s 为扫气冲

程率。

以缸径 D = 56.5 mm，n = 2 000 r/min，V_e = 243.8 ml，α_s = 130.5°，λ = 0.33，圆周率为 0.6 等为条件，考虑较为保险的扫气口流量系数 0.7、给气比 1.2，可得 $\bar{v}$ = 110.5 m/s，即只要扫气过程平均流速达到 110.5 m/s，同时供给压力合适，2 000 r/min 等效转速时的扫气效率必定趋近 100%。

可由伯努利方程确定达到上述 $\bar{v}$ 的应供给的扫气压力：

$$\bar{v} = \sqrt{\frac{2(\rho_s - \rho_b)}{\rho_s}} \qquad (6-2)$$

其中，p_s 为扫气压力；p_b 为缸压；ρ_s 为扫气密度。

由于扫气过程中缸压定量变化规律难以确定，可保守地估计扫气压力，使 $\bar{v}$ 一定能达到 110.5 m/s，即令 p_b = 0.2 MPa，此时 p_s = 0.23 MPa。

上述针对长气缸直流扫气的扫气口设计理论已经由 CFD 仿真印证，如在 0.2 MPa 扫气压力下（对应平均缸压为 174 kPa），扫气效率接近 100%。

由上述方法可确定扫气口设计结构参数如下。

扫气口宽 8.875 mm，高 7 mm，共 12 个，扫气口上缘距离气缸中心面距离为 51.56 mm，扫气比时面值为 14.897 6 mm²s/L，远远超过普通回流扫气发动机常见扫气比时面值。在一定范围内增加扫气口高度可明显降低必需扫气压力。扫气口结构如图 6-1 所示。

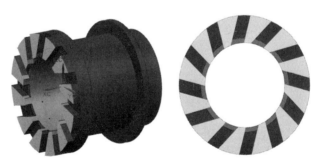

图 6-1　扫气口结构

6.1.2　排气口

确定了扫气口结构参数之后，可经由预先排气计算（峰值缸压→排气口开启缸压→超临界排气结束缸压→扫气），在考虑排气圆周率对水冷道影响的条件下来确定排气口参数。排气口结构参数为：排气口宽 7. 396 mm，高 11. 25 mm，共 12 个，排气口上缘距离气缸中心面距离为 47. 3 mm，扫气比时面值为 25. 28 mm²s/L，远远超过普通回流扫气发动机常见排气比时面值。排气口结构如图 6 – 2 所示。

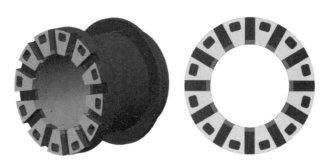

图 6 – 2　排气口结构

6.1.3　进、排气套

进、排气套一方面在内部形成密封环状气道，连接进、排气管与扫、排气口，另一方面与圆环形气口凸台紧密接触，其底座置于机体定位 T 形槽内，起支撑整个动力气缸的作用。

进、排气套使用铸铁材料，当排气套受热冲击较严重时，可考虑在排气套外表面用润滑油冷却。

对于环形进、排气套有限的轴向尺寸，其与进、排气管连接处曲面沿气流方向投影为矩形时可获得较大的流通面积，且较易加工。进、排气管与气套直接相连段同样为矩形截面，连接方式可选择焊接。由于气管开口较长，为防止进气直接冲击临近气套开口处的扫气口而影响扫气气流组织，防止里外排气口背压差别过大造成废气牵引不均，必须使某两相邻气口中间鼻梁与气套曲面矩形开口对正。

进、排气圆管截面积可按与扫、排气口有效流通面积相等，定出进、排气圆管内径，并借由双等原则（等流量、等损失）确定气套开口曲面矩形沿气流方向的投影尺寸。其中进气开口为 51 mm × 17 mm，排气开口为 57 mm × 20 mm。

进、排气套结构如图 6 – 3、图 6 – 4 所示。

图 6 – 3　进气套结构

图 6 – 4　排气套结构

6.1.4　进气管

为了获得稳定的、流量压力皆可调节的进气，样机由空压机—稳压罐外源供气，但同样不可忽略进气管长带来的进气波动效应对扫气的干扰，其管长 L 应满足：

$$L = \frac{15c}{mn} \qquad (6 - 3)$$

其中，调谐次数 m 可取 $1 \sim 5$；c 为当地声速，可取 340 m/s；等效转速 n 取 2 000 r/min。

于是，进气管长 L 可取 2.55 m、1.275 m、0.85 m、0.637 5 m、0.51 m（效果依次减弱），考虑系统紧凑性要求，进气管长 L 可取后三者。

进气管径按与扫气套、进气管相交曲面矩形区域（与扫气口等面积：51 mm × 17 mm）的双等原则（相同压差下流量相等、管路局部损失相等）计算为 31 mm。方管与圆管连接需要平滑过渡。进气管部分结构如图 6 – 5 所示。

6.1.5　排气管

理想的排气管设计应充分利用排气波动效

图 6 – 5　进气管部分结构

应，能在缸压不高的阶段（活塞运动至外止点附近）形成稳定长时间的负压区，以帮助低压废气排出，提升扫气效率。在排气后期于排气口附近形成正压区，阻止过量新鲜空气排出，增加缸压，减少排气口晚关造成的缸压损失。基于该模型可得排气管结构参数如下。

与排气套直连细管管长为 1.135 m（外止点前 10° 负压波到达排气口），分为两部分：截面 57 mm × 20 mm 的方管及 ϕ36 mm 的圆管（与排气口面积相等）。

渐扩管扩散角为 8°，管长为 0.458 m（负压波持续作用角 30°）。

膨胀管直径为 0.1 m，管长为 0.33 m。

渐缩管锥角为 20°，管长为 0.391 m（扫气口关闭时正压波到达排气口）。

尾管管径为 31 mm，管长为 0.439 m。

动排管全长为 2.753 m，总体较长的原因在于样机等效转速仅为 2 000 r/min。

如安装空间有限，也可不考虑排气波动效应，仅用截面为 57 mm × 20 mm 的方管及 ϕ36 mm 的圆管，圆管长度任意。排气管结构如图 6-6 所示。

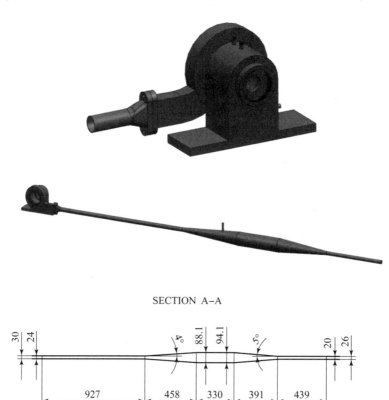

图 6-6 排气管结构

6.1.6 增压/稳压/调压系统

增压/稳压/调压系统主要包含外源电动压气机、稳压箱/罐、分流箱/罐、气源分流器及连接气管等，其组成如图6-7所示。

1. 外源电动压气机

样机每分钟消耗空气量为 317 L (0.261 g/周期，2 000 r/min，给气比为1.2，压力为0.2 MPa，密度为1.977 g/L；密度按1.205 g/L 计时，每分钟消耗空气量为520 L)，搭建样机时只要能保证压气机排量

图6-7 增压/稳压/调压系统组成
（稳压罐、空压机、分流罐）

（如800 L/min）高于样机实际耗气量即可，只需将压气机气路一分为二，一支流向样机，另一支流向分流箱/罐，通过调节分流箱/罐单向节流阀开度即可无极调节两支气路的空气流量，进而实现稳定的、低于0.3 MPa 的任意扫气压力（商用电动压气机/空压机一般低于0.3 MPa 开启，高于0.7~0.8 MPa 关闭，扫气压力低于0.3 MPa 时空压机可持续不间断地运行）。可选图6-8所示空压机。

图6-8 800 L 空压机

机器型号	1.1kW×3	1.1kW×4	1.5kW×3	1.5kW×4
■ 功率	3 300 W	4 400 W	4 500 W	6 000 W
■ 排气量	480 L/min	640 L/min	600 L/min	800 L/min
■ 转速	1 380r/min	1 380r/min	1 380r/min	1 380r/min
■ 压力	0.7 MPa	0.7 MPa	0.7 MPa	0.7 MPa
■ 储液罐	100 L	160 L	100 L	160 L
■ 质量	102 kg	138 kg	105 kg	142 kg
■ 尺寸	117×45×82 cm	143×49×96 cm	117×45×82 cm	143×49×96 cm

图 6 - 8 800 L 空压机（续）

2. 稳压箱/罐

虽然空压机配有储气罐（120 L），但经气路分流后进气可能存在周期波动干扰，所以有必要设置进气稳压箱/罐，可选配常见的 300 L、耐压压力 1 MPa 的立式铸铁储气罐，如图 6 - 9 所示。

3. 分流箱/罐

分流箱/罐与样机上游气路并联，通过调节大量程单向节流阀的开度来无极调节流向样机上游稳压箱/罐的空气流量，以控制扫气流量与扫气压力。单向节流阀应连接消声器以降低排气噪声。

6.1.7 FPEG 燃油供给子系统选型及详细设计

由于要对控制系统喷油点火进行试验验证，接下来详细介绍燃油供给子系统。为了降低油耗量同时提高经济性，并提高动力气缸的升功率，燃油供给子系统采用

图 6 - 9　300 L/1MPa 稳压罐

缸内直喷技术（GDI），即采用直接将燃油喷入动力气缸的方法，从而避免湿壁效应并提高燃油利用率。同时，使用缸内直喷技术的动力气缸所需混合气浓度要比普通动力气缸的低，其具有二氧化碳排放量低以及可实现灵活的喷油时刻控制的优点，还可减少热量向气缸壁的传递，从而减少热量损失，提升动力气缸的热效率。燃油供给子系统工作流程如图 6 - 10 所示。

本书在研究分析了缸内直喷技术的优点之后，基于燃油供给子系统的需求，设计开发了一套基于缸内直喷技术的燃油供给子系统。本样机采用的燃油供给子系统由油箱、蓄能器、燃油泵、燃油滤清器、高压共轨、喷油嘴等组成。

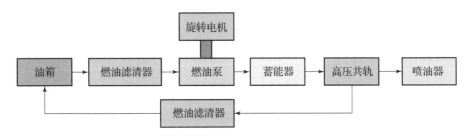

图 6 – 10　燃油供给子系统工作流程

　　燃油供给子系统采用共轨技术，将喷射产生压力以及喷射过程完全分开，将高压共轨、燃油泵、压力传感器等组成的系统，通过燃油泵将燃油输送至高压共轨处，通过蓄能器对油压进行精确控制从而保证喷油器处的油压。基于样机工作原理分析，采用共轨技术，使高压共轨中的燃油可直接用于喷射，同时省去了喷油器的增压机构，同时喷油器上的电磁阀可以根据共轨油压灵活调节喷油量。

　　基于样机燃油供给子系统的需求，喷油器采用德尔福公司生产的 12664120 型号喷油器。所用喷油器电磁阀的工作原理为电磁线圈通电，产生电磁力，将回油口和控制室导通，使控制室内的压力降低，针阀打开，实现喷油动作。喷油器是缸内直喷至关重要的一环，喷油器负责高压燃油的喷射，喷油器电磁阀则对燃油喷射进行精确的控制。喷油器电磁阀工作过程主要分为 3 个阶段，分别是快速开启阶段、电流维持阶段以及快速关断阶段。在快速开启阶段，需要较大的电流来迅速地开启喷油器，在电磁线圈磁场的作用下，喷油器针阀克服弹簧力升起，使喷油器快速吸合，达到较快的响应速度，同时要尽可能地降低驱动功率损耗。在电流维持阶段，喷油器电磁阀实现喷油动作，采用较小的恒定电流来维持电磁阀的开启，这样可以减小功率的损耗，同时可以减少电磁阀的发热。在快速关断阶段，要快速实现关断，实现快速的喷油器关闭动作。样机所用喷油器如图 6 – 11 所示。

图 6 – 11　样机所用喷油器

　　高压共轨用于维持油压稳定，起到蓄压器的作用，它的容积可以削减高压燃油泵的供油压力波动以及喷油器在喷油过程中的压力振荡，同时高压共轨的容积不能过大，以保证响应速度。高压共轨管上应该装有压力传感器以保证实时看到油压信号以应对突发情况。根据本课题组的仿真研究，喷油压力定为 4 MPa。为了降低开发成本，采用商用高压共轨，如图 6-12 所示。从图中可以看出，在高压共轨出油口处可以连接 3 个喷油器，由于系统采用单喷油器工作，故只用一个高压共轨出油口。高压共轨同时装有压力传感器，其作用是实时测定高压共轨管中的实际压力信号，把轨道内的燃油压力转换成电压信号传递至控制器。高压共轨压力传感器如图 6-13 所示。

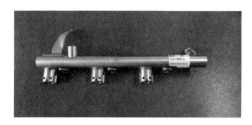

图 6-12　商用高压共轨　　　　　　图 6-13　高压共轨压力传感器

　　燃油泵的选用原则是在保证系统喷油量的同时，保证在动力气缸燃烧状况发生改变时能够因应油量变化的需求，选用旋转电机转子连接燃油泵对燃油进行增压。燃油泵如图 6-14 所示。

图 6-14　燃油泵

　　燃油滤清器可将含在燃油中的固体杂质（氧化铁和粉尘等）过滤出来，从而对喷油器、缸套和活塞环起到保护的作用，不仅可以大幅减少磨损，保证发动机稳定运行，还能够避免出现堵塞的情况。本样机的燃油滤清器采用博世公司生产的燃油滤清器（图 6-15）。

图 6 - 15　燃油滤清器

6.2　FPEG 润滑子系统选型及详细设计

在润滑子系统设计与开发的论述中，为了便于论述，本书以对置活塞式 FPEG 开发项目为例。

6.2.1　润滑子系统的定义

润滑子系统的主要功能是在发动机运行的各种运行环境中把具有一定压力和适当温度的清洁机油不断地输送到发动机各摩擦表面，对摩擦副进行润滑，带走摩擦产生的热量，清洁摩擦副表面的磨屑和杂质，保证零件正常工作。各润滑部件对机油流量和压力的需求随发动机转速，汽车加速、减速等使用环境的变化而变化。润滑子系统的主要特点如下。

（1）流动管理：主要包括机油的收集、回流、流速、压力、流量等方面的管理以及与机油流动紧密相关的机油含气量、曲轴箱通风管理。

（2）机油热管理：主要包括发动机冷起动时的机油预热、暖车过程中的机油加热、正常工作中的机油冷却。

（3）机油清洁管理：机油在循环使用中，部件磨损颗粒以及其他杂质需要及时过滤清洁以保证润滑可靠；主要包括机油滤清技术、机油滤清器的保养、机油衰败与换油。

润滑子系统一般由油底壳、机油收集器、机油泵、机油滤清器（精、粗）、机油冷却器、主油道限压阀、活塞喷嘴等组成。

6.2.2　润滑子系统的目标

1. 功能目标

（1）冷起动指标：- 35 ℃，5 W/30 机油。

（2）油压建立时间：2 s 常温起动，20 ℃ ~ 25 ℃，10 W/30 或 15 W/30 机油。

（3）油压：正常工作 200 ~ 600 kPa，热怠速时大于 100 kPa。

2. 成本目标

根据发动机开发对润滑子系统产品范围的界定，其中关键总成目标成本：对油底壳、机油泵以及机油滤清器限定价格，降低润滑子系统成本。

6.2.3 关键参数对标

在润滑子系统的对标中，需要对标的要素是非常多的。不仅要对主要影响润滑子系统本身性能和功能的要素进行对标，还要对影响润滑子系统的关键总成的性能进行对标。由于决定关键总成性能的要素是多方面的，所以深入地做好对标是一项繁重的工作。因此，在实际设计开发中，主要对主油道压力、流量、流速、温度以及机油泵性能、机油循环率、机油冷却器功率、机油滤清器性能等润滑子系统的主要要素展开有效的对标，这是保证润滑子系统技术指标高标准、高质量的最有效的手段之一。

主油道压力是润滑子系统的关键参数之一，它的合理与优化是保证润滑可靠的先决条件。保证润滑子系统的供油压力可靠不仅与润滑部件本身对供油压力的要求有关，同时与油道的流通特性、机油的黏度和温度紧密相关，因此对可靠供油压力进行准确定义是比较困难的。同时，目前发动机使用的机油泵都是齿轮泵或转子泵，它们的供油特性基本上是线性的，而润滑子系统对机油量的需求是非线性的，在起动转速到 1/3 额定转速范围时对机油量需求增长的梯度最大，起动转速超过 1/3 额定转速时对机油量需求增长的梯度逐渐减小，但机油泵供油量是近似线性增长的，造成主油道压力继续增高。鉴于保护润滑子系统的部件和密封的可靠性，在主油道上安装了限压阀，使多余的流量泄回油底壳，控制主油道压力在一定的安全范围内。随着发动机使用寿命的延长，各摩擦副的间隙磨损增大，对润滑机油的需求量增大，从而使限压阀泄漏量逐渐减少，直至不泄漏。随着摩擦副的间隙继续增大，主油道压力开始逐渐下降，直到达到发动机寿命目标。关于磨损造成机油需求量增加的控制，由于控制的理念不同，所以对限压阀开启压力的设定也是不同的。美国等国的品牌发动机对主油道限压阀开启压力设置较低（300 kPa），因此在新的发动机工作初期，有更多机油从限压阀泄掉。其优点是节省机油泵驱动功率，缺点是冷机起动时，由于机油黏度大，油道阻力大，造成主油道限压阀过早打开而润滑子系统末端润滑部件未得到充分润滑。欧洲品牌发动机则一般对主油道限压阀开启压力设置较高（450 kPa），其优、缺点正好与限压阀开启压力设置较低相反。

主油道流量是润滑子系统的又一关键参数，从理论上讲，润滑油的需求量因发动机摩擦副间隙以及发动机附件系统的不同而不同，但实践中由于产品技术水平和生产工艺日渐趋同，润滑子系统往往具有很相似的流量特性，因此对标显得很有必要。但是，在实际对标中，具体流量的对标是没有意义的，通过大量的试验统计，润滑油量与发动机排量关系密切而且其比值比较稳定，使用该值进行对标具有较大的工程实践意义。

6.2.4　润滑子系统总成设计

随着信息技术的高度发展，人们在产品开发过程中越来越注重开放合作、资源共享，以降低研发试制成本和缩短生产准备周期。在润滑子系统关键总成的开发中，引入了二次开发的概念，即把一些零部件总成交给在本专业领域的专业供应商从零件策划开始进行开发，系统开发工程师通过设计任务书，明确技术条件，工作流程，试制、试验以及验证方案和质量控制目标等。润滑子系统以二次开发方式管理的总成有机油滤清器（粗、精）、机油泵（根据实际情况确定）、油气分离器（根据实际情况确定）。

在本书中，仅以 FPEG 润滑子系统总成的开发为例进行描述。该总成的产品开发过程也有一个流程进行控制。

润滑子系统从设计分工的角度划分，主要关键总成有油底壳、机油收集器、机油泵、机油滤清器（粗、精）、机油冷却器、主油道限压阀、油气分离器等。

6.3　FPEG 冷却子系统选型及详细设计

6.3.1　FPEG 冷却水套流动传热计算

采用 CFD 软件对 FPEG 冷却水套进行三维建模，并进行计算。计算得到的冷却水套的流场压力分布如图 6-16 所示。冷却水在水腔内部受到沿程阻力，包括进/排水口管路、螺旋结构、喷油孔结构以及用于冷却排气门附近的细管管路的阻力。冷却水腔入口压力最高，冷却水从水腔入口经过螺旋结构与细管结构等至排水口，压力逐渐下降，排水口压力与大气压力接近。根据计算结果，进、排水口压差约为 27 kPa。进、排水口压差相对较大，说明螺旋结构的设计阻力相对较大。

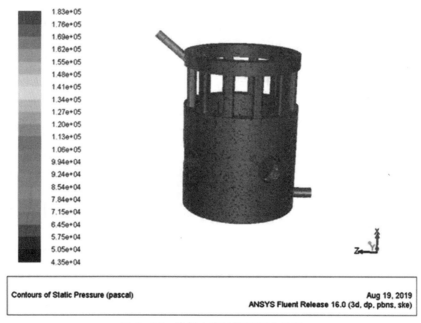

图 6 – 16　冷却水套的流场压力分布

1. 冷却水套流速分布

冷却水套流速分布如图 6 – 17 所示。由于中部细管结构直径非常小，故靠近排水口的流速比较大，为 4.0 m/s 左右，并且细管结构与缸套排气门位置对应，该区域冷却水流速较大，可以对发动机排气进行良好的冷却，否则将造成排气温度过高而导致样机热负荷增加，这会对材料的机械性能产生很大影响，而且会导致润滑条件的破坏，样机的磨损加剧。从图 6 – 17 可见进水口附近的螺旋结构流速比较大，为 3.8 m/s 左右。喷油孔附近流速相对周围区域略大，喷油孔附近由于高温燃气的作用，温度较高，冷却水对这些位置具有比较好的冷却作用。

2. 冷却水套流体流动状态

冷却水套流体流动迹线如图 6 – 18 所示。

图 6 - 17　冷却水套流速分布

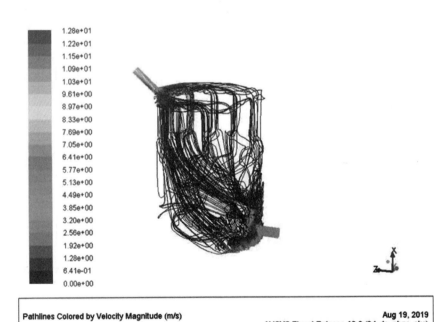

图 6 - 18　冷却水套流体流动迹线

从进水口开始，大部分水流经过螺旋水道再通过排气口冷却圆管流到排水口，可以很明显地看出在进水口和排水口区域水流较密，在其相对侧水流活动较少，并且在螺旋水道开孔处水流相对较乱。

从得到的仿真结果来看，初始设计的冷却水套具备合适的冷却能力，进、排水口压差也比较合适，但还需要注意改进排水口的结构，排水口冷却水流速明显过高，这是由于排水口直径太小，并且从迹线图可以看出，在喷油器和点火器安装处流线比较杂乱，这也是可以优化的地方。

6.3.2 FPEG 冷却子系统建模仿真

冷却部件是带有冷却水道的冷却法兰，将冷却水道的模型提取出来，通过 ICEM 画流体网格。FPEG 冷却子系统模型示意如图 6-19 所示。

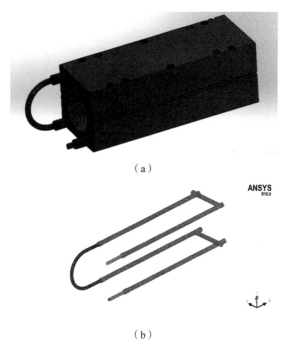

（a）

（b）

图 6-19 FPEG 冷却子系统模型示意

（a）冷却法兰；（b）冷却水道

网格数量为 135 075 个，软件内部对网格的质量进行评价（图 6-20），最差网格质量为 0.209 729，最好网格质量为 1，平均网格质量为 0.798，满足流体传热计算需求。

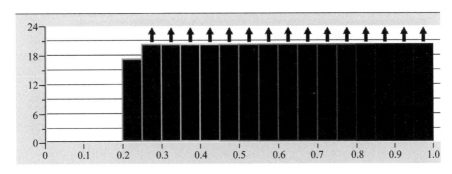

图 6 – 20　网格质量评估图

根据线圈的最高温度限值（90 ℃），设定冷却水道的热边界条件，见表 6 – 1。

表 6 – 1　冷却水道的热边界条件

接触面	热边界条件	数值
冷却法兰外侧	温度/℃	60
冷却法兰内侧	温度/℃	80
冷却水道壁面	温度/℃	75
定子线圈温度	温度/℃	85
定子外侧温度	温度/℃	80
进水管	温度/℃	25
出水管	温度/℃	45
U 形管	温度/℃	35
进水口条件	进水温度/℃	25
	进水压力/Pa	101 325
	进水流速/(m·s^{-1})	5
排水口条件	出水温度/℃	45
	出水压力/Pa	101 325

1. 压力

入口段压力较高，为 1.6 bar，出口段压力为 1.01 bar（图 6 – 21）。

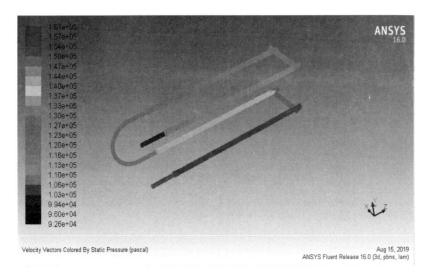

图 6-21　水流压力分布

2. 流速

在冷却水道直角弯角处的流速变化明显，这与此处的结构有关，冷却水道在此处并不是在同一个平面过渡，而是为了避让直线电机定子往下移动了 4 mm，所以此处的水流受阻比较严重（图 6-22、图 6-23）。平均流速为 2.96 m/s，此时流量需求为 9 L/min。

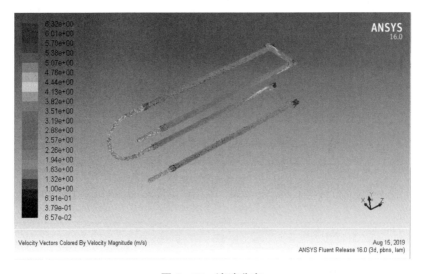

图 6-22　流速分布

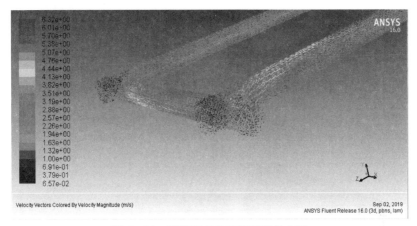

图 6 - 23　直角弯角处流速局部放大图

3. 温度

在预设的热边界条件下，冷却液的温度最高为 35 ℃，没有出现过热的现象
（图 6 - 24）。

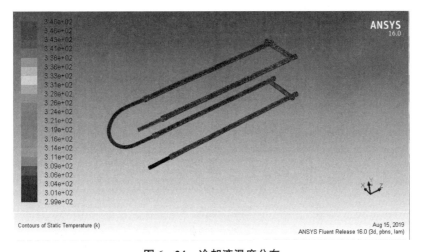

图 6 - 24　冷却液温度分布

6.3.3　FPEG 冷却子系统及相关结构的详细设计

FPEG 冷却子系统主要涉及两大系统，分别为发动机冷却系统与直线电机冷
却系统。

发动机冷却系统为强制循环水冷系统，即利用水泵提高冷却液的压力，强制

冷却液在发动机中循环流动。冷却系统主要由水泵、散热器、冷却风扇、补偿水箱、节温器、发动机机体和水套以及附属装置等组成。

根据上一小节冷却水套流固耦合计算分析结果可知，设计的发动机冷却水套流量以及冷却水道尺寸满足 FPEG 运行过程中的散热要求，最终设计结构如图 6-25 所示。其中冷却水套采用螺旋水道结构，共 12 道翅片，翅片厚 2 mm，高 10 mm。水泵、散热器、冷却风扇、补偿水箱、节温器均为采购的商用件。发动机冷却水路如图 6-26 所示。

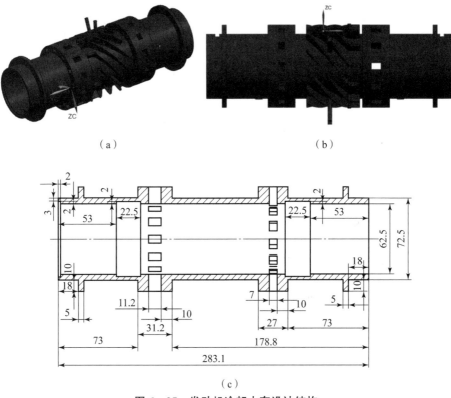

（a）

（b）

（c）

图 6-25　发动机冷却水套设计结构

（a）斜视图；（b）正视图；（c）设计尺寸

直线电机在运行过程中存在动子机械能—磁场能—电能的频繁切换，难免发热，尤其以直线电机定子线圈的内阻发热量最大，如不采取冷却措施，很容易发生直线电机故障，从而影响系统稳定运行，严重时还可能造成漏电而给试验操作人员带来危险，因此直线电机的冷却措施必不可少。直线电机仍采用水冷的方式，利用水泵将纯净水在直线电机冷却法兰中流动，将直线电机的热量带出。直线电机冷却法兰以及冷却水路如图 6-27、图 6-28 所示。

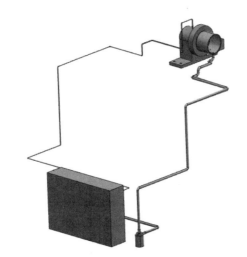

图 6 – 26　发动机冷却水路

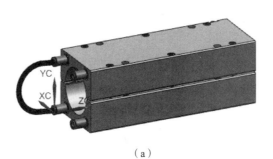

（a）

（b）

图 6 – 27　直线电机冷却水法兰

（a）冷却法兰三维结构；（b）冷却法兰尺寸

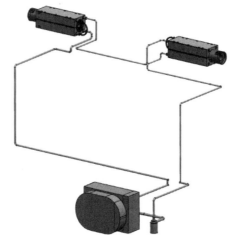

图 6 - 28 直线电机冷却水路

参 考 文 献

[1] 吴兆汉. 内燃机设计 [M]. 北京：北京理工大学出版社，1990.

[2] 周龙保. 内燃机学 [M]. 北京：机械工业出版社，2011.

[3] 孙柏刚，杜巍. 车辆发动机原理 [M]. 北京：北京理工大学出版社，2015.

[4] STONE R. Introduction to internal combustion engines [J]. Society of Automotive Engineers，1985.

[5] BLAIR G. Design and simulation of two - stroke engines [J]. SAE International，1996.

[6] 袁晨恒. 自由活塞柴油直线发电机系统设计与运行特性研究 [D]. 北京：北京理工大学，2015.

[7] KÖHLER E，FLIERL R. Verbrennungsmotoren：motormechanik，berechnung und auslegung des hubkolbenmotors [M]. Berlin：Springer - Verlag，2007.

[8] 帅石金，王志. 汽车动力系统原理 [M]. 北京：清华大学出版社，2021.

[9] 李延骁. 自由活塞发动机结构关键热 - 机特性研究 [D]. 北京：北京理工大学，2018.

第 **7** 章

物理样机一体化测控平台设计开发

7.1　FPEG 样机测试物理环境集成

本节主要开展支撑较高功率、覆盖多类型热力循环模式的 FPEG 样机测试物理环境集成技术研究。

7.1.1　高功率、多类型热力循环模式 FPEG 样机

FPEG 拥有自由活塞发动机和直线电机两者的共同优点。对于 FPEG 来说，整体系统能量的输入是由自由活塞内燃机提供的，通过自由活塞内燃机内的热力循环提供的燃烧爆发压力，推动整体动子进行往复直线运动，动子上的永磁体同时做切割磁感线运动，并通过直线电机向外输出电能。因此，对于 FPEG 系统来说，动力气缸内的热力循环过程决定着整体的运行性能。

对于 FPEG 整体性能的提升，主要就是对样机热力循环的探究，FPEG 动力气缸整体结构和传统内燃机类似，其热力循环机理也相同。FPEG 热力循环有不同的形式，可以以汽油为燃料，进行汽油机热力循环，也可以以柴油为燃料，进

行柴油机热力循环；热力循环的工作过程可以采用两冲程方式，提高整体热效率，也可以采用四冲程方式，使工作更为稳定。由于没有曲柄连杆的限制，FPEG 工作循环更为灵活，可实现不同的缸内状态，来匹配相应的热力循环。

FPEG 样机结构主要由中间对置式动力气缸和两侧的回复气缸组成。热力循环过程发生在中间动力气缸内。当动力气缸缸压达到点火条件时，通过局部点燃或者燃料自发在缸内进行化学燃烧反应，开始进行热力循环。燃烧带来的爆发压力推动对置式活塞在动力气缸中进行直线运动，也就是膨胀行程，对侧的回复气缸也相应进行直线压缩行程，但是没有直流扫气过程。两侧回复气缸通过主气路管道连接外置气缸，外置气缸通过气压平衡管道与两侧回复气缸连通，共同建立一个密闭气体空间，来保证两侧回复气缸内始终为同样的压力。外置气缸还通过单向阀外接供气管路，当外置气缸内压力低于供气压力时，单向阀打开，迅速向外置气缸内补气，而当外置气缸内压力高于供气压力时，单向阀关闭，回复气缸正常建立压力，由此保证回复气缸不会因为长时间运行导致气体泄漏，基础压力下降。

当活塞运动到外止点时，回复气缸压力达到峰值，动力气缸内进行直流扫气过程，而缸压迅速下降到扫气压力水平，此时回复气缸内压力推动回复气缸活塞进行着直线运动，从而使动子运动反向，动力气缸内活塞也反向直线运动，进行压缩行程，最终将可燃混合气压缩到内止点处，达到燃烧条件，并开始下一个热力循环过程。动力气缸内的热力学过程示意如图 7 - 1 所示。

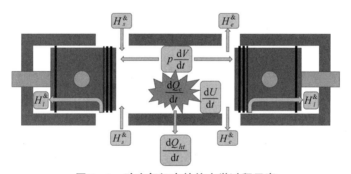

图 7 - 1　动力气缸内的热力学过程示意

为了研究 FPEG 样机的多种类型热力循环性能，需要有对应的样机测试物理环境支撑来进行研究。对于热力循环测试物理环境，需要能够对 FPEG 热力循环过程中的压力、温度等实时检测，并可实时进行处理分析，同时具备热力循环所需的燃料供给等外部输入，提供稳定的测试环境。接下来对 FPEG 样机测试物理环境进行介绍。

7.1.2　FPEG 样机测试物理环境组成及技术研究

1. FPEG 样机测试物理环境组成

FPEG 样机测试物理系统主要由燃料供给系统、供气系统与测试系统组成。

1）燃料供给系统

FPEG 燃料供给主要分两种形式：汽油供给形式和柴油供给形式。汽油供给形式适用于以汽油为燃料的 FPEG 系统，主要由喷油系统和点火系统组成。汽油供给形式还分为缸内直喷技术和进气道喷射技术，这两种技术代表着燃油供给方式的不同。缸内直喷技术是将汽油通过喷油器直接喷入动力气缸，燃油喷雾的雾化时间短，因此需要小喷孔直径，适应高喷油压力的喷油器，可提高喷雾雾化效果；进气道喷射技术，是将燃油喷雾喷入进气道，跟随进气气流进入动力气缸，此技术下燃油喷雾有足够长的时间进行雾化混合，喷油压力也无须太高，对喷油器的要求低。对于汽油供给形式，还需要有对应的点火系统配合。点火系统主要由点火器和高压包组成，高压包为点火器提供足够的高压能量，点火器用电能将附近的可燃混合气点燃，最终进行燃烧过程。

柴油供给形式主要是将柴油喷雾直接喷入动力气缸，不同于汽油缸内直喷技术，由于物理性质的限制，柴油缸内直喷需要更高的喷油压力，数倍于汽油缸内直喷，这就需要采用高压柴油喷油器，以及稳定的高压供油系统。为了提供稳定的高压柴油，需要采用高压共轨系统提供压力恒定的燃油。高压共轨系统主要由高压油泵、压力传感器以及泄压阀组成。高压共轨系统中的高压燃油是由高压油泵提供的。在运行过程中，油路内的高压燃油不会因为喷油器工作而压力下降，保证油路内的压力维持恒定，并且压力波动较小。由于 FPEG 的结构特性，活塞进行往复直线运动，其不同于传统内燃机曲柄连杆结构的旋转运动。传统的高压油泵主要由曲柄连杆的旋转运动通过齿轮传动提供动力，因此 FPEG 采用的高压油泵需要单独提供动力，独立于活塞的运动。最终选择采用三相电动机提供稳定的动力。

2）供气系统

FPEG 动力气缸内进行热力循环过程还需要供气系统提供新鲜空气，与燃油喷雾混合，形成可燃混合气。供气系统主要采用稳压气罐为样机提供稳定的增压新鲜空气。FPEG 采用中置动力气缸的形式，其进气形式也采用直流扫气方式，通过外部稳定供气来保证样机在热力循环过程中稳定进气。

3）测试系统

对于测试系统，关键是在样机进行热力循环时整个样机的状态变化。对于热力循环过程，重要的状态变化就是气体的压力和温度，其体现着热力循环的好坏。动力气缸的缸压信息由缸压传感器提供，缸压变化速率很快，并且处于高温环境中，这对缸压传感器是严酷的考验。本书采用奇石乐缸压传感器，可快速检测缸压变化。温度传感器同样要求实时性很强。研究缸内热力循环过程，仅测量缸压和温度不足以满足测试要求，对于 FPEG 系统，还需要有专门定制的燃烧分析仪实时采集动子的位移信息以进行测试。

为了能对动力气缸内的燃烧性能进行测试，采用燃烧分析仪对动力气缸的缸压和温度进行实时采样分析。燃烧分析仪可实现如下功能。

（1）同时支持 4 通道差分 TTL 位移信号输入及计算。

（2）支持转子发动机、自由活塞发动机的燃烧分析及性能参数计算。

（3）提供自由活塞发动机速度及位移分析模块软件源代码，并进行培训与讲解。

（4）实时计算每个循环容积及上止点。

（5）可实现瞬态采样测量，最高采样频率为 1 ms/（s·CH）。

（6）采样精度为 16 bit。

（7）具备多缸燃烧分析功能，有 8 个模拟量通道，其中 4 个通道支持电荷信号。

（8）具备以下分析功能——工质瞬时特性参数计算、燃烧产物化学平衡时特性参数计算、气缸周壁传热瞬时平均换热系数计算、基于放热率半经验公式的燃烧放热率计算以及相关运行特性参数计算等，并进行培训与讲解；

（9）可在线计算、统计分析，快速在线显示缸压曲线、$p-V$ 图、放热率、其他瞬态信号等；含扭振和换气过程、冷起动分析、燃烧噪声等分析功能。

（10）实时计算多变指数，基于多变指数进行分析。

（11）实时计算燃烧结束点。

（12）实时输出自由活塞发动机的活塞速度、加速度曲线。

（13）可以无限循环存储测量数据。

（14）存盘数据文件可不限循环存储为 CSV 等格式。

（15）可以批量导出原始数据与分析结果，并且能够根据数据类型进行自动分类，导出到同一个文件。

（16）导出数据时，可设定导出循环范围、导出角度、导出精度，并且能够保存导出数据配置。

（17）支持韦伯模型。

（18）集成 Python 脚本扩展计算分析功能。

2. FPEG 样机测试物理环境技术研究

FPEG 热力循环过程的物理测试环境中，主要是各个分系统之间的耦合工作。通过燃料供给系统、供气系统及测试系统之间位移信号的配合触发，对 FPEG 热力循环过程中的热力学过程、动力学过程、能量分布以及功率特性等方向进行研究。

在初始阶段，供气系统开始工作，为动力气缸提供新鲜空气，使新鲜空气充满动力气缸，同时回复气缸也充满空气，蓄积回复能量。随着活塞向内止点运动，开始进行压缩行程，即开始进行喷油点火过程，燃油先喷入动力气缸，保证燃油喷雾有足够的雾化时间，当活塞运动到外止点时，缸内可燃混合气燃烧，此过程中燃烧分析仪也实时测量动力气缸的缸压和温度，根据缸内实时压力和温度，实时采集样机的位移。动力气缸的混合气燃烧产生的爆发压力推动活塞连杆进行直线往复机械运动，活塞动子组件同时切割直线电机定子磁感线产生电能，电磁阻力反向推动着活塞，并将部分机械功转化为电能输出。

对于较高功率、覆盖多类型热力循环模式的 FPEG 样机物理测试环境，最重要的是在进行燃烧发电的过程中，燃烧分析仪实时采集动力气缸的缸压、温度以及位移数据，并进行数据处理，对数据进行统计和计算，进行不同阶次的傅里叶滤波，通过可编程的热力学算法，对动力气缸内燃烧的热力学过程进行机理探究。这需要对 FPEG 样机热力循环过程机理进行深入完善的研究。

7.2　FPEG 技术验证样机装配调试及集成测试环境

7.2.1　FPEG 技术验证样机结构

针对 OPFPEG 设计并加工了 FPEG 技术验证样机，其主要设计结构如图 7 - 2 所示。

FPEG 技术验证样机主体结构主要由中置动力气缸，以及两侧的回复气缸构成，对置式活塞在中置动力气缸中以相反方向进行往复运动，两侧回复气缸也进

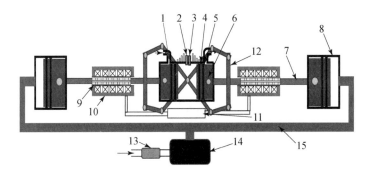

图 7 - 2　FPEG 技术验证样机主要设计结构

1—扫气口；2—火花塞；3—喷油器；4—动力气缸；5—排气口；6—活塞；7—连杆；

8—回复气缸；9—直线电机动子；10—直线电机定子；11—电源；12—同步机构；

13—单向阀；14—外部气缸；15—气压平衡管道

行膨胀/压缩行程，但是没有直流扫气过程。两侧回复气缸仅通过主气路管道连接外置气缸，外置气缸通过气压平衡管道与两侧回复气缸连通，共同建立一个密闭气体空间，以保证两侧回复气缸内始终为同样的压力。外置气缸还通过单向阀外接供气管路，当外置气缸内压力低于供气压力时，单向阀打开，迅速向外置气缸内补气，而当外置气缸内压力高于供气压力时，单向阀关闭，回复气缸正常建立压力，由此保证回复气缸不会因为长时间运行导致气体泄漏，基础压力下降，同时也可帮助迅速完成起动过程。

为了保证 FPEG 技术验证样机稳定运行并向外输出功率，以及对 FPEG 技术验证样机进行性能测试，对样机运行性能进行参数化研究，从而为样机性能优化提供理论依据。本部分针对 FPEG 技术验证样机的装配调试及集成测试环境进行技术研究。

针对 FPEG 技术验证样机的运行特性及集成测试环境，设计了一整套系统维持其正常运行和测试。FPEG 技术验证样机主要由几大部分构成：直线电机系统、供气系统、喷油系统、点火系统、供能系统以及测试系统等。FPEG 技术验证样机的具体参数见表 7 - 1。

表 7 - 1　FPEG 技术验证样机的具体参数

参数	值	单位
动力气缸缸径	56. 5	mm
最大行程长度	66. 8	mm

续表

参数	值	单位
有效行程长度	66.8	mm
活塞动子组件质量	6.7	kg
扫气压力	12.6	bar
回复气缸缸径	118	mm

7.2.2　FPEG 技术验证样机整体系统

1. 直线电机系统

直线电机系统主要向 FPEG 提供电动所需能量以及传递发电能量，是整体系统运行所需的重要部分。直线电机系统主要由直线电机、直线电机控制器组成。直线电机系统主要由上位机软件控制直线电机的工作模式，决定直线电机运行在电动机模式还是发电机模式。当直线电机运行在电动机模式下时，直线电机控制器以电流闭环的工作方式，通过 PID 控制器对控制电流实时反馈修正，保证提供恒定的电机力，并保持与速度同向。当直线电机运行在发电机模式下时，直线电机提供与速度同方向的电磁阻力，从而将机械能转化为电能。

首先对直线电机本体进行介绍。直线电机在工业中应用广泛，根据不同的应用需求产生了不同结构形式、不同功能特性的种类，以下从直线电机的几种主要分类的特点进行分析，选择适用于 FPEG 的直线电机结构。直线电机按结构主要分为圆筒形和平板形两种，平板形直线电机的结构简单，产品种类多，可选的功率、推力范围广；但平板形直线电机的推力波动大，在输出功率相同的前提下，其运动质量、功率密度要小于圆筒形直线电机。圆筒形直线电机采用回转体结构，不存在径向力，推力波动相对小，在整体支撑性和运动平衡性上与 FPEG 的结构形式契合。直线电机按照运动部件分类，可选择动磁式和动圈式两种结构。动磁式的运动部件为动子永磁体，其结构紧凑性更好，有利于减小运动质量，减少永磁体用量，降低成本。动圈式的运动部件为线圈，线圈需要嵌在铁芯槽里，铁芯的利用率较低；随着外径增大，定子部分的永磁体用量明显比动磁式多；运动线圈还会涉及飞线的问题，需要保证绕组引出线不短路、不折断。在工业产品上，动磁式直线电机应用更广泛，成本也较低。

直线电机按动子和定子的相对长度分类，可以采用长动子短定子结构或短动子长定子结构。短动子长定子结构的直线电机运动质量减小，但绕组的利用率降低，在输出功率相同时，绕组的损耗增大，能量转换效率降低。长动子短定子结构的永磁体用量增大，运动质量增加，应合理选择动子的行程，控制动子的整体质量。

根据永磁体充磁方式可以将直线电机分为径向充磁、轴线充磁和 Halbach 充磁三种结构形式。在相同的动子运动质量和永磁体用量下，径向充磁的电磁推力小，推力密度小；轴向充磁的电磁推力大，且推力波动小，有利于系统稳定控制；Halbach 充磁的永磁体用量最大，运动质量增加且制造成本高，尽管有较大的推力密度，但推力波动和反电势谐波也相对严重，不利于系统稳定控制。

根据上述分析，结合系统对直线电机的性能需求，调研商用直线电机品牌，选择符合要求的直线电机。通过调研发现瑞士品牌 Linmot P10 - 70 系列直线电机产品很好地迎合了系统需求。图 7 - 3 所示为该型号直线电机结构尺寸，其采用圆筒形动磁式、轴向充磁结构，定子直径仅为 70 mm，动子行程可根据需求选择；在满足水冷条件下，其推力负载高达 2 500 N，其大推力密度、小体积紧凑型设计符合自由活塞发动机的需求。在该系列产品中选取 240U 型直线电机，其结构参数和电磁参数列于表 7 - 2。

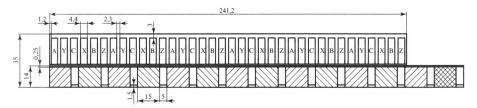

图 7 - 3 Linmot P10 - 70 系列直线电机结构尺寸

表 7 - 2 Linmot P10 - 70 系列 240U 型电机参数

参数	数值
行程/mm	50 ~ 110
峰值推力/N	1 617
持续推力/N	488
峰值速度/$(m \cdot s^{-1})$	6.5
推力系数/$(N \cdot A^{-1})$	81.6
反电势系数/$[V \cdot (m \cdot s^{-1})^{-1}]$	69
动子单位长度质量/$(kg \cdot m^{-1})$	4.7
磁极距/mm	40

下面对直线电机控制器相关技术进行详细说明。关于直线电机控制系统结构，4.2 节已有描述，这里不再赘述。

为了提高直线电机控制系统性能，保证其控制精度和可靠性，主控芯片采用 DSP + CPLD 方案，其中，DSP 具有强大的数字信号处理和事件管理能力，通过软件方式实现 AD 采集、PID 运算、中断管理以及外部通信等功能；CPLD 用于对过压、过流等故障信号进行判断，以实时封锁 PWM 控制信号输出，保证系统运行的可靠性。

在器件选型方面，针对系统性能指标要求，对直线电机控制器所需器件进行了选型，包括 IC 芯片、功率器件以及传感器等，下面将对部分关键器件进行简要说明。

1）DSP——TMS320F28379S

主控芯片 DSP 选用德州仪器公司（Texas Instruments）生产的 32 位数字信号处理器 TMS320F28379S，该芯片具有以下特点。

（1）主频为 200 MHz。

（2）集成 32 位实时控制协处理器 CLA。

（3）片上最高集成 1 MB FLASH 闪存和 164 kB RAM 资源。

（4）最多可提供 169 路 GPIO。

（5）内置 CAN 控制器，支持 USB2.0 以及 SPI、I2C、UART 等串行通信接口。

（6）精度可选 A/D 转换模块，12 位精度模式下可支持 24 路单端模拟量输入，16 位精度模式下可支持 12 路差分模拟量输入。

（7）8 路 Sigma - Delta 滤波器输入通道。

（8）工作温度为 -40 ℃~125 ℃。

2）CPLD——EPM3256ATC144 - 7N

选用 Altera 公司（已被英特尔收购）生产的 EPM3256ATC144 - 7N 型号 CPLD，该芯片具有以下特点。

（1）具有高性能、低功耗 CMOS 电路。

（2）内构边界扫描（BST）电路，符合 IEEEStd.1149.1 - 1990 国际标准要求。

（3）配备了高密度 PLD，实现 600~10 000 的可用逻辑门数目。

（4）内部可以实现 4.5 ns 跨角逻辑时间延时，并配备频率高达 227.3 MHz 的内部计时器。

（5）自身可以提供多电压等级 I/O 接口，在确保内部核心工作电压为 3.3 V 的同时，外围接口可适应 5.0 V、3.3 V 以及 2.5 V 逻辑电压等级。

3）IGBT 及对应驱动板选型

IGBT 选用 SEMIKRON 公司生产的 IGBT 模块 SEMIX453GB17E4P，图 7 - 4 所示为该模块外观与内部结构简图，其最高耐压 1 700 V，最大可通过 450 A 电流，满足控制系统性能要求。

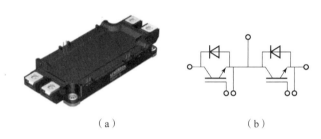

（a）　　　　　　　　　　　　　　（b）

图 7 - 4　SEMIX453GB17E4P IGBT 模块外观与内部结构简图

（a）外观；（b）内部结构简图

与 IGBT 模块配套，IGBT 驱动板选用 SEMIKRON 公司生产的 SKYPER 12 press - fit 型号 IGBT 驱动板，如图 7 - 5 所示，其内置隔离电源，最高驱动开关频率可达 13 kHz。

图 7 - 5　SKYPER 12 press - fit IGBT 驱动板

4）差动变压器（LVDT）选型

为了实现对直线电机动子位置的实时精确检测，选用 TE Connectivity 公司生产的 MHR2000 型号差动变压器，如图 7 - 6 所示。该差动变压器动子行程可达 ±50.8 mm，最高可承受 1 000 g 加速冲击，满量程非线性误差不超过 ±0.5%。

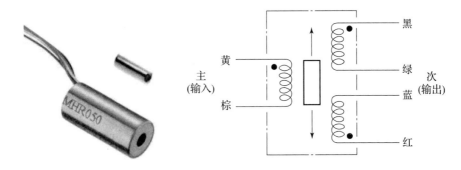

图 7 − 6　MHR2000 差动变压器

5）差动变压器接口 IC

差动变压器接口 IC 选用 ADI 公司生产的 AD698，AD698 可以和四线制的差动变压器配合使用，内部含有晶体振荡器，可为差动变压器提供 20 Hz ~ 20 kHz 的激磁信号，同时该芯片的非线性误差只有 0.05%。AD698 功能框图如图 7 − 7 所示。

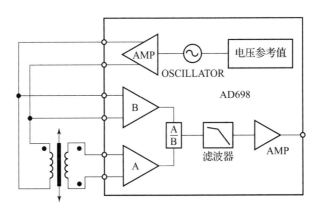

图 7 − 7　AD698 功能框图

6）A/D 转换芯片选型

由于系统要求高精度、高实时性采样直线电机动子位置信号，所以选用德州仪器公司生产的高精度 A/D 转换芯片 ADS8900B，如图 7 − 8 所示。ADS8900B 的采样速率高达 1 MSPS，转换精度可达到 20 bit，且采用差分信号输入的方式，增强了抗干扰能力。ADS8900B 与控制器采用 SPI 通信，通信速率最高为 22 MHz。

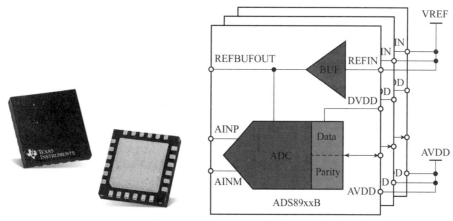

图 7 - 8 ADS8900B 功能框图

7）电流传感器选型

电流传感器选用 LEM 公司生产的 LA200 - P 型号霍尔电流传感器，如图 7 - 9 所示，该传感器满量程可测量 ±200 A 电流，转换比为 1∶2000，即满量程对应输出电流 ±100 mA。传感器测量带宽可达 100 kHz，非线性误差不超过 ±0.15%。

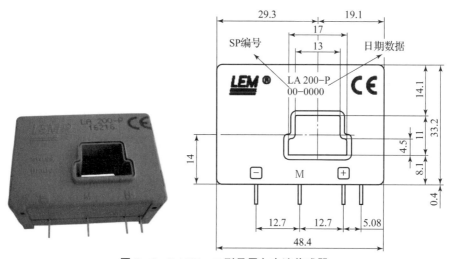

图 7 - 9 LA200 - P 型号霍尔电流传感器

8）直线电机控制器原理图

在直线电机控制器原理图设计方面，按照功能，直线电机控制器可分为控制板和信号调理板两部分，控制板内含 DSP、A/D 转换器、差动变压器接口 IC、通信电路以及接口电路等，用于处理反馈信号、进行闭环控制以及产生控制信号等；信号调理板内含 CPLD、传感器、电源供电电路以及运算放大器信号调理电路等，功能包括产生不同电源电压，为各类芯片供电，采集处理电压、电流等模拟信号以及进行故障保护等。

（1）控制板的设计。具体内容包括以下方面。

①TMS320F28379S DSP 外围电路设计。

TMS320F28379S DSP 外围电路原理图如图 7 – 10 所示①，包括供电电源电路、复位电路、时钟电路以及 JTAG 接口电路等。

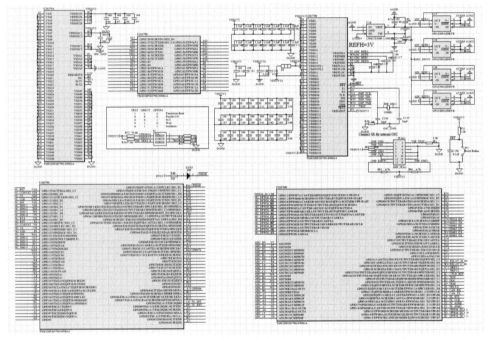

图 7 – 10　TMS320F28379S DSP 外围电路原理图

②差动变压器接口电路。

直线电机动子位置通过差动变压器采集，但差动变压器输出信号为幅值随位置变化的正弦波，不能直接反映动子位置。为了提取差动变压器输出信号中的位置信息，选用 ADI 公司生产的 AD698 芯片，与差动变压器接口配合，输出随位置线性变化的模拟信号，再经过 20bit 精度 A/D 转换芯片 ADS8900B 转换，反馈给 DSP 进行数字控制。AD698 外围电路原理图如图 7 – 11、图 7 – 12 所示。

---

① 本部分涉及的原理图均为仿真图，后同。

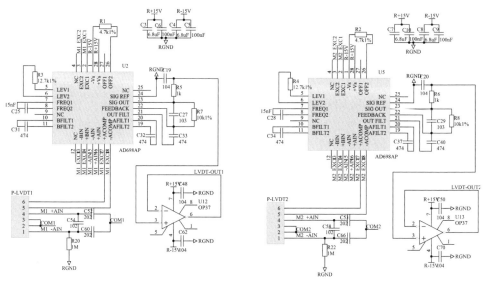

图 7 − 11　AD698 外围电路原理图（一）

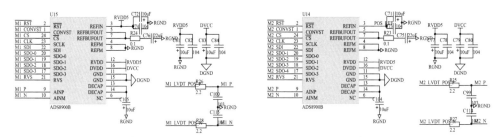

图 7 − 12　AD8900 外围电路原理图（二）

③接口电路。

为了实现控制板与信号调理板之间的信号传递，设置图 7 − 13 所示的接口电路原理图。控制板向信号调理板传递 PWM 信号、继电器信号和其他控制信号等；信号调理板向控制板传递电流、电压等模拟信号以及故障信号等。

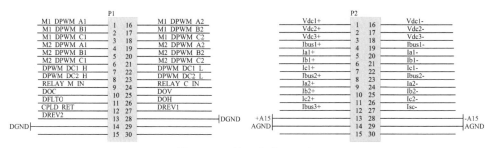

图 7 − 13　接口电路原理图

（2）信号调理板的设计。具体内容包括以下方面。

①电源供电电路。

选用金升阳公司生产的 PV120 - 27B15 高压隔离电源将蓄电池电压（250 ~ 350 V）降至 15 V，为控制板和信号调理板等弱电部分供电。

为了满足不同芯片对供电电压的要求，再对 15 V 电压进行处理，通过电源芯片将其转换为 ±15 V、12 V、5 V、3.3 V 等不同等级的电压。电源供电电路原理图如图 7 - 14 所示。

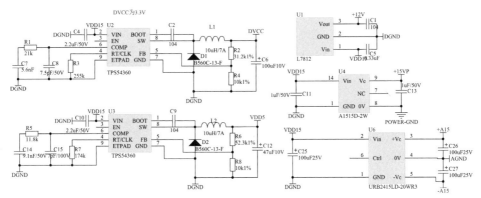

图 7 - 14　电源供电电路原理图

②电压信号调理电路。

直线电机侧母线电压、蓄电池侧母线电压和超级电容侧母线电压通过 LEM 公司生产的霍尔电压传感器 LV25 - P 检测，再经过后级运算放大器调理电路后，高压信号被转换成 0 ~ 3 V 低压信号，并反馈给控制板处理。电压信号调理电路原理图如图 7 - 15 所示。

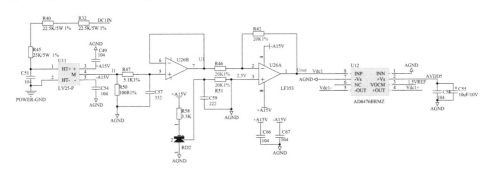

图 7 - 15　电压信号调理电路原理图

③电流信号调理电路。

直线电机相电流、直线电机侧母线电流、蓄电池电流以及超级电容电流通过

LEM 公司生产的霍尔电流传感器检测，同样经过后级运算放大器调理电路后，将大电流信号转换成 0~3 V 低压信号，反馈给控制板。电流信号调理电路原理图如图 7-16 所示。

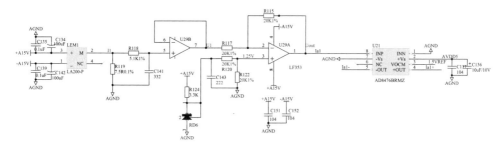

图 7-16　电流信号调理电路原理图

④故障检测电路。

为了防止电路故障造成电路中出现过电压、过电流、温度过高等极端恶劣现象，信号调理板上设置了过压检测、过流检测、过温检测以及制动电路，以保证系统安全可靠运行。

图 7-17 所示为过压检测电路原理图，其利用电阻分压原理将高电压转换成低电压信号，将该电压信号与预先设定的过压阈值进行比较，出现过压情况时，比较器输出发生跳变，经光耦隔离后将过压故障信号反馈给 CPLD，通过逻辑运算封锁 PWM 控制信号输出，直线电机停止运行。其中，过压检测位置包括直线电机侧直流母线（1 000 V 过压）、蓄电池输出（400 V 过压）以及超级电容输出（400 V 过压）。

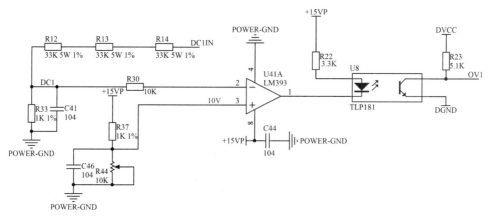

图 7-17　过压检测电路原理图

过流检测电路原理图如图 7 - 18 所示。与过压检测电路原理相似，过流信号反馈给 CPLD。其中，对直线电机各相电流、直线电机侧直流母线电流、蓄电池电流以及超级电容电流进行过流检测（均设置 300 A 过流）和保护处理。

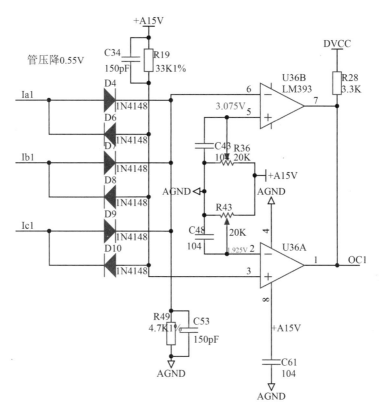

图 7 - 18　过流检测电路原理图

过温检测电路原理图如图 7 - 19 所示。选用 Pt1000 铂电阻对直线电机相绕组（135 ℃过温）以及直线电机控制器温度（90 ℃过温）进行检测，经比较电路处理后，将过温信号反馈给 CPLD。

制动电路原理图如图 7 - 20 所示。为了防止直线电机发电功率过高，导致直线电机侧直流母线电压迅速增大，出现过压损坏功率器件，设置制动电路，当母线电压高于 800 V 时，制动电路输出制动信号，母线能量直接通过泄放电阻进行泄放，当母线电压降低至 750 V 时，制动电路停止工作。

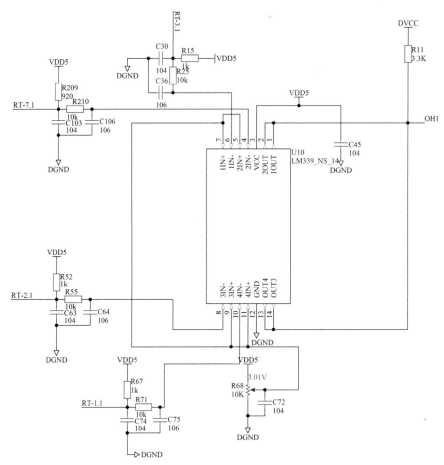

图 7-19 过温检测电路原理图

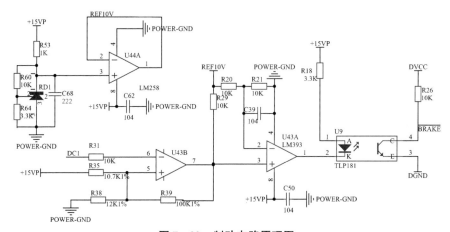

图 7-20 制动电路原理图

2. 供气系统

采用外置高压气源作为供气系统。根据 FPEG 技术验证样机的参数可得所需的气量，进行调研后采用 22 kW 永磁变频螺杆空压机系统，系统运行满负荷排气量为 $3 \sim 3.5$ m^3/min，满足要求的 $1.2 \sim 2.8$ m^3/min，储气罐内的压力上限为 0.8 MPa，下限为 0.5 MPa。目前流量满足其要求，如果想实现进气压力 $0.2 \sim 0.8$ MPa 可调，在进入设备的管路端增加一个精密的压力调节器即可实现进气压力的调整。

设备的详细参数如下。

（1）汉克森系列永磁变频螺杆式空压机。排气量：$3 \sim 3.5$ m^3/min；电机功率：22 kW；启动方式：变频器启动；工作压力：$0.5 \sim 0.8$ MPa；冷却方式：风冷；排气口径：依据样机尺寸；工作电源：380 V/50 Hz；尺寸：1 150 mm × 950 mm × 1 250 mm；质量：650 kg；噪声：65 dB。

（2）储气罐。型号：C1_0.8 MPa；进气口尺寸：DN50；排气口尺寸：DN50；高度：2 325 mm；直径：1 000 mm。

（3）冷干机。处理量：3.5 m^2/min；压力漏点：$0 \sim 10°$；工作压力：1.0 MPa。

（4）精密过滤器组加除尘过滤器：处理量：3.5 m^3/min；精度：0.001 μm，0.01 PPM；工作压力：1.0 MPa。

供气系统整体布置示意如图 7-21 所示。供气系统布置在样机一侧，尽可能减少管路流动损失。外置高压气源通过减压阀将一定压力的气体供应给动力气缸和回复气缸，两者相互独立，互不影响。外置气源提供动力气缸较高的扫气压力，从而保证动力气缸内直流扫气过程以较高的效率进行。提供回复气缸气体的方式是经由气路通过单向阀与外置气缸连通。高压气源通过减压阀提供给回复气缸一个恒定的压力（高于大气压），从而在单向阀两侧形成了不平衡压力，一侧是减压阀提供的恒定压力，一侧是外置气缸内的压力（即回复气缸内的压力）。单向阀的减压阀侧提供的压力在运行中是恒定的，为回复气缸提供基础压力。在运行中回复气缸内活塞进行直线往复运动，随着膨胀与压缩行程的进行，缸内气体压力也在不断地变化，因此单向阀外置气缸侧的压力也不断地变化，当外置气缸侧的压力低于减压阀侧提供的恒定压力时，单向阀阀门打开，两端建立起压力平衡，外置气缸侧压力与恒定基础压力保持一致，当外置气缸侧的压力较高时，单向阀始终处于关闭状态，给回复气缸提供密闭的空间并建立压力，从而防止回复气缸气体泄漏带来的压缩能下降，并帮助完成起动过程。减压阀提供的基础压力影响回复气缸的工作状态，从而影响 FPEG 技术验证样机的运行。

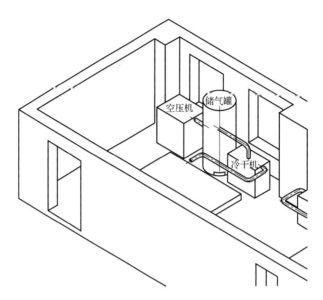

空压机　储气罐

冷干机

图 7-21　供气系统整体布置示意

3. 喷油系统

FPEG 技术验证样机的喷油系统采用缸内直喷的方式。喷油系统的控制信号由直线电机上位机控制。直线电机运行在发电机模式下，当动力气缸为压缩行程，活塞运动到设定的位置时，即距离动力气缸中心 X_1 时，直线电机控制器给予喷油系统使能信号，喷油系统以预先设定好的喷油量和喷油速率，向动力气缸提供一定量的燃油质量。为了使燃油喷雾与缸内气体混合均匀，喷油时刻设置在压缩行程中活塞顶部刚刚关闭排气口后的位置。在密闭的缸内容积中，双活塞运动带来的强烈的气体运动有助于燃油喷雾的发展，加快燃油喷雾与缸内空气混合，并且足够的混合时间使油气混合气更容易点燃。燃油喷射的脉宽是由每循环的缸内空气质量计算的，在设定的燃气空燃比下，喷油脉宽也相应确定。

4. 点火系统

FPEG 技术验证样机的点火系统使用单片机控制的高能点火装置。为了使样机正常工作，消除点火装置的负面影响，点火装置单次工作持续时间超过 3 ms 以确保点火能量足够。点火系统的信号由直线电机上位机控制，由直线电机控制器给与单片机点火信号。当直线电机运行在发电机模式下时，活塞向动力气缸中心运动，上位机检测到动子运动到距离动力气缸中心位置 X_2 时，通过直线电机控制器给点火系统使能信号，点火系统按照设定的点火要求开始工作。喷油点火控制逻辑框图如图 7-22 所示。

5. 供能系统

FPEG 技术验证样机的供能系统主要是为系统运行进行能量输出与能量存储，是系统稳定运行的保障。供能系统采用直流电源柜—电池模拟器实现放电和充电的功能，可同时或分别运行在电池模拟模式与电子负载模式下，最大电压为 800 V，峰值电流为 226 A，每通道额定功率为 68 kW。电池模拟器具体技术参数如下。

（1）2 个主通道，可在满功率条件下同时运行。

（2）每个主通道的额定电压不小于 800 VDC，额定电流不小于 226 A，额定功率不低于 68 kW。

（3）具有电池模拟模式和电子负载（馈能）模式，工作模式可独立设置，两个通道可工作在相同模式或不同模式下，可各自独立设置运行模式。

（4）功率空间：源模式与阱模式一体设计，具有四象限功率空间，全功率能量双向流动。

（5）电压精度不高于 0.05% FS，且源效应不高于 0.05% FS，负载效应不高于 0.05% FS。

（6）电压纹波（RMS）不高于 0.1% FS。

（7）响应时间（10%~90%）不短于 5 ms。

（8）正/负切换时间（−90%~90%）不高于 10 ms。

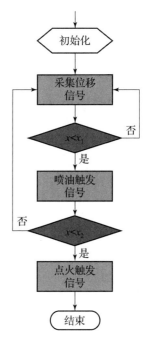

图 7 – 22　喷油点火
控制逻辑框图

（9）输出模式：恒压模式、恒流模式、恒功率模式、电池模拟模式。

（10）电池特性模拟：预置磷酸铁锂、三元锂、锰酸锂、钴酸锂电池的模拟特性曲线；支持用户自定义电池特性曲线。

（11）具备电能计量功能，记录电池模拟中电能放电和充电的能量。

（12）作为负载时将电能反馈至电网，交流电压为 380 V±10%，频率为 50 Hz±10%，功率因数不小于 0.99，电流总谐波不大于 3%。

（13）具有自动压降补偿功能，自动补偿线压降。

（14）具有四象限控制功能，全功率能量双向流动。

（15）采用三相三线输入 380 V，功率因数不小于 0.99，输入谐波不大于 3%，效率不低于 93%。

（16）具有两组辅助供电：12 V 可调，额定功率为 500 W；24 V 可调，额定功率为 500 W。

（17）通信接口支持 RS485、CAN、以太网。

（18）具有多种保护方式，包括：欠频保护、过频保护、交流过压保护、交流欠压保护，缺相保护、过温保护、输出过压保护、过流保护、过载保护、短路保护、漏电流保护。

（19）直线电机发电过程中，市电断电，电源应急保护 60 s。

（20）绝缘耐压性能满足：1 800 VAC 60s，漏电流小于 10 mA；1 000 VDC 60 s，阻抗≥10 MΩ；2 000 VDC 60 s，无飞弧，击穿。

为了使供能系统的形式更为完善，还采用 DC - 超级电容器 - 锂电池构成储能系统，单独作为能源系统使用。

6. 测试系统

FPEG 技术验证样机的数据采集系统主要包括多种传感器和数据采集装置。在本试验中数据采集使用 Textronix 公司的 MSO58 示波器，采样率为 6.25 GS/s，可实时采集传感器的数据，并且通过示波器自身的软件进行数据存储。MSO58 5 - BW - 350 示波器采用 8 通道接口，带宽为 350 MHz，采样率为 6.25 GS/s，记录长度为每通道 62.5 M 点；采样率在 3.125 GS/s 以内时 A/D 转换精度为 12 bit，采样率在 125 MS/s 以内时 A/D 转换精度为 16 bit。试验中采用 6052C 压力传感器来测量缸压。直线电机内部有霍尔传感器来测量动子的运动位移和速度，可由直线电机控制器收集，并通过上位机进行直线电机控制信号触发及存储。

MSO58 5 - BW - 350 示波器的具体技术参数如下。

（1）具有 8 个通道，且电压承受值是 300 V。

（2）支持堆叠显示模式和重叠显示模式。

（3）带宽不小于 350 MHz。

（4）最大实时采样率不低于 6.25 GS/s，最大插补采样率不低于 500 GS/s。

（5）A/D 转换垂直分辨率为 12 bit，高分辨率模式下为 16 bit；

（6）DC 增益精度为 ±1%。

（7）电压量程支持 0.5 mV/格~10 V/格。

（8）20 MHz 带宽内的通道随机噪声有效值不大于 65 μV。

（9）时基设置范围应涵盖 200 ps/格~1 000 s/格。

（10）通道间支持相差校正功能，相差校正范围为 - 125 ~ + 125 ns。

（11）平均模式应支持 2 ~ 10 240 次波形平均。

（12）每通道记录长度不小于 62.5 M 点。

（13）最大波形捕获率不低于 500 000 波形/s。

（14）具有分段内存采集模式，最大触发速率不低于 5 000 000 波形/s。

（15）具有高级触发功能，包括边沿、脉宽、欠幅脉冲、超时、窗口、逻辑、建立时间和保持时间、上升/下降时间、并行总线、顺序、可视触发。

（16）序列触发支持 A 事件和 B 事件之间累积或计时作为触发条件，两个事件可各自定义不同的触发类型和条件。

（17）可以用鼠标或触摸屏创建数量无上限的区域，可以使用各种形状（三角形、矩形、六边形或梯形）指定所需的触发行为。

（18）具有高级数学计算功能，可对信号波形添加高通或低通数字滤波器。

（19）可添加多个数学计算波形，无数量限制。

（20）可对任意通道进行 FFT 频谱分析，最小分析带宽（RBW）不大于 93 μHz。

（21）标配 36 项测量功能，可添加多个测量项目，无数量限制。

（22）可扩展 50 MHz 任意波发生器功能，可将示波器采集到的波形按设定周期和幅度再生输出。

（23）内置 8 位频率计和 4 位电压表功能。

为了能对动力气缸内的燃烧性能进行测试，采用燃烧分析仪对动力气缸的缸压、温度进行实时采样分析。燃烧分析可实现的功能见 7.1.2 节，这里不再赘述。

同时，为了更好地研究 FPEG 技术验证样机的能量传递过程，针对直线电机的功率输出，采用功率分析仪来辅助探究。功率分析仪的基本功率精度为 0.05% 读数 +0.05% 量程，带宽（DC）为 0.1 Hz ~ 2 MHz，采样率为 2 MS/s，采用 12.1 寸触摸显示屏、60 GB 固态硬盘，配置 4 个 5P50A 功率模块、2 个 5 MTR 直线电机模块。功率分析仪可实现如下功能。

（1）实时测量电功率参数，包括电压、电流、视在功率、无功功率、相位差、频率、电压的最大和最小值、电流的最大和最小值、波峰因数、效率、积分、谐波等。

（2）电压最大量程：1000 VDC（1 000 VAC）；电流有效值最大量程：50 A。

（3）不间断同步采集最大时间：2.5 h。

（4）功率分析功能：可同时对两路电池充/放电、双向功率转换、电能反馈电网进行测量分析。

综上，对直线电机在起动和发电过程中功率的转换特性进行研究，更为全面地分析直线电机系统的能量分布。

7.2.3 FPEG 技术验证样机整体运行测试技术方案

FPEG 技术验证样机整体系统可保证稳定运行。为了对 FPEG 技术验证样机的整体技术性能进行测试研究，对设计运行方案进行测试。

1. FPEG 技术验证样机基本性能测试方案

FPEG 技术验证样机基本性能测试主要针对 FPEG 技术验证样机的燃烧性能、直线电机的控制性能方面。根据上文介绍，FPEG 技术验证样机整体系统包含直线电机系统、供气系统、点火系统、喷油系统等。整体系统的稳定运行工作需要合适的控制策略使各个系统耦合工作。

FPEG 技术验证样机的控制与测试系统示意如图 7 – 23 所示。

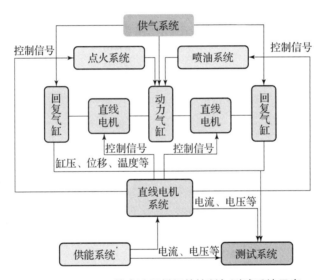

图 7 – 23 FPEG 技术验证样机的控制与测试系统示意

1）直线电机系统控制策略

直线电机系统控制策略框图如图 7 – 24 所示。基于空间矢量脉宽调制算法（SVPWM），建立"速度环 + 电流环"结构的双闭环直线电机矢量控制系统。

运行系统 Simulink 仿真模型，得到预期直线电机速度/行程随时间变化曲线。图 7 – 25、图 7 – 26 所示分别为直线电机工作在电动机和发电机两种模式下的仿真输出结果。

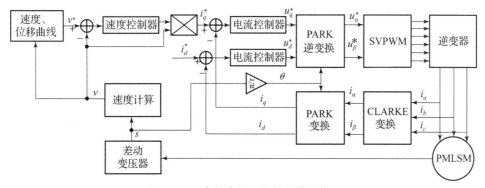

图 7 – 24　直线电机系统控制策略框图

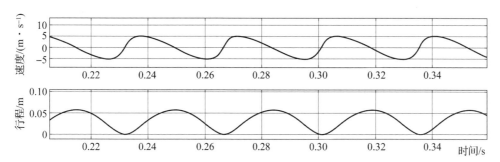

图 7 – 25　直线电机速度/行程随时间变化曲线（电动机模式）

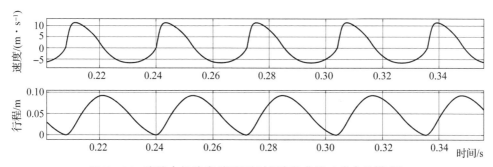

图 7 – 26　直线电机速度/行程随时间变化曲线（发电机模式）

　　根据仿真结果，建立直线电机速度与行程的一一对应关系，将直线电机在一个行程中的位移量与速度量离散化为足够多个（如 1 Mbit）离散点，建立表格，其中位移量作为地址，速度量为地址中所存储的数据。在直线电机实际工作过程中，通过差动变压器实时检测直线电机动子位置，DSP 通过查表、插值后即得到该位置的直线电机给定速度 v^*，同时对直线电机位移量进行微分运算，得到直线电机实际速度 v，给定速度 v^* 与实际速度 v 比较后，偏差量 Δv 经过速度控制器处理后，完成速度环计算。

为了使直线电机作为线性负载工作，即直线电机输出推力与实际速度呈线性关系，将速度控制器输出系数 k 与直线电机实际速度进行乘法运算，乘积作为直线电机定子电流交轴分量（推力分量）给定值 i_q^*，同时直线电机实际相电流经过霍尔传感器实时采样，再经过坐标变换后即可得到直线电机实际交轴电流 i_q，同样将两者进行比较后，偏差量 Δi_q 经过交轴电流控制器处理后输出定子电压交轴分量 u_q^*。同理，直轴电流给定量 i_d^* 与实际量 i_d 比较所得偏差 Δi_d 经过直轴电流控制器处理后输出定子电压直轴分量 u_d^*，与 u_q^* 经过 SVPWM 算法计算后得到三相桥臂开关管 PWM 控制信号占空比，实现对直线电机的准确控制。

2）FPEG 技术验证样机整体系统运行控制策略

FPEG 技术验证样机整体系统稳定运行过程主要分为起动和发电两个过程。

在起动过程中，供气系统开始工作，气罐压力升到限值 0.8 MPa，同时冷干机工作以保证提供的空气没有杂质并保持干燥及恒定的供气温度，由此保证样机动力气缸和回复气缸进气正常。当气罐压力达到设定值时，压气机停止工作，当气罐压力低于设定值时，压气机继续工作从而保持供气压力恒定。供能系统此时开始工作，直流电源柜—电池模拟器初始向外输出电能，并保持直流母线电压及电流稳定。待直流母线电压达到设定电压值并且稳定，样机整体系统开始起动过程，直线电机通过控制器设定的 i_q 进行工作，从而使直线电机以恒定的电机力进行往复振荡工作，随着回复气缸和动力气缸蓄积的气体能量越来越大，动力气缸活塞渐渐到达动力气缸内点火位置（在此位置下动力气缸内可进行喷油点火动作），当活塞到达内止点点火位置时，直线电机仍以与速度同向的电机力将活塞推到外止点，到达外止点后起动过程完成，系统切换到发电机模式，样机可进行点火燃烧过程。

在发电过程中，点火系统和喷油系统也开始工作，动力气缸内进行燃烧过程。以下以单周期为例进行介绍。当活塞运行到喷油位置时，喷油系统开始工作，燃油通过齿轮泵给高压油管提供恒定的油压，当喷油系统开始工作时，喷油器针阀打开，并维持设定的时间，即喷油脉宽。喷油脉宽不同，针阀开启的时间不同，喷出的燃油量不同，最终达到调节供油量的功能。燃油喷入气缸后，活塞继续推动气体向内止点运动，同时达到燃油与新鲜空气混合的效果。当活塞运行到点火位置时，火花塞通高压电并开始工作，缸内可燃气体被点燃，燃烧过程开始，缸压急剧升高，推动活塞进行反向运动。这时直线电机已经切换成发电机模式，直线电机定子磁场的相位角滞后于动子磁场的相位角，给动子运动一个粘滞阻力效果，并且定子向外输出电能到电池模拟器，这时供能系统启动储存能量的功能，将直线电机输出的电能反向供给电网中。同时，回复气缸气体被压缩，缸内蓄积能量，当活塞运行到外止点后，回复气缸内气体蓄积能量将推动活塞向内止点运动，进行下个循环。

在样机开始进行起动过程时，位于动力气缸、回复气缸内压力传感器不断将缸内压力信号输出，通过 MSO58 示波器用 62.5 Ks/s 的采样率进行采集，并显示在示波器屏幕上。通过 Textronix 公司的电流钳和电压探头，对直流母线电压、电流，直线电机三相电流进行捕捉测试，并通过 MSO58 示波器进行采集并保存。最终可实时观测 FPEG 技术验证样机动力气缸、回复气缸的缸压变化状态，供能系统与直线电机系统的电流、电压状态，从而对 FPEG 技术验证样机整体系统的气体状态、直线电机特性、输出电流等基本性能指标进行测试并研究。

2. FPEG 技术验证样机储能性能测试方案

FPEG 技术验证样机储能性能测试方案主要通过将供能系统中的电池模拟器更换为传统锂电池及超级电容，并且使用 DC/DC 设备进行整流转换，将电池的能量输入给样机，并储存样机输出电能，从而对 FPEG 技术验证样机的能量传递进行研究。

在对 FPEG 技术验证样机储能特性进行研究时，整体的运行控制逻辑保持一致，同样将样机的运行过程分为起动过程和发电过程。

在起动过程中，供能系统中的锂电池释放电能，首先将超级电容充满电，当超级电容两端电压达到限值后，电流将通过 DC/DC 系统转化为恒定的电流，供给直线电机系统进行直线电机起动过程，超级电容的介入可以使直流母线的电流、电压不会随着直线电机的起动过程对电能的消耗发生强烈的波动，起到"削峰填谷"的作用，从而使直线电机动子的运动更为精准。在起动过程中直线电机系统提供与速度同向的电机力，即直线电机以电动机模式运行，以恒定电机力时刻推动活塞及连杆进行直线往复运动，活塞及连杆持续振荡一段时间后达到点火条件，当满足点火条件时，直线电机仍以与速度同向的电机力将活塞推到外止点，活塞到达外止点后起动过程完成，系统进行稳定发电过程。

在稳定发电过程中，直线电机切换为发电机模式，直线电机提供与速度反向的电磁阻力。动力气缸的混合气燃烧推动活塞及连杆做直线往复运动，直线电机系统将大部分机械功转化为电能输出。输出电流通过反向通过 DC/DC 向超级电容充能，当超级电容饱和后，再向锂电池输入电能，同样保证锂电池充电电流稳定，提高充电效率。

同样在 FPEG 技术验证样机开始起动过程时，位于动力气缸、回复气缸内的压力传感器不断将缸内压力信号输出，通过 MSO58 示波器用 62.5 Ks/s 的采样率进行采集并保存。同样通过 Textronix 公司的电流钳和电压探头，对直线电机与储能设备的直流母线电压、电流进行测量，同时在供能系统内部，对锂电池端的电流、电压，超级电容端的电流、电压进行同步检测，从而探究 FPEG 技术验证样机工作特性对输出能量的影响。

3. FPEG 技术验证样机燃烧及功率特性测试方案

FPEG 技术验证样机燃烧及功率特性测试方案主要通过采用燃烧分析仪和功率分析仪对 FPEG 技术验证样机的动力气缸的燃烧特性，即指示功、有效功率、热效率等性能特性，以及直线电机的视在功率、无功功率等功率特性进行研究，最终对 FPEG 技术验证样机性能提升进行更深入的研究。

FPEG 技术验证样机运行采用与前文一致的控制策略，将整个运行过程分为起动过程和发电过程，供能系统采用初始的直流电源柜—电池模拟器，以保证整体电能供给的稳定。

在起动过程中，供能系统给予直线电机系统起动所需的稳定电能，直线电机系统提供与速度同向的电机力，即直线电机以电动机模式运行，以恒定电机力时刻推动活塞及连杆进行直线往复运动，此时的功率分析仪可以测试得到直线电机的电动特性，并对直线电机消耗的功率进行实时分析。活塞及连杆持续振荡一段时间后达到点火条件，当满足点火条件时，直线电机仍以与速度同向的电机力将活塞推到外止点，活塞到达外止点后起动过程完成，系统进行稳定发电过程。

在稳定发电过程中，动力气缸内开始进行喷油点火过程，缸内可燃混合气进行燃烧，在此过程中燃烧分析仪也实时测量动力气缸的缸压和温度，根据实时缸压和温度，实时采集样机的位移数据。在此过程中直线电机切换为发电机模式，直线电机提供与速度反向的电磁阻力。动力气缸的混合气燃烧，推动活塞及连杆进行直线往复机械运动，直线电机系统将大部分机械功转化为电能输出。

在燃烧发电过程中，燃烧分析仪实时采集动力气缸的缸压、温度以及位移数据，并进行数据处理，对数据进行统计、计算，可进行不同阶次的傅里叶滤波，通过可编程的热力学算法，对动力气缸内的燃烧的热力学过程进行机理探究，可对 FPEG 燃烧过程机理进行深入完善的研究。同样，功率分析仪可实时采集直线电机的三相电流、电压，实时检测并记录直线电机三相电的变化特征，并分析不同燃烧状态下直线电机输出的电能特性，为 FPEG 性能提升提供理论依据。

7.3　FPEG 技术验证样机的技术状态调试

FPEG 系统作为多模块耦合的复杂系统，除了主体结构由动力气缸、回复气缸以及直线电机构成外，各附属子系统不可或缺，具体包括喷油系统、点火系统、供气系统以及直线电机系统。为了实现 FPEG 系统的稳定高效运行，本节针对以上各个子系统进行技术状态调试研究，研究各个子系统的控制调试技术，分析各个子系统的关键参数对 FPEG 系统运行特性的影响规律及参数间的匹配关系；此外，针对直线电机控制策略的合理性、有效性进行研究。

7.3.1　FPEG 技术验证样机起动过程状态调试

FPEG 技术验证样机起动过程对系统连续稳定运行至关重要。起动过程目前有两条技术路径可供选择，分别为恒电机力振荡起动直至达到缸内点火条件，以及逐渐增加电机力起动然后切换至轨迹跟踪模式，以达到目标点火条件。其中恒电机力振荡起动的方式已经在本课题组前期的研究中通过试验测试的方法验证了其可靠性与通用性，而第二种起动方式尚未在对置气缸式原理样机上进行测试。从国外相关研究结果可知，该起动方式对于系统的连续稳定运行有益，可极大减小外界干扰对系统连续运转的影响，因此第二种起动方式也需重点考虑。上述两种起动过程状态调试的技术路线如图 7 – 27 所示。

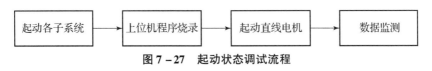

图 7 – 27　起动状态调试流程

1. 直线电机驱动控制状态调试

直线电机驱动控制状态调试主要包括位移、速度信号的采集以及准确性判别，电机力下发输入量的对应和明确，定位方式以及直线电机动子运行坐标系的确认，状态观测量信号的上传以及采集，上位机软件的编写与调试，结合位移指标对起动电机力进行确认等方面。直线电机驱动主程序界面如图 7 – 28 所示。直线电机驱动器及信号采集板如图 7 – 29 所示。

图7-28　直线电机驱动主程序界面

图7-29　直线电机驱动器及信号采集板

2. 起动过程系统运行特性分析以及状态调试

起动过程系统运行特性分析与调试主要涉及起动过程位移和速度信号的采集与分析、扫气压力与回复气缸基础压力的调试（直至最优值）。其中回复气缸初始压力对活塞运动特性影响较大，对于维持活塞运行稳定以及防止撞击限位机构有至关重要的作用。需要在起动过程中结合活塞位移以及止点位置进行反复调试直至合适值。回复气缸初始压力的取值还与起动电机力有关，起动电机力越大，回复气缸初始压力越高，但是起动电机力应适当取值，评价指标为活塞止点位置，在适当的起动电机力下，在扫气压力以及回复气缸初始压力的匹配下，活塞在数个周期内达到目标点火位置，并且不至于撞击内、外止点限位。

起动过程中活塞位移、动力气缸缸压变化曲线如图 7－30、图 7－31 所示。

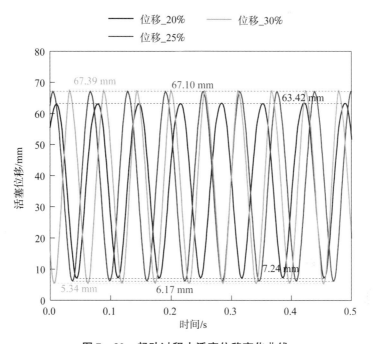

图 7－30　起动过程中活塞位移变化曲线

图 7－30 所示为不同电机力起动条件下的活塞位移对比。从结果看出，随着电机力的增大，位移外止点位置逐渐增大，依次为 63.42 mm、67.10 mm、67.39 mm、内止点位置逐渐减小，依次为 7.24 mm、6.17 mm、5.34 mm，当电机力从 20% 增加到 30% 时，外止点位置变化量较大，为 3.68 mm，内止点位置依次减小了 1.07 mm 和 0.83 mm。当电机力从 25% 增加到 30% 时，外止点位置变化不大。这说明当电机力达到 25% 时，动子已经基本撞击碟簧限位机构。随着电机力增大，动力气缸压缩比依次为 8.76，10.88，12.62，当电机力为 25% 时，压缩比已经超过 10。

图 7－31 所示为起动阶段动力气缸缸压变化对比结果。分析结果可知，动力气缸缸压逐渐升高，直至峰值趋于稳定。随着电机力增大，动子运行频率升高，在 20% 和 25% 电机力下，峰值缸压趋于稳定的周期数基本一致，即到第 11 个周

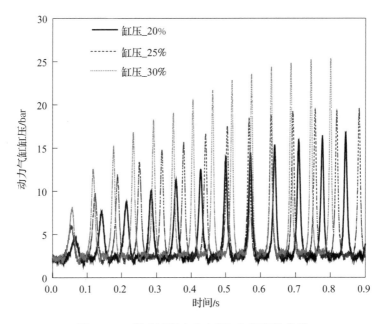

图7-31 起动过程中动力气缸缸压变化曲线

期趋于稳定。在电机力为30%的条件下，到第13个周期峰值缸压才趋于稳定。当电机力为25%时，稳态下峰值缸压已经接近2 MPa，结合前文所述的25%电机力起动条件下的压缩比可知，已达到点火要求。

7.3.2 FPEG技术验证样机点火运行过程状态调试

1. 喷油系统状态调试

喷油系统采用高压共轨、缸内直喷的方式，设计轨压为4 MPa，因此对喷油系统各部件的性能以及可靠性要求均较高。FPEG技术验证样机点火测试之前，还需对喷油系统循环喷油量进行标定，以便对系统输入能量以及能量流进行定量分析。喷油系统组成如图7-32所示。

2. 点火系统状态调试

点火系统包含火花塞、点火线圈、驱动电路等部分（图7-33）。上位机根据活塞位移信号触发点火信号，通过驱动电路向点火线圈输送驱动电能，当电压达到一定值后火花塞正、负极被击穿，瞬态高压产生火花，从而点燃缸内混合工质。

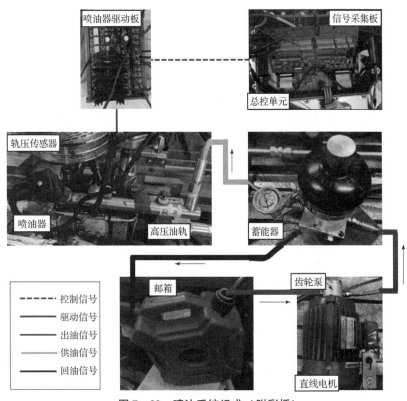

图 7 – 32　喷油系统组成（附彩插）

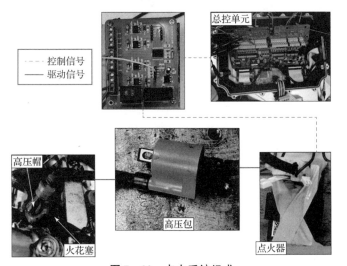

图 7 – 33　点火系统组成

3. 供气系统状态调试

供气系统主要由空压机、储气罐、冷干机、除尘过滤组件、精密调压阀等部件组成。空压机中的核心部件为永磁变频螺杆泵，其功率强劲，可以提供充足的高压空气；储气罐对永磁变频螺杆泵输出的高压空气进行稳压处理，然后经过除尘过滤组件进入冷干机，后续再接入两个除尘过滤组件，以保证压缩空气干燥和纯净。最后气路分成两路，分别连接两个精密调压阀，分别供给发动机燃烧室和回复气缸。供气系统组成如图 7-34 所示。

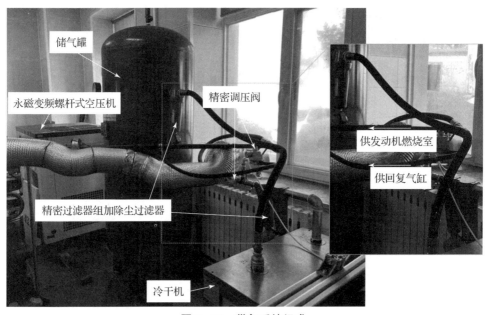

图 7-34 供气系统组成

4. 扫气压力状态调试

本测试平台采用 20 kW 永磁变频螺杆泵带动空压机产生高压空气，经储气罐稳压后，高压空气经过精密调压阀和冷干机，输送至发动机气缸。扫气压力可通过精密调压阀精确调节，通过扫气压力传感器将扫气压力数值传输至示波器进行实时显示。扫气压力传感器参数见表 7-3。

表 7-3 扫气压力传感器参数

参数	值
量程/kPa	-20~280
准确度等级/%FS	0.25

续表

参数	值
输出信号范围/V	$0 \sim 5$
补偿温度范围/℃	$0 \sim 60$
使用温度范围/℃	$-10 \sim 70$
供电电压/VDC	± 15
灵敏度及零位温度系数/$(℃ \cdot FS)^{-1}$	$\leq 1.0 \times 10^{-4}$

5. 回复气缸初始压力状态调试

空压机产生的高压空气存储至储气罐进行稳压之后，流出储气罐的气体被分为两路，一路供给扫气，另一路供给回复气缸。与扫气压力调节方式相同，回复气缸气路上安装有缸压传感器，信号传输至示波器进行实时显示，并可通过精密调压阀对回复气缸初始压力进行实时调节。回弹缸缸压传感器参数见表 7 - 4。

表 7 - 4　回复气缸缸压传感器参数

参数	值
量程/kPa	$-100 \sim 900$
准确度等级/% FS	0.25
输出信号范围/V	$0 \sim 5$
补偿温度范围/℃	$0 \sim 60$
使用温度范围/℃	$-10 \sim 70$
供电电压/VDC	± 15
灵敏度及零位温度系数/$(℃ \cdot FS)^{-1}$	$\leq 1.0 \times 10^{-4}$

6. 供能系统状态调试

本测试平台的供能系统采用商用直流电源柜，直流母线端与直线电机驱动器正、负极连接，另一端直接与电网连接，电源柜的电能可双向流动，并可根据实际使用情况设置横流、恒压、恒功率等模式，还能对锂电池、铅酸电池等电池输入/输出特性进行模拟，满足样机不同运行状态下的使用要求。在一般情况下，直线电机驱动器在运行过程中需保证母线电压稳定，因此直流电源柜在使用过程中调节为恒压模式，并设置了保护电流和保护功率，对用电设备的过载情况进行限制，从而保证系统使用安全。直流电源柜参数（输入电缆、输出电缆）见表7-5、表7-6，其外形如图7-35所示。

表7-5 输入电缆参数

输入最大电流/A	输入相线（A，B，C）/mm²			输入地线/mm²
225	≥70	≥70	≥70	≥25

表7-6 输出电缆参数

输出最大电流/A	输出直流（正极、负极）/mm²	
226	≥70	≥70

图7-35 直流电源柜外形

7.3.3 针对喷油系统、点火系统的调试研究

1. 喷油、点火动作控制逻辑研究

针对二冲程缸内直喷的对置活塞式FPEG，定义动力气缸中心，即等效缸盖处为位置零点，向右为正方向。在压缩行程活塞动子组件向左运行过程中，根据

实时位移信号依次触发喷油、点火动作，使能信号示意如图 7 – 36 所示。二者的使能信号是通过 DSP 芯片中的控制程序由直线电机控制板发出的 5 V TTL 信号，控制流程如图 7 – 37 所示。控制程序根据传感器反馈的位移信号进行实时判断，当速度小于 0 且位移小于 X_1 时，使能喷油信号，高电平持续时间为喷油脉宽 t_1，试验时高压共轨管中的轨压稳定在 4 MPa，喷油量取决于喷油脉宽的长度。当速度小于 0 且位移信号小于 X_2 时，使能点火信号，高电平持续时间即初级线圈的蓄能时间 t_2，为保证点火能量，试验时点火脉宽定为 6 ms；在信号下降沿断开初级线圈，在次级线圈中产生高压电并传至火花塞中心电极，与侧电极间产生电火花，点燃混合气。

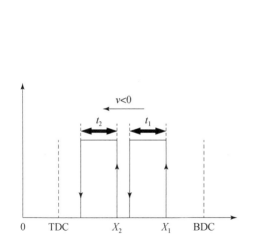

图 7 – 36　喷油与点火动作使能信号示意

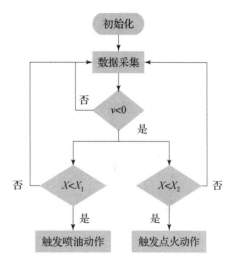

图 7 – 37　喷油与点火动作控制流程

2. 喷油位置对系统运行特性的影响规律研究

与传统曲柄连杆式发动机相比，由于自由活塞发动机摒弃了曲柄连杆机构，所以采用活塞动子组件的位移来表示喷油正时。相比进气道喷射，缸内直喷式 FPEG 对喷油位置的要求更为严格。为了研究不同喷油位置对系统运行特性的影响规律，采取控制变量的方法进行试验。固定点火位置为 27 mm，点火脉宽为 6 ms，喷油脉宽为 4 ms，扫气压力为 1.5 bar，回复气缸基础压力为 1.7 bar；将喷油位置作为控制变量，以 2 mm 为步长在控制程序中进行修改，并依次进行样机试验。

提取 1 s 内不同喷油位置 33～43 mm 下峰值缸压最大的单循环试验数据，作出动力气缸缸压 – 容积曲线（p – V 曲线），如图 7 – 38 所示。其中，起动工况将喷油位置设定为 0 mm，即不会使能喷油动作，其 $p-V$ 曲线也融入图中以便对比燃烧情况。从图 7-38 可以发现：当喷油位置小于 37 mm 时，$p-V$ 曲线与起动工况趋同，峰值缸压接近 17 bar，指示功接近 -47 J，样机发生失火。这可能是由于喷油结束位置与火花塞跳火位置过于接近，导致液态油滴来不及雾化而无法点燃。另外，当喷油位置大于等于 37 mm 时，峰值缸压与指示功呈现非单调变化，在喷油位置为 43 mm 时二者达到峰值，峰值缸压为 43.3 bar，指示功为106.5 J。但这并不能说明 43 mm 为最佳喷油位置，由于存在循环间燃烧波动的干扰，所以还需要进行多循环的运行特性分析。

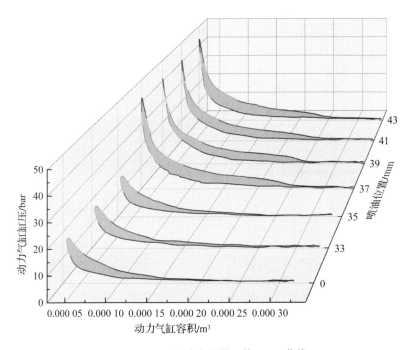

图 7-38 不同喷油位置下的 $p-V$ 曲线

不同喷油位置下 0.3 s 内的活塞动子组件运行速度-位移曲线（$v-x$ 曲线）如图 7-39 所示，从图中可以明显看出当喷油位置小于 37 mm 时，动力气缸内的混合气无法点燃，导致膨胀行程的运行速度以及内、外止点均明显低于其余着火工况；此外，喷油位置为 39 mm 和 41 mm 时，膨胀行程速度高于喷油位置为 43 mm 时的工况，且运行稳定性高于喷油位置为 37 mm 时的工况，表现为 $v-x$ 曲线重合度更高。因此，在此运行工况下，喷油位置为 39 mm 和 41 mm 较为适宜。另外，值得注意的是，在不同喷油位置下，膨胀行程的运行速度受燃烧情况的影响而区别较大；而压缩行程曲线重合度较高，即使在燃烧波动较大的情况下，压缩行程的运行速度 – 位移曲线也并未显示出明显差异。

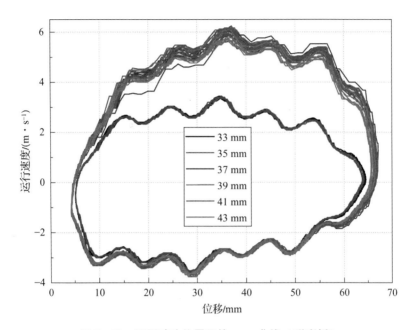

图 7 – 39 不同喷油位置下的 v – x 曲线（附彩插）

提取 1 s 内不同喷油位置下的动力气缸缸压曲线，如图 7 – 40（a）所示。另外，考虑到 FPEG 系统循环间存在波动，计算出 1 s 内运行特性的多循环平均值，包括峰值缸压、膨胀行程平均发电功率以及运行频率，并通过方差分析对比不同喷油位置下循环间波动的大小，如图 7 – 40（b）所示。从图 7 – 40 中可以看出，当喷油位置为 33 mm 和 35 mm 时，循环间波动较小，但是系统发生失火，导致峰值缸压、发电功率及运行频率远低于其余工况；平均发电功率约为 – 8 kW，表示直线电机在大部分行程内处于电动机状态，需要对动子施加电磁推力以维持活塞动子组件按照预设轨迹进行往复运动。喷油位置为 37 mm 属于临界工况，失火频繁发生，燃烧波动较大，从而导致运行特性的循环间波动较大。当喷油位置为 39～43 mm 时，燃烧相对稳定，无失火现象发生；针对 39 mm 喷油位置，峰值缸压达到 37.91 bar，发电功率达到 0.38 kW，运行频率达到 21.91 Hz，三者均达到峰值，且循环间波动相对较小。另外，值得注意的是，三者随喷油位置的变化趋势表现出良好的一致性。

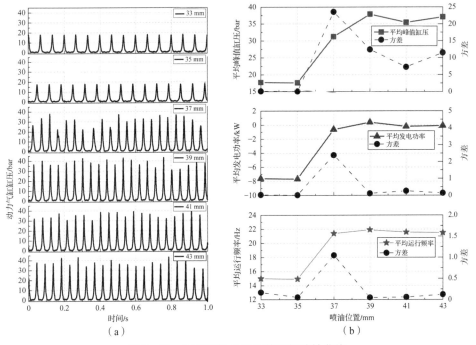

图7-40 不同喷油位置下的运行特性曲线

(a) 动力气缸缸压曲线;(b) 运行特性及方差波动

3. 点火位置对系统运行特性的影响规律研究

与传统曲柄连杆式发动机相比,由于自由活塞发动机摒弃了曲柄连杆机构,所以采用活塞动子组件的位移来表示点火正时,点火位置对于发动机功率、燃油经济性以及排放性能具有重要影响。点火过早,压缩功增加,发动机功率和燃油经济性达不到最佳值,并且易发生爆燃,导致火花塞和发动机零件损坏,排放性能也将变差。而点火过迟使燃烧过程推迟,发动机功率和燃油经济性同样下降。因此,为了探寻自由活塞发动机的最佳点火位置,采取控制变量的方法进行试验。固定点火脉宽为6 ms,喷油位置为39 mm,喷油脉宽为4 ms,扫气压力为1.5 bar,回复气缸基础压力为1.7 bar;将点火位置作为控制变量,以1 mm为步长在控制程序中进行修改,并依次进行样机试验。

提取1 s内不同点火位置23~30 mm下峰值缸压最大的单循环试验数据,作出动力气缸缸压-容积曲线(p-V曲线),如图7-41所示。点火位置为25 mm时指示功率最高,达到2.26 kW;随着点火位置的提前,动力气缸峰值缸压逐渐上升,当点火位置提前至29 mm时峰值缸压最高,达到51.57 bar,但此时点火过早,压缩功较大,指示功率仅为2.01 kW;当点火位置提前至30 mm时,峰值缸压相比点火位置为 29 mm 时并未继续上升，反而急剧下降，可能由于点火位置与喷油位置较为接近，导致汽油雾化不良从而引起燃烧异常。

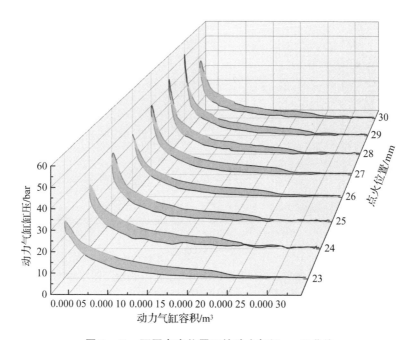

图 7 – 41　不同点火位置下的动力气缸 $p - V$ 曲线

通过动力气缸缸压随时间的变化曲线（$p - t$ 曲线），可以进一步分析点火位置对燃烧过程的影响，如图 7 – 42 所示。当点火位置为 23 mm 时，$p - t$ 曲线出现明显双峰现象，说明点火位置过于滞后，燃烧偏向于发生在膨胀行程，使峰值缸压较高，仅为 27.61 bar，指示功率也仅为 1.97 kW；当点火位置提前至 30 mm 时，点火过早，虽然峰值缸压达到最大值 51.57 bar，但由于压缩功较大，导致指示功率仅为 2.01 kW；通过分析对比发现，点火位置为 25 ~ 27 mm 较为适宜，指示功率能够达到最大值，约为 2.25 kW。

不同点火位置下 0.3 s 内活塞动子组件运行速度 – 位移曲线（$v - x$ 曲线）如图 7 – 43 所示。随着点火位置由 23 mm 逐渐提前至 29 mm，峰值缸压的上升，进一步导致膨胀行程运行速度的上升以及外止点位置的明显增大；而当点火位置增大至 30 mm 时燃烧不稳定，失火概率较高，在失火循环膨胀行程中活塞动子组件运行速度明显降低，即使在着火循环中，与其余点火工况相比也未显示出较高的运行速度。

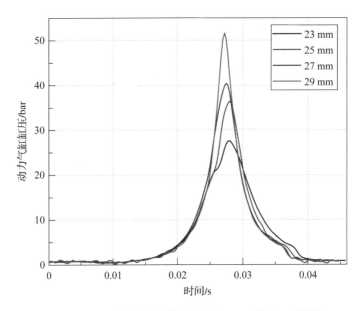

图 7 − 42　不同点火位置下的动力气缸 $p − t$ 曲线（附彩插）

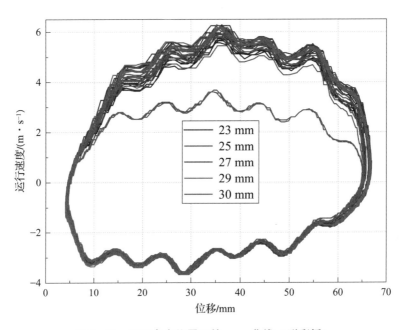

图 7 − 43　不同点火位置下的 $v − x$ 曲线（附彩插）

7.3.4　针对供气系统的调试研究

针对二冲程对置活塞式 FPEG，换气方式采用气口 – 气口式的直流扫气。直流扫气换气时，扫气流线沿气缸轴线作单方向流动，并流过整个气缸截面，新鲜空气与废气的掺混较少，换气质量高。作为影响换气过程的一个重要运行参数，不同的扫气压力对扫气效率以及扫气结束后缸内流场分布具有重要影响，进而对动力气缸内的燃烧过程以及系统的运行特性起到至关重要的作用。

为了研究不同扫气压力对 FPEG 系统运行特性的影响规律，采取控制变量的方法进行试验。固定点火位置为 27 mm，点火脉宽为 6 ms，喷油位置为 39 mm，喷油脉宽为 4 ms，回复气缸基础压力为 1.7 bar；将扫气压力作为控制变量，以 0.1 bar 为步长在控制程序中进行修改，并依次进行样机试验。

提取 1 s 内不同扫气压力 1.3 ~ 1.7 bar 下峰值缸压最高的单循环试验数据，作出动力气缸缸压 – 容积曲线（p – V 曲线），如图 7 – 44 所示。从图中可以看出，当扫气压力为 1.3 ~ 1.6 bar 时，峰值缸压无明显变化，其在 40 bar 左右波

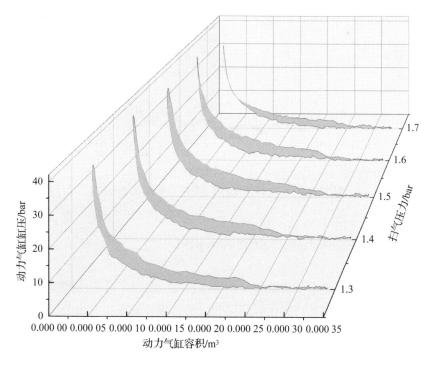

图 7 – 44　不同扫气压力下的动力气缸 p – V 曲线

动，但当扫气压力升高至 1.7 bar 时，峰值缸压为 34.53 bar，指示功率也仅为 0.95 kW，远低于其余工况，这说明过高的扫气压力对于动力气缸内的燃烧过程产生了不利影响。另外通过 $p-V$ 曲线面积及运行周期计算出不同扫气压力下的指示功率发现：随着扫气压力的升高，指示功率呈现先升高后降低的趋势，当扫气压力为 1.5 bar 时，指示功率达到峰值 2.43 kW。

不同扫气压力下 0.3 s 内活塞动子组件运行速度 – 位移曲线 ($v-x$ 曲线）如图 7 – 45 所示。当扫气压力在 1.3 ~ 1.5 bar 范围内时，运行速度 – 位移曲线无明显区别，重合度较高；然而，随着扫气压力继续上升至 1.6 bar 和 1.7 bar，活塞动子组件在膨胀行程的运行速度以及外止点位置明显减小（扫气压力为 1.7 bar 时尤为明显），这说明过高的扫气压力对于缸内燃烧过程产生了不利影响，导致峰值缸压下降，进而引起系统运行特性的变化，表现为活塞动子组件运行速度的降低以及外止点位置的减小。

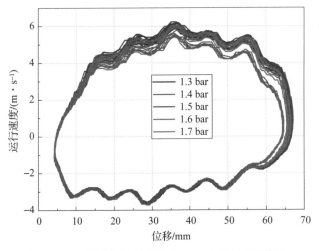

图 7 – 45　不同扫气压力下的 $v-x$ 曲线（附彩插）

7.3.5　针对直线电机系统的调试研究

自由活塞发动机取消了传统的曲柄连杆机构，在带来可变压缩比、多燃料适应性、高能量转换效率等诸多优势的同时，也引起了循环间燃烧波动增大、运行稳定性减弱等一系列需要解决的问题。直线电机具有反应灵敏、响应快的优势，因此希望通过实时调整直线电机出力来辅助控制系统压缩比，减小循环间燃烧波动，实现系统的稳定运行。基于以上想法，为了实现 FPEG 系统的稳定运行，在样机试验中以直线电机为被控对象，采用基于速度、电流双闭环的轨迹跟踪控制策略，轨迹跟踪控制策略框图如图 7-46 所示。

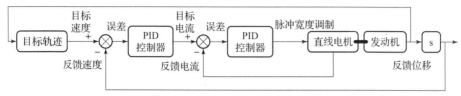

图 7-46 轨迹跟踪控制策略框图

轨迹跟踪控制程序主要包括速度环与电流环两部分。首先，针对速度环，根据反馈的活塞动子组件位移进行在线查表得到目标速度，并与反馈速度作差进行 PID 计算得到目标电流值；其次，针对电流环，根据速度环计算得到目标电流，与反馈的直线电机电流作差并进行 PID 计算，从而进行脉冲宽度调制，控制直线电机运行状态；最后，通过速度环与电流环实现对于直线电机出力的实时控制，从而使 FPEG 系统能够参考目标轨迹稳定运行。

为了验证轨迹跟踪控制策略的有效性，分 3 个部分进行试验研究。首先，基于恒定电机力起动试验对电流环的有效性进行验证；其次，基于轨迹跟踪起动试验对速度环的有效性进行验证，同时对速度环 PID 控制器进行参数整定，优化控制效果；最后，通过点火稳定试验对目标轨迹的合理性进行验证。轨迹跟踪控制策略研究及验证路线如图 7-47 所示。

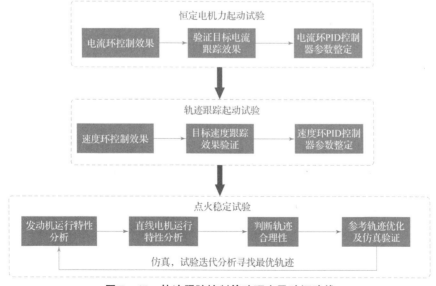

图 7-47 轨迹跟踪控制策略研究及验证路线

1. 恒定电机力起动试验

为了验证电流环的控制效果,进行恒定电机力起动试验,在试验过程中对直线电机施加大小恒定、方向与活塞动子组件运行方向相同的电流激励,活塞动子组件在电磁推力的作用下往复振荡运动。运行参数分别为:扫气压力 2.6 bar、回复气缸基础压力 1.3 bar、恒定目标电流 7.92 A。电流环控制效果验证如图 7 - 48 所示。可以看出,实际电流跟随目标电流效果良好,电流环达到控制效果。此时内、外止点位置分别为 7.24 mm 和 62.96 mm,有效压缩比仅为 5.95,峰值缸压为 13.90 bar。

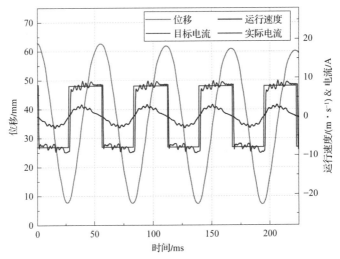

图 7 - 48 电流环控制效果验证(附彩插)

2. 轨迹跟踪起动实验

在电流环控制的有效性得到验证后加入速度外环控制,进行轨迹跟踪起动试验,验证速度环的有效性以及目标轨迹的跟随情况。试验运行参数如下:动力气缸扫气压力 1.5 bar、回复气缸基础压力 1.7 bar、直线电机电流限幅 17.82 A。速度环控制效果验证如图 7 - 49 所示。可以看出活塞动子组件在跟随目标轨迹运动,压缩行程速度跟踪效果良好,膨胀行程目标速度相对较高,在电机电流限幅17.82 A的情况下电机出力不足以使得动子达到目标速度,但速度环的有效性已经得到验证。此外,在轨迹跟踪控制下启动,可以达到内止点 5.29 mm,压缩比 7.72,动力缸峰值缸压 18.31 bar,相比恒定电机力启动策略,更加有利于成功点火。

3. 点火稳定运行试验

在速度环与电流环的控制有效性分别得到验证后,进行点火稳定运行试验,以验证目标轨迹的合理性。试验运行参数如下:固定点火位置 27 mm、点火脉宽

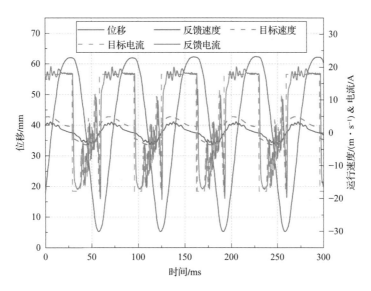

图 7 - 49　速度环控制效果验证（附彩插）

6 ms、喷油位置43 mm、喷油脉宽 4 ms、扫气压力 1.5 bar、回复气缸基础压力 1.7 bar。轨迹跟踪控制效果验证如图 7 - 50 所示。可以看出，目标电流与目标速度均得到良好的跟踪效果，且通过实时调整电机力保证了循环间的运行稳定性。在该控制策略下，能够达到内止点位置为 4.24 mm，外止点位置为 66.58 mm，压缩比为 9.18，指示功率为 2.34 kW，膨胀行程平均发电功率为 0.63 kW。

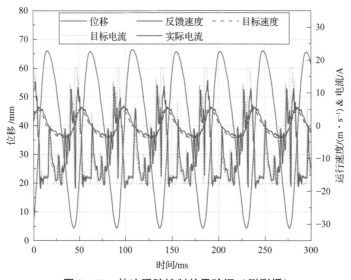

图 7 - 50　轨迹跟踪控制效果验证（附彩插）

7.4 关键性能参数对 FPEG 技术验证样机稳定运行特性及性能指标的影响规律分析

本节主要研究关键性能参数（供油量、点火时刻、增压压比、负载特性等）对 FPEG 技术验证样机稳定运行特性及性能指标的影响规律。

7.4.1 基本运行特性分析

1. 点火位置和供油量的影响

图 7-51~图 7-53 所示为分别固定喷油位置为 43 mm、45 mm 以及 47 mm，喷油脉宽为 3 ms、4 ms、5 ms 时不同点火位置下的系统运行特性。

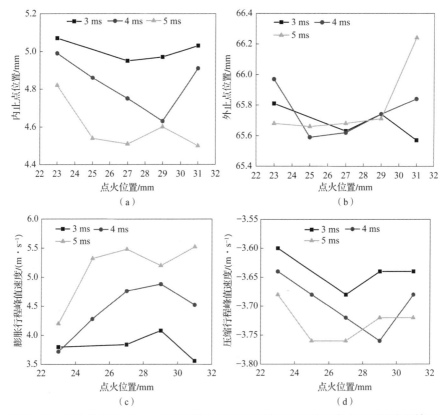

图 7-51 喷油位置为 43mm 时不同喷油脉宽下系统运行特性随点火位置的变化情况

（a）内止点位置；（b）外止点位置；（c）膨胀行程峰值速度；（d）压缩行程峰值速度

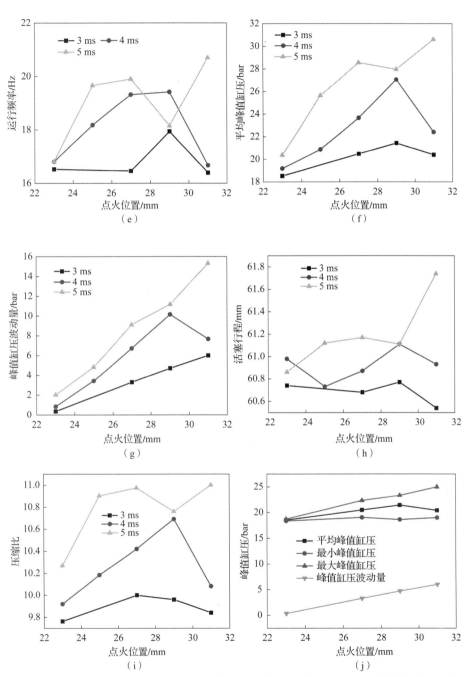

图 7-51　喷油位置为 43mm 时不同喷油脉宽下系统运行特性随点火位置的变化情况（续）

（e）运行频率；（f）平均峰值缸压；（g）峰值缸压波动量；（h）活塞行程；

（i）压缩比；（j）喷油脉宽为 3 ms 时峰值缸压变化情况

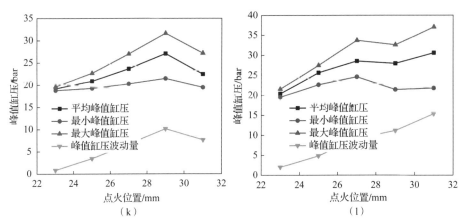

图 7-51 喷油位置为 43mm 时不同喷油脉宽下系统运行特性随点火位置的变化情况 （续）

（k）喷油脉宽为 4 ms 时峰值缸压变化情况；（l）喷油脉宽为 5 ms 时峰值缸压变化情况

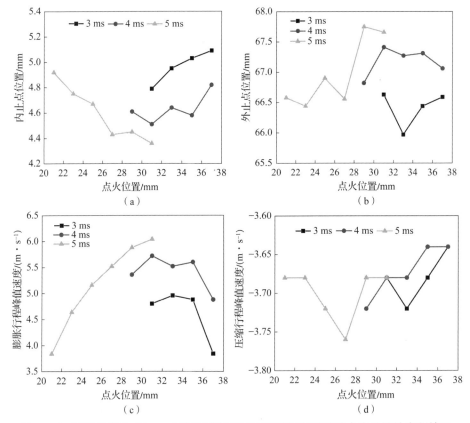

图 7-52 喷油位置为 45 mm 时不同喷油脉宽下系统运行特性随点火位置的变化情况

（a）内止点位置；（b）外止点位置；（c）膨胀行程峰值速度；（d）压缩行程峰值速度

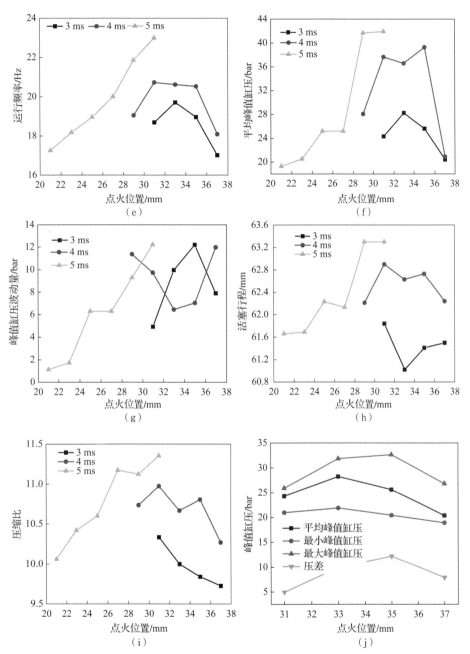

图 7-52　喷油位置为 45 mm 时不同喷油脉宽下系统运行特性随点火位置的变化情况（续）

（e）运行频率；（f）平均峰值缸压；（g）峰值缸压波动量；（h）活塞行程；

（i）压缩比；（j）喷油脉宽为 3 ms 时峰值缸压变化情况

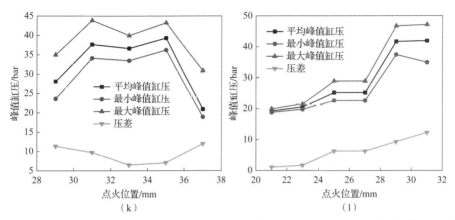

图 7 – 52 喷油位置为 45 mm 时不同喷油脉宽下系统运行特性随点火位置的变化情况（续）

（k）喷油脉宽为 4 ms 时峰值缸压变化情况；（l）喷油脉宽为 5 ms 时峰值缸压变化情况

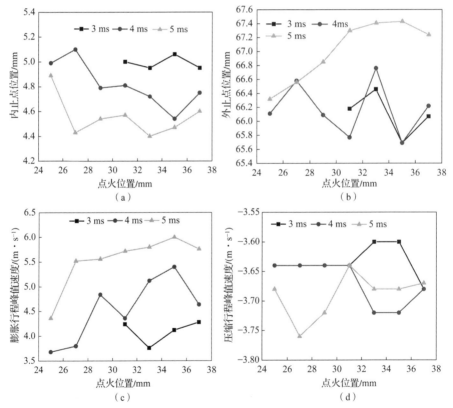

图 7 – 53 喷油位置为 47 mm 时不同喷油脉宽下系统运行特性随点火位置的变化情况

（a）内止点位置；（b）外止点位置；（c）膨胀行程峰值速度；（d）压缩行程峰值速度

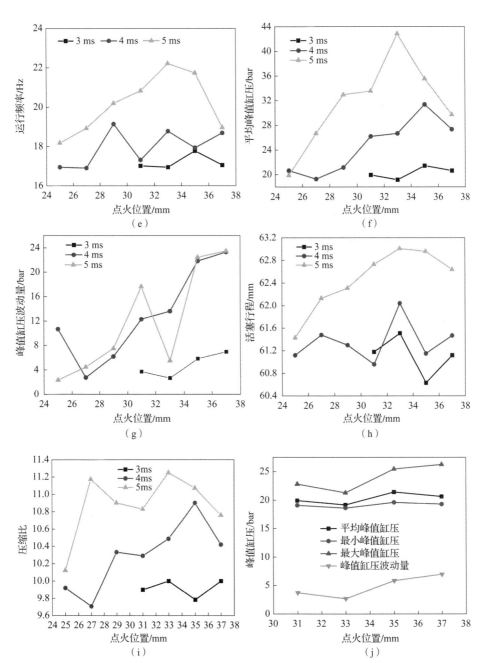

图 7-53　喷油位置为 47 mm 时不同喷油脉宽下系统运行特性随点火位置的变化情况（续）

（e）运行频率；（f）平均峰值缸压；（g）峰值缸压波动量；（h）活塞行程；

（i）压缩比；（j）喷油脉宽为 3 ms 时峰值缸压变化情况

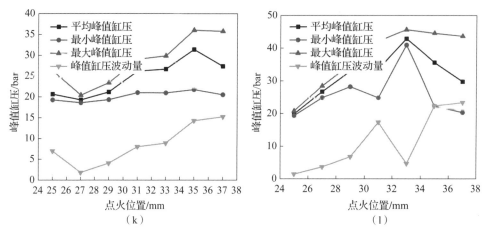

图7-53　喷油位置为47 mm 时不同喷油脉宽下系统运行特性随点火位置的变化情况（续）

（k）喷油脉宽为4 ms 时峰值缸压变化情况；（l）喷油脉宽为5 ms 时峰值缸压变化情况

图7-51 所示为喷油位置为43 mm 时系统各运行指标在不同喷油脉宽下的变化规律。图7-51（a）所示为内止点位置变化情况。从图中变化曲线可知，随着喷油脉宽的增大，内止点位置逐渐减小，呈现靠近缸体中心面的趋势。分析认为，随着喷油量的增大，缸内输入能量也随之增大，从而增加了传递到活塞上的动能，而不同喷油脉宽下扫气压力等其他条件均一致，使活塞行程增加，图7-51（h）所示的活塞行程变化规律也印证了这一点，从而使内止点逐渐向内移动。在不同喷油脉宽下，随着点火位置的增大，内止点位置呈现先减小后增大的趋势，在不同喷油脉宽下内止点位置均出现了一个极值点。随着喷油脉宽的增大，极值点出现的点火位置依次为27 mm、29 mm、27 mm；极值点处内止点位置依次为4.95 mm、4.63 mm、4.51 mm，呈现逐渐减小的趋势。

图7-51（b）所示为外止点位置变化情况。从图中变化曲线可以看出，随着喷油量增加，外止点位置在65.57～66.24 mm 范围内变化，波动范围为0.67 mm。在点火位置为25～29 mm 时，随着喷油脉宽的增大，外止点位置变化不大，但是在该点火位置区间外，外止点位置差异较大，分析认为该现象与点火位置匹配有关，若点火位置不合理，将严重影响缸内工质的燃烧质量，从而影响活塞的运动学和动力学特性。最佳的喷油和点火位置还需结合后续分析综合评判。

图7-51（c）、（d）所示为膨胀行程和压缩行程峰值速度变化规律。从图中所示结果可以看出，随着喷油量的增大，膨胀行程峰值速度逐渐增大，这是由于随着喷油量的增大，缸内输入能量变大，使缸内爆发压力升高，活塞动能增加，从而使膨胀行程速度增大，并且在不同喷油脉宽下，随着点火位置的增大，膨胀

行程峰值速度呈现先增大后减小的趋势，在不同喷油脉宽下均出现速度极大值，速度极大值出现的点火位置依次为 29 mm、29 mm、27 mm，对应的速度极值依次为 4.08 m/s、4.88 m/s、5.48 m/s，速度极值依次增大。随着喷油脉宽的增大，压缩行程峰值速度同样呈现整体增大的趋势。在不同的喷油脉宽下，随着点火位置的增大，压缩行程峰值速度先增大后减小，出现极值点。随着喷油脉宽的增大，极值点依次为 27 mm、29 mm、27 mm，对应的速度极值逐渐增大，分别为 −3.68 m/s、−3.76 m/s、−3.76 m/s。与膨胀行程峰值速度有所不同的是，压缩行程峰值速度在低速区间内，出现了相邻两个点火位置峰值速度相同的情况，这是因为压缩行程活塞运动主要靠回复气缸内积蓄的压缩空气以及电机力维持，回复气缸所提供的回复力有限，在回复力不足时，主要靠电机力运行在电动机模式推动直线电机动子维持目标速度，系统所采用的轨迹跟踪策略中，活塞运行的参考轨迹在每一维直线目标速度相同，因此出现了某些点火位置下压缩行程峰值速度相同的情况，这同时也说明在这些点火位置下，与回复气缸的回复力相比，压缩行程电机力占主导作用，直线电机将消耗较多能量用于推动活塞达到目标压缩比位置。

图 7-51（e）所示为不同喷油脉宽下，运行频率随点火位置的变化情况。随着喷油脉宽的增大，运行频率整体呈现逐渐升高的变化趋势，但是当喷油脉宽为 5 ms 时，运行频率波动较大，说明 5 ms 喷油脉宽下虽然喷油量较大，但是缸内燃烧并不稳定，引起运行频率的较大波动，分析原因可能是较大喷油量下运行频率与扫气压力以及喷油点火正时匹配有关，不合理的匹配关系对缸内工质混合均匀度以及气流组织都有显著影响。在不同的喷油脉宽下，随着点火位置的增大，运行频率出现先升高后降低的趋势，并且都出现了极值点。随着喷油量的增大，极值点出现的位置依次为 29 mm、29 mm、27 mm，对应的运行频率依次为 17.94 Hz、19.42 Hz、19.9 Hz，依次升高。

图 7-51（f）、（g）所示为平均峰值缸压和峰值缸压波动量的变化规律。从平均峰值缸压变化规律可以看出，随着喷油脉宽的增大，平均峰值缸压依次升高，当喷油脉宽为 5 ms，点火位置为 31 mm 时，平均峰值缸压达到 30.60 bar。在点火位置为 23 mm 时，峰值缸压基本一致，说明在该点火位置基本没有着火，而着火后的工况差异逐渐增大，不同着火工况运行特性差异较大。在不同的喷油脉宽下，随着点火位置的增大，峰值缸压均出现极大值，随着喷油脉宽的增大，极值出现的位置依次为 29 mm、29 mm、27 mm，对应的峰值缸压依次为 21.43 bar、27.05 bar、28.55 bar，逐渐升高。峰值缸压波动量随着喷油脉宽的增

大而增大，当喷油脉宽为 5 ms，点火位置为 31 mm 时，峰值缸压波动量达到 15.32 bar，这说明发动机缸内燃烧已经极不稳定。当喷油脉宽为 4 ms 时，在点火位置 29 mm 处出现峰值缸压波动量极大值，而此时平均峰值缸压也最高，说明自由活塞发动机的循环波动不可避免，系统运行稳定性较差。

图 7-51 (h)、(i) 所示为活塞行程和压缩比变化规律。与上述各指标变化规律类似，它们均在点火位置 27 mm 和 29 mm 时出现极大值。随着喷油量的增大，活塞行程整体呈现增大的趋势，当喷油脉宽为 5 ms，点火位置为 31 mm 时，活塞行程达到 61.74 mm；当喷油脉宽为 3 ms，点火位置为 31 mm 时，行程最小，为 60.54 mm。随着喷油量的增大，活塞行程的极值点出现的点火位置依次为 29 mm、29 mm、27 mm，对应的活塞行程依次为 60.77 mm、61.11 mm、61.17 mm，依次增大。随着喷油脉宽的增大，发动机缸内压缩比逐渐增大，当喷油脉宽为 5 ms，点火位置为 31 mm 时，压缩比最大，为 11，当喷油脉宽为 3 ms，点火位置为 31 mm 时，压缩比最小，为 9.76。在不同的喷油脉宽下，随着点火位置的增大，压缩比出现极大值点，随着喷油脉宽的增大，极值点对应的点火位置依次为 27 mm、29 mm、27 mm，对应的压缩比依次为 10、10.69、10.98。

图 7-51 (j) 所示为喷油脉宽为 3 ms 时峰值缸压变化情况，其中包含平均峰值缸压、最小峰值缸压、最大峰值缸压以及峰值缸压波动量。从图中可以看出，随着点火位置的增大，前三者变化规律基本一致，都呈现逐渐升高/增大的趋势，在点火位置为 29 mm 时，平均峰值缸压出现极大值，为 21.43 bar。峰值缸压波动量随点火位置的增大而增大。

图 7-51 (k)、(l) 所示分别为喷油脉宽为 4 ms 和 5 ms 时峰值缸压变化情况。与喷油脉宽为 3 ms 时峰值缸压变化规律类似，平均峰值缸压、最小峰值缸压、最大峰值缸压以及峰值缸压波动量整体呈现升高/增大趋势，并且在喷油脉宽为 4 ms 时，在点火位置 29 mm 出现极大值，上述 4 个指标极大值依次为 27.05 bar、21.46 bar、31.61 bar、10.15 bar；而在喷油脉宽为 5 ms 时，平均峰值缸压、最小峰值缸压以及最大峰值缸压的极大值均出现在点火位置 27 mm，依次为 28.55 bar、24.60 bar、33.72 bar。随着喷油脉宽增大，上述指标也依次升高/增大，说明系统能量输入与缸压在一定的点火区间呈正相关，在系统运行过程中应严格将喷油量控制在合理范围内，以免造成缸压过高，对系统零部件造成损坏。

图 7-52 所示为喷油位置为 45 mm 时，不同喷油脉宽下系统运行特性随点火

位置的变化情况。其中图 7 – 52（a）、（b）所示分别为内止点位置和外止点位置变化规律。对于 5 ms 喷油脉宽，在测试的点火位置范围内，随着点火位置增大，内止点位置逐渐减小，而外止点位置逐渐增大，即活塞行程逐渐增大，如图 7 – 52（h）所示。而峰值缸压从 19.29 bar 升高到 41.93 bar，当点火位置为 29 mm 时，缸压以及运行频率急剧上升，但是各指标的极值点仍未出现，为了避免样机破坏，后续点火位置便没有进行测试，但是可以得出的结论是，在点火位置为 29～31 mm 时，峰值缸压增加量较少，基本可以判定峰值缸压出现的点火位置在 29～31 mm 附近。而在喷油脉宽为 3 ms 和 4 ms 条件下，随着点火位置增大，内止点位置整体呈现增大的趋势，并且随着喷油量增大，内止点位置和外止点位置均增大，并且内、外止点位置都在 31 mm 和 33 mm 点火位置出现了极值，需重点关注。

图 7 – 52（c）、（d）所示分别为膨胀行程峰值速度和压缩行程峰值速度。在 5 ms 喷油脉宽下，膨胀行程峰值速度随着点火位置的增大而增大，当点火位置为 31 mm 时，达到最大值 6.04 m/s。当喷油脉宽为 3 ms 和 4 ms 时，随着点火位置的增大，膨胀行程峰值速度先增大后减小，极值点所在的点火位置依次为 31 mm 和 33 mm，对应的膨胀行程峰值速度极大值依次为 4.96 m/s、5.72 m/s。在 5 ms 喷油脉宽下压缩行程峰值速度先减小后增大，在点火位置为 27 mm 时出现极大值，为 – 3.76 m/s。当喷油脉宽为 4 ms 时，压缩行程峰值速度整体呈现减小的变化趋势；当喷油脉宽为 3 ms 时，压缩行程峰值速度先减小后增大，在点火位置为 33 mm 时出现极大值，为 – 3.72 m/s。

图 7 – 52（e）、（f）所示分别为运行频率和平均峰值缸压的变化规律。在喷油脉宽为 5 ms 条件下，两个指标均有明显升高，且随着点火位置的增大而升高，当点火位置为 31 mm 时，运行频率达到 22.99 Hz，而平均峰值缸压为 41.93 bar。在喷油脉宽为 3 ms 和 4 ms 时，随着点火位置的增大，运行频率和峰值缸压先升高后降低，均出现极大值点。运行频率极大值点所在的点火位置为 33 mm 和 31 mm，对应的运行频率为 19.70 Hz 和 20.73 Hz；峰值缸压极大值点所在的点火位置为 33 mm 和 31 mm，4 ms 喷油脉宽下在 35 mm 点火位置下又出现了极大值，对应的峰值缸压依次为 28.26 Hz 和 39.28 Hz。另外，峰值缸压为 20 bar 左右说明缸内没有成功着火。图 7 – 52（g）所示为峰值缸压波动量的变化规律。对于 5 ms 喷油脉宽，峰值缸压波动量随着点火位置的增大而增大，当点火位置为 31 mm 时，峰值缸压波动量达到 12.23 bar；在 3 ms 喷油脉宽下，在 35 mm 点火位置处峰值缸压波动量也超过了 1 bar，达到 12.21 bar。

图 7 - 52（h）、（i）所示分别为活塞行程和压缩比随点火位置的变化情况。对比分析二者的变化规律，可以发现二者具有一定的正相关性。对于 5 ms 喷油脉宽，随着点火位置的增大，活塞行程和压缩比逐渐增大，当点火位置为 31 mm 时，活塞行程达到 63.3 mm，压缩比为 11.35。当喷油脉宽为 4 ms 时，在点火位置为 31 mm 条件下，出现活塞行程极大值 62.09 mm。在喷油脉宽为 3 ms 条件下，在点火位置 33 mm 处，出现活塞行程极小值 61.02 mm。在喷油脉宽为 3 ms 和 4 ms 条件下的活塞行程变化规律基本相反。在喷油脉宽为 3 ms 和 4 ms 条件下压缩比整体呈现减小趋势，在点火位置 31 mm 处，在喷油脉宽为 4 ms 条件下压缩比出现极大值，为 10.98；当喷油脉宽为 3 ms 时，在点火位置 31 mm 处，压缩比最大，为 10.33，当点火位置为 37 mm 时压缩比最小，为 9.72。

图 7 - 52（j）所示为喷油脉宽为 3 ms 时峰值缸压变化情况，包含平均峰值缸压、最小峰值缸压、最大峰值缸压以及峰值缸压波动量。从图中可知，这 4 个评价指标随着点火位置的增大，变化规律基本一致，都呈现先升高/增大后降低/减小的变化趋势，但是极大值点所在的点火位置不同，分别为 33 mm、33 mm、35 mm、35 mm，对应的缸压值为 28.26 bar、21.90 bar、32.65 bar、12.21 bar。可见发动机在 33～35 mm 点火位置处缸压最高，但是在该点火区间内峰值缸压波动量也是最大的。

图 7 - 52（k）、（l）所示分别为喷油脉宽为 4 ms 和 5 ms 时峰值缸压变化情况。当喷油脉宽为 4 ms 时，峰值缸压呈现先升高后降低的变化趋势，而峰值缸压波动量先减小后增大。在点火位置为 33 mm 时，峰值缸压相对较高，并且峰值缸压波动量最小，为 6.45 bar，这说明在该点火位置处系统性能较优，运行更加平稳。当点火位置为 31 mm 时，峰值缸压最高，达到 43.85 bar。而在喷油脉宽为 5 ms 条件下，随着点火位置的增大，峰值缸压以及峰值缸压波动量均整体呈现单调递增的变化趋势。当点火位置为 37 mm 时，峰值缸压达到 47.18 bar，峰值缸压波动量为 12.23 bar。对于最低峰值缸压而言，当点火位置超过 29 mm 时，峰值缸压有所降低，在点火位置为 29 mm 时已经出现极大值，为 37.45 bar。

图 7 - 53 所示为在喷油位置为 47 mm 条件下，不同喷油脉宽下系统运行特性随着点火位置的变化规律。图 7 - 53（a）所示为不同喷油脉宽下内止点位置的变化规律。从结果可以看出，随着喷油量的增大，内止点逐渐靠内，这与图 7 - 51、图 7 - 52 所示的变化规律一致，这里不再赘述，同时也说明了该变化规律的准确性。需额外补充说明的是，随着喷油量的增大，内止点位置出现极小值，极小值所在的点火位置依次为 33 mm、35 mm、33 mm，对应的内止点位置依次为

4.95 mm、4.54 mm、4.40 mm。图 7 - 53（b）所示为不同喷油脉宽下外止点位置的变化规律。当喷油脉宽为 5 ms 时，随着点火位置的增大，外止点位置先增大后减小，当点火位置为 35 mm 时出现极大值，为 67.43 mm。在喷油脉宽为 3 ms 和 4 ms 条件下外止点位置出现上下波动的变化趋势，波动区间为 65.69 ~ 66.76 mm，波动量为 1.07 mm，原因在于，当喷油量较小时，燃料化学能转化为动子的动能相对较小，在轨迹跟踪控制策略下，回复气缸气体作用力以及电机力对活塞的运动特性产生的干预更加明显，以便使活塞运行速度回归目标值，从而使外止点位置出现上下波动的变化规律。

图 7 - 53（c）、（d）所示为膨胀行程峰值速度和压缩行程峰值速度的变化规律。其中膨胀行程峰值速度受缸内工质做功的影响较大，随着喷油脉宽的增大，整体呈现增大的趋势，并且在喷油脉宽为 3 ms 时，膨胀行程峰值速度基本不变，结合图 7 - 53（j）所示峰值缸压变化规律可知，在喷油位置为 47 mm 条件下，喷油脉宽为 3 ms 时缸内混合工质未能顺利着火，而当喷油脉宽分别为 4 ms 和 5 ms 时，均在点火位置 35 mm 处出现极大值，依次为 5.4 m/s 和 6 m/s。压缩行程峰值速度出现较为规律的变化趋势。在喷油脉宽为 3 ms 和 4 ms 条件下，压缩行程峰值速度在点火位置为 25 mm、27 mm、29 mm、31 mm 时均一致，说明缸内工质未能充分燃烧，需要电机力配合达到目标轨迹的速度。对于 4 ms 和 5 ms 喷油脉宽，后续随着点火位置的增大，压缩行程峰值速度均是先增大后减小，最大值位于点火位置 33 mm 和 35 mm 处，最大值分别为 - 3.72 m/s 和 - 3.68 m/s。而当喷油脉宽为 3 ms 时，压缩行程峰值速度先减小后增大，最小值为 - 3.6 m/s。

图 7 - 53（e）、（g）所示分别为运行频率和峰值缸压的变化。可见运行频率与峰值缸压具有一定的正相关性。随着喷油量的增大，二者均整体升高。当喷油脉宽为 3 ms 时，运行频率和峰值缸压均未出现较大的变化，这是因为该条件下缸内未顺利点火或者没有充分着火，从而对活塞运动特性影响较小。在喷油脉宽为 5 ms 条件下，运行频率先升高后降低，当点火位置为 33 mm 时出现极大值，为 22.22 Hz。而当喷油脉宽为 4 ms 时，运行频率整体呈现波动式上升的趋势。对于峰值缸压而言，随着喷油脉宽的增大，均呈现先升高后降低的变化趋势，极大值依次出现在点火位置 35 mm、35 mm、33 mm，对应的峰值缸压分别为 21.43 bar、31.37 bar、42.84 bar。随着点火位置的增大，峰值缸压波动量也随之增大，并且从图 7 - 53（g）可知，喷油脉宽为 4 ms 和 5 ms 时的峰值缸压波动量基本一致，当点火位置为 37 mm 时峰值缸压波动量最大，喷油脉宽为 5 ms 时峰值缸压波动量为 23.38 bar，说明此时缸内燃烧已经极不稳定。

图 7 - 53（h）、（i）所示分别为活塞行程和压缩比的变化规律。在不同喷油脉宽下，活塞行程均在点火位置为 33 mm 时出现极大值，随着喷油脉宽的增大，活塞行程极大值依次为 61.51 mm、62.04 mm、63.01 mm，依次增大。而压缩比则分别在33 mm、35 mm、33 mm 点火位置处出现极大值，分别为 10、10.90、11.25，依次增大，并且随着喷油量的增大，活塞行程和压缩比整体呈现增大的趋势，上述极大值即测试范围内的最大值。

图 7 - 53（j）所示为喷油脉宽为 3 ms 条件下的峰值缸压变化规律。该条件下最大峰值缸压、最小峰值缸压以及平均峰值缸压变化规律基本一致，且最大峰值缸压相比于最小峰值缸压变化量最大为 6.97 bar，当点火位置超过 35 mm 后，缸内出现不充分着火，使峰值缸压略有上升。这说明 3 ms 喷油量在该喷油和点火位置处未能使缸内成功着火。

图 7 - 53（k）、（l）所示分别为喷油脉宽为 4 ms 和 5 ms 条件下的峰值缸压变化规律。与喷油脉宽为 3 ms 时相比，峰值缸压有明显升高。在喷油脉宽为 4 ms 和 5 ms 条件下，随着点火位置的增大，峰值缸压均出现先升高后降低的变化趋势。极大值点依次位于点火位置 35 mm 和 33 mm 处。喷油脉宽为 4 ms 时的极值点处平均峰值缸压、最小峰值缸压以及最大峰值缸压依次为 31.37 bar、21.72 bar、35.99 bar；喷油脉宽为 5 ms 时的极值点处平均峰值缸压、最小峰值缸压以及最大峰值缸压依次为 42.84 bar、40.92 bar、45.64 bar。喷油脉宽为5 ms 时峰值缸压相比于喷油脉宽为 3 ms 和 4 ms 时有了极大的提升。

综合分析图 7 - 51～图 7 - 53 可知，自由活塞发动机喷油和点火位置存在匹配关系，在不同喷油位置下，各指标出现极值点的点火位置也有所不同。对于 43 mm 喷油位置，各评价指标在点火位置 27～29 mm 范围内出现极值；对于 45 mm喷油位置，各评价指标极值出现在点火位置 29～33 mm 附近；对于 47 mm 喷油位置，各评价指标在点火位置 33～35 mm 附近出现极值。可见随着喷油位置后移，与之对应的最佳点火位置也随着后移，并且喷油和点火正时的间隔为 14～15 mm。

为了进一步明确自由活塞发动机高效运转区间，还需要设计试验方案对喷油点火正时以及扫气压力、回复气缸初始压力进行试验测试。结合前文所述不同喷油脉宽的测试结果，同时考虑测试台架的安全性，后续确定在喷油脉宽为 4 ms 和 5 ms 条件下进行进一步测试。因为在某些工况下，在 3 ms 喷油脉宽下无法着火，而在 5 ms 喷油脉宽下某些工况点峰值缸压过高，有一定安全隐患，同时对测试台架也有较大损坏，所以当峰值缸压达到一定值后便不再往下测试。

2. 扫气压力（增压压比）的影响

由前述章节的分析可知，喷油脉宽对系统运行特性影响较大，当喷油脉宽为 5 ms 时，在较优工况区间峰值缸压以及运行频率均较高，内止点位置接近机械限位 3.8 mm，非常容易发生撞缸，从而对样机造成机械破坏；而当喷油脉宽为 3 ms 时，在较多工况下无法着火，因此综合考虑，后续研究均在喷油脉宽为 4 ms 条件下进行。

图 7-54 所示为不同扫气压力对系统运行特性的影响。根据前文的分析结果，选取有代表性的几个工况点进行不同扫气压力下的试验测试，并进行分析。图 7-54（a）所示为内止点位置随扫气压力的变化情况。从图中可知，在 3 个工况点下，内止点位置的变化趋势基本一致，并且曲线基本重合，随着扫气压力升高，内止点位置逐渐增大，二者近乎呈线性关系变化。分析认为，扫气压力会影响活塞的动力学特性，扫气压力越高，活塞在压缩行程挤压缸内混合工质所受阻力越大，从而使内止点位置增大。

图 7-54（b）所示为外止点位置随扫气压力的变化规律。与内止点位置的变化情况不同，随着扫气压力的升高，外止点位置先增大后减小，在点火位置为 27 mm，喷油位置为 39 mm 条件下的两个工况点都出现了上述变化规律，并且拐点都在扫气压力为 1.5 bar 时出现，说明扫气压力为 1.5 bar 时发动机缸内着火情况较优，对活塞的运动特性影响最大，有力推动活塞朝外止点方向运动。在喷油位置为 37 mm，点火位置为 26 mm 条件下，外止点位置随扫气压力的变化趋势与上述两个工况点一致，更加佐证了本测试结果具有一般性和通用性。

图 7-54（c）所示为膨胀行程峰值速度随扫气压力的变化规律。从图中可知，在点火位置为 27 mm，喷油位置为 39 mm 条件下，随着扫气压力的升高，膨胀行程峰值速度呈现出先增大后减小的变化趋势，当回复气缸初始压力为 1.7 bar 时，极大值点所对应的扫气压力为 1.5 bar，当回复气缸初始压力为 1.5 bar 时，极大值点所对应的扫气压力为 1.6 bar。而图 7-54（d）所示的压缩行程峰值速度表现出不一样的变化规律，变化比较杂乱，但是都未出现较大的波动，这说明系统稳定性较好。在喷油位置为 39 mm，点火位置 27 mm 时，回复气缸初始压力为 1.5 bar 条件下，峰值速度出现了先增大后减小的变化趋势，峰值速度较大的扫气压力区间为 1.8~2 bar。

图 7-54（e）所示为运行频率随扫气压力的变化规律。其变化规律与膨胀行程峰值速度的变化规律类似，都是随扫气压力的升高呈现先增大后减小的变化趋势。极值点出现在扫气压力为 1.6 bar 条件下。在后两个工况点，在同一扫气

压力下，运行频率几乎一致，这说明在一定区间内，喷油和点火位置差异较小的条件对系统运行频率影响不大，但是超过该喷油和点火位置区间后，系统运行特性将发生较大改变，体现出系统的容忍度。

图 7 - 54（f）、(h) 所示为发动机峰值缸压随扫气压力的变化规律。同样在扫气压力为 1.4 bar 时出现了极大值点，但是后续测点波动较大。随着扫气压力的升高，峰值缸压波动量减小。这一方面是因为峰值缸压降低，另一方面是因为随着扫气压力进一步升高，缸内着火不良，缸压上不去造成峰值缸压普遍较低。

图 7 - 54（i）所示为活塞行程随扫气压力的变化规律。由图可知，随着扫气压力的升高，活塞行程先增大后减小。在扫气压力为 1.5 bar 时出现极大值。图 7 - 54（j）所示为压缩比随扫气压力的变化规律，其与活塞行程随扫气压力的变化规律有所不同。随着扫气压力的升高，压缩比逐渐减小。当扫气压力为 1.3 bar 时，压缩比可达 12。根据相关研究，增大发动机压缩比有利于提高发动机热效率，从该角度来看，扫气压力应设置得低一些。结合前文所述的分析结果，较为合理的扫气压力区间为 1.3 ~ 1.6 bar。

基于喷油和点火位置匹配测试结果，后续在点火位置为 27 mm，喷油位置为 39 mm，喷油脉宽为 4 ms 条件下，分别在回复气缸初始压力为 1.5 bar 和 1.7 bar 条件下进行了不同扫气压力下的 $p - V$ 图分析。

图 7 - 55 所示为回复气缸初始压力为 1.5 bar 和 1.7 bar 时，不同扫气压力下的 $p - V$ 图。图 7 - 55（a）所示为回复气缸初始压力为 1.5 bar 条件下，不同扫气压力下的发动机 $p - V$ 图。从图中可知，在扫气压力为 1.5 bar 条件下峰值压力较高，而在扫气压力为 1.6 bar 条件下 $p - V$ 图相对饱满，说明发动机热效率较高；图 7 - 55（b）所示为在回复气缸初始压力为 1.7 bar 条件下不同扫气压力下的 $p - V$ 图，与图 7 - 55（a）有所不同，在该条件下，在扫气压力为 1.5 bar 时 $p - V$ 图相对饱满。由于自由活塞发动机运行过程中缸压难免发生波动，所以对上述选区的某一循环结果进行分析，一般性难免受到影响，但是综合上述分析结果可以得出基本结论为：在上述较优喷油位置和点火位置区间内，较优的扫气压力为 1.5 ~ 1.6 bar。

本测试数据在原理样机台架上测得，由于制造工艺、装配精度等原因，系统难免发生漏气等问题，从而导致热效率测试数据较低。图 7 - 55（c）所示为回复气缸初始压力为 1.5 bar，扫气压力为 1.4 bar，喷油位置为 39 mm，点火位置为 27 mm 条件下的发动机 $p - V$ 图，可以看出发动机燃烧室在运行过程中存在较严重的漏气现象，其中放大部分最为明显，缸压突然急剧下降，并且其他地方也有波动，分析认为这是由于缸体漏气造成的。因为试验样机所用发动机缸体为无缸盖结构，所以对置活塞共用一个发动机缸体，在润滑油的作用下，靠活塞环对缸套内表面行程密封，活塞裙部无中凸型线，密封效果较差。另一方面，在发动机缸体中心面布置了 3 个火花塞安装孔、2 个喷油器安装孔，以及 1 个缸压传感器安装孔，其中火花塞利用螺纹连接紧固，喷油器靠铜套与喷油器型面压装紧固，安装不合适时均会产生较大的漏气。

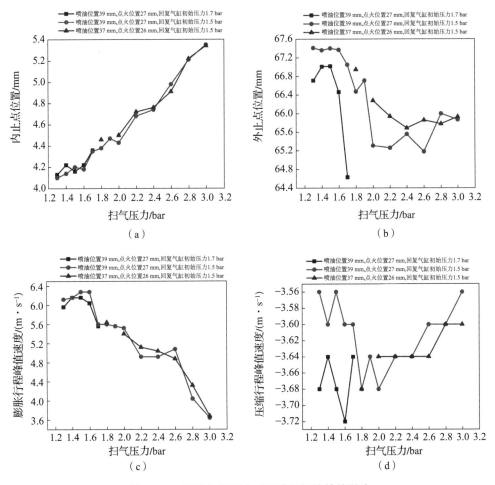

图 7 - 54　不同扫气压力对系统运行特性的影响

（a）内止点位置；（b）外止点位置；（c）膨胀行程峰值速度；（d）压缩行程峰值速度

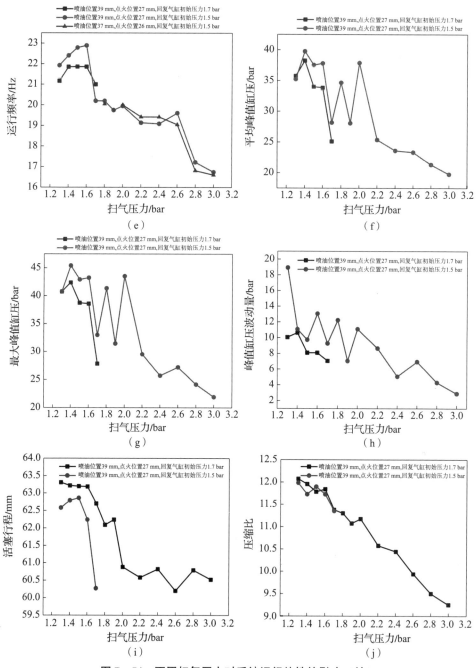

图 7 - 54 不同扫气压力对系统运行特性的影响（续）

（e）运行频率；（f）平均峰值缸压；（g）最大峰值缸压；（h）峰值缸压波动量；

（i）活塞行程；（j）压缩比

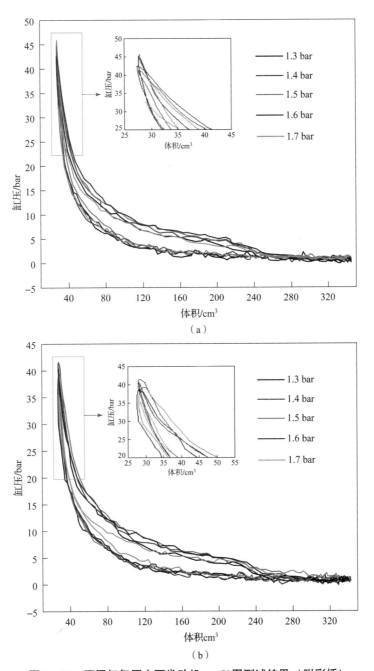

图 7 – 55　不同扫气压力下发动机 p – V 图测试结果（附彩插）

（a）回复气缸初始压力为 1.5 bar；（b）回复气缸初始压力为 1.7 bar

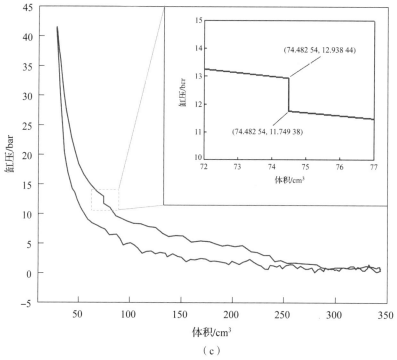

（c）

图 7 – 55　不同扫气压力下发动机 *p – V* 图测试结果（续）（附彩插）

（c）回复气缸初始压力为 1.5 bar，扫气压力为 1.4 bar

7.4.2　系统运行稳定性分析以及维稳运行机理探讨

根据前文的分析可知，系统运行存在循环波动，缸压呈现高低峰值交替变动，或者多个循环峰值缸压逐渐升高然后逐渐降低的变化规律。图 7 – 56 所示为扫气压力为 1.5 bar，回复气缸初始压力为 1.9 bar 条件下的缸压 – 位移图，从结果可知，最大峰值缸压达到 43.61 bar，然而下一循环峰值缸压下降到 33.14 bar，峰值缸压波动量达到 10.47 bar。最大峰值缸压之后的外止点位置减小了 0.000 8 mm，外止点位置的减小使发动机缸内换气时间缩短，从而进入缸内的新鲜混合工质量减小，并且缸内还残留部分上一循环的废气，对下一循环燃烧产生影响，从而使缸压降低。

缸压的波动势必影响动子的受力，从而对动子运行状态产生影响，从而影响系统稳定运行。为了维持系统稳定运行，采用轨迹跟踪策略，控制器导入参考轨迹，使活塞按照参考轨迹运行，其作用类似传统发动机的曲柄连杆机构和飞轮。

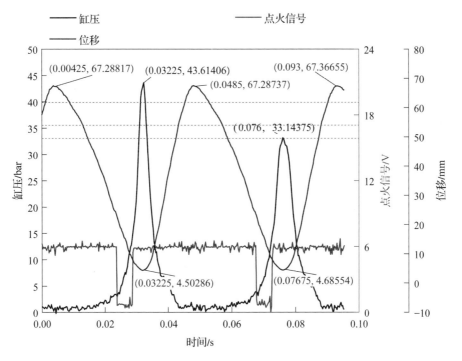

图 7 - 56　典型缸压波动（目标外止点位置为 65. 559 mm，内止点位置为 4. 13 mm）（附彩插）

因此，当峰值缸压下降到 33. 14 bar 时，依然能保证内止点位置达到4. 69 mm，外止点位置为 67. 37 mm，甚至比上一循环内止点位置还大 0. 079 2 mm。另外，根据前文的分析可知，扫气压力、回复气缸初始压力、喷油和点火正时均对系统稳定性有影响，在此不再赘述。

由于篇幅有限，关于轨迹跟踪控制策略的详细控制机理及其对系统运行特性的影响将在另一本书中详细叙述，本书重点关注系统高效运行区域以及喷油位置、点火位置、扫气压力以及回复气缸初始压力对系统运行特性的影响。

7.4.3　系统运行同步误差分析

对于对置活塞式 FPEG 而言，自由活塞发动机的同一缸体内，存在 2 个活塞同步运动，两侧的活塞在设计行程内运行都不受外部机构约束，其运动状态是自由的。为了保证缸内工质高效燃烧做功，以及系统运行稳定，需要保证双活塞的运动误差在一定范围内，同步误差过大不仅会影响发动机缸内工质的运动，还会影响喷油点火正时以及两侧双直线电机的出力特性，从而造成系统运行紊乱，使系统运行失衡。因此，对于对置活塞式 FPEG 系统而言，同步误差是必须关注的关键参数。

对于本测试系统，主要通过直线电机驱动器采集双直线电机内部的霍尔信号，经过信号处理后输出双直线电机的位移以及同步误差。驱动器控制层程序监控双直线电机的同步误差，当同步误差大于 2 mm 时内部程序中断，直线电机停止工作，保护台架设备，避免发生机械损坏。

图 7 - 57 所示为系统运行过程中的同步误差与活塞运行速度、位移对比。从图中可知，在对置活塞式结构中，双活塞的同步误差与活塞行程有较大关联性，且呈现周期性的变化。在一个完整的膨胀压缩行程，同步误差出现 7 次峰值，其中在膨胀行程中出现 5 次峰值，在压缩行程中出现 2 次峰值。其中在内止点、外

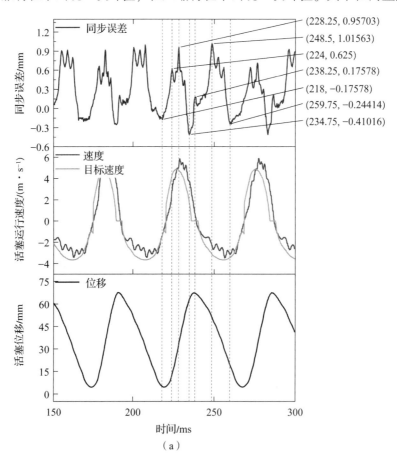

图 7 - 57　系统运行过程中同步误差与活塞运行速度、位移对比

（a）点火位置为 23 mm - 喷油位置为 35 mm

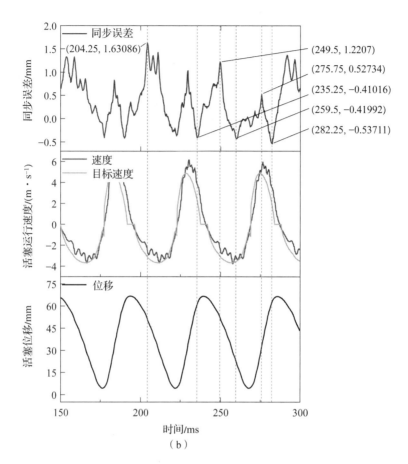

图 7 - 57　系统运行过程中同步误差与活塞速度、位移对比（续）

（b）点火位置 27 mm – 喷油位置 39 mm

止点、膨胀行程中部以及压缩行程中部的同步误差峰值较大，尤其在膨胀行程中部以及外止点处同步误差最大。分析原因，认为在膨胀行程中部同步误差峰值处，活塞速度最大，从而造成两侧活塞的同步性变差；在外止点附近，活塞运行换向，直线电机出力时刻存在误差，同时在系统结构的摩擦阻力、同步机构以及杆系的惯性力等因素的综合影响下，在外止点换向过程中同步误差增大。其中同步误差峰值以及所对应的活塞位移均标注于图中。另外，对比图 7 - 57（a）和（b）可知，在不同工况点出现同步误差时活塞位移基本一致，这表明了上述分析规律的普遍性和通用性。

参 考 文 献

［1］ 吴兆汉. 内燃机设计［M］. 北京：北京理工大学出版社，1990.

［2］ 周龙保. 内燃机学［M］. 北京：机械工业出版社，2011.

［3］ 孙柏刚，杜巍. 车辆发动机原理［M］. 北京：北京理工大学出版社，2015.

［4］ STONE R. Introduction to internal combustion engines［J］. Society of Automotive Engineers，1985.

［5］ KÖHLER E，FLIERL R. Verbrennungsmotoren：motormechanik，berechnung und auslegung des hubkolbenmotors［M］. Berlin：Springer – Verlag，2007.

［6］ 袁晨恒，冯慧华，李延骁，等. 自由活塞直线发电机总体参数设计方法［J］. 西安交通大学学报，2014，48（7）：41 – 45.

［7］ 袁晨恒. 自由活塞柴油直线发电机系统设计与运行特性研究［D］. 北京：北京理工大学，2015.

［8］ 贾博儒. 点燃式自由活塞内燃发电机起动与工作过程研究［D］. 北京：北京理工大学，2017.

［9］ 张志远. 自由活塞内燃发电机运行稳定性理论与实验研究［D］. 北京：北京理工大学，2022.

［10］ 吴礼民. 对置式自由活塞发电机建模理论与关键技术问题研究［D］. 北京：北京理工大学，2022.

彩　　　插

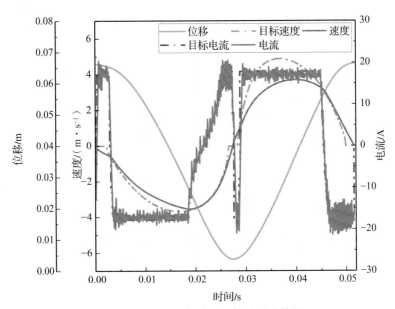

图 1 – 25　FPEG 起动工况轨迹跟踪效果

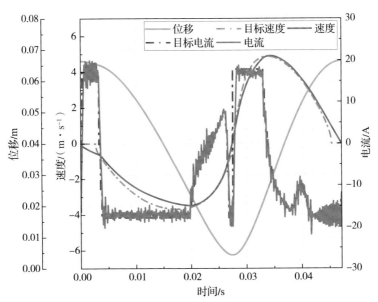

图 1 – 27　FPEG 稳定运行工况轨迹跟踪效果

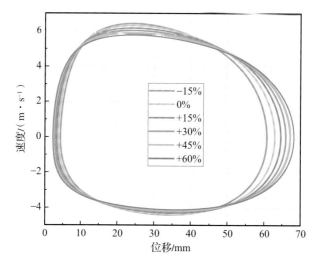

图 1-30　不同活塞动子组件质量下的运行特性曲线

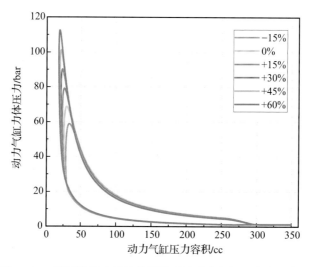

图 1-31　不同活塞动子组件质量下的动力气缸压力容积曲线

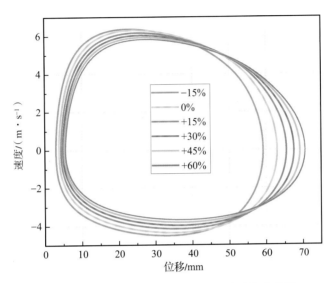

图 1-33 不同最大行程长度下的速度及位移曲线

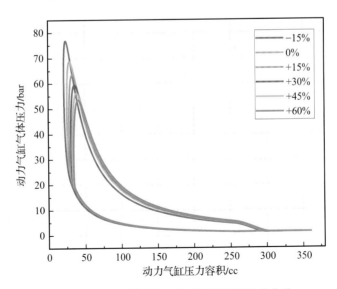

图 1-34 不同最大行程长度下的运行特性曲线

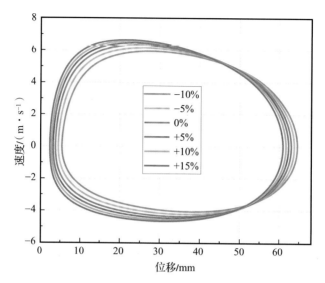

图 1-38　不同回复气缸基础压力变化量下的速度及位移曲线

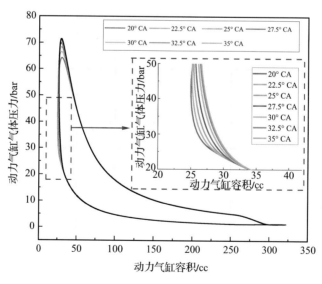

图 1-43　不同点火位置下的输出性能曲线

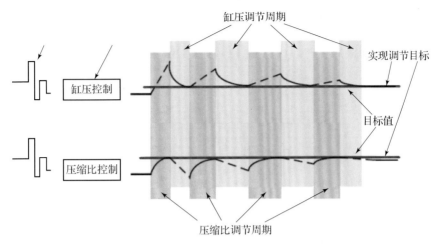

图 4 – 12   "乒乓"操作控制过程

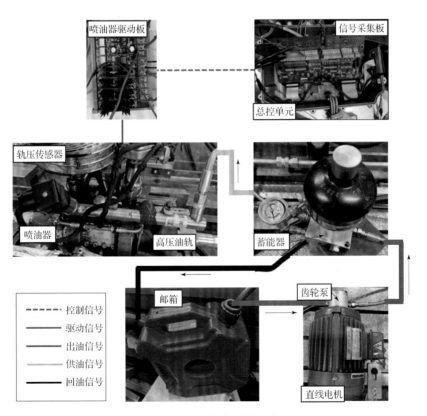

图 7 – 32   喷油系统组成

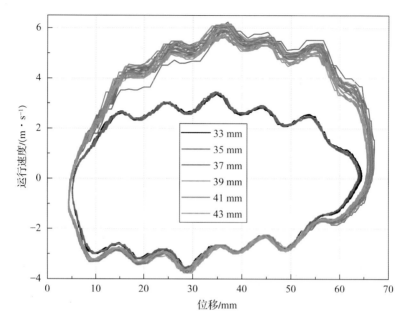

图 7 – 39　不同喷油位置下的 $v - x$ 曲线

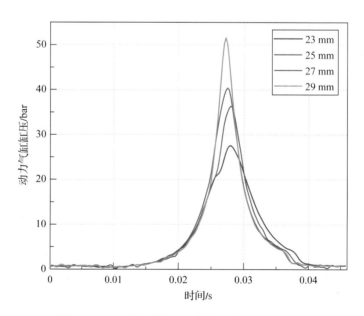

图 7 – 42　不同点火位置下的动力气缸 $p - t$ 曲线

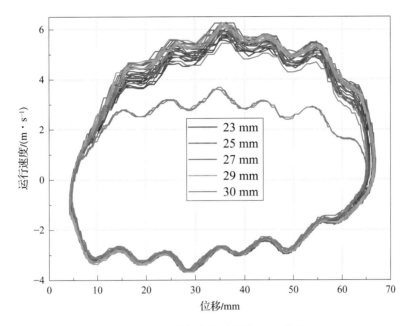

图 7-43　不同点火位置下的 v-x 曲线

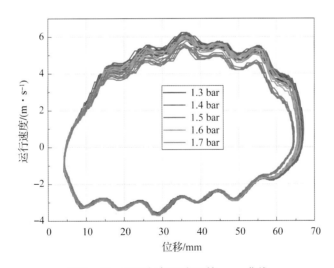

图 7-45　不同扫气压力下的 v-x 曲线

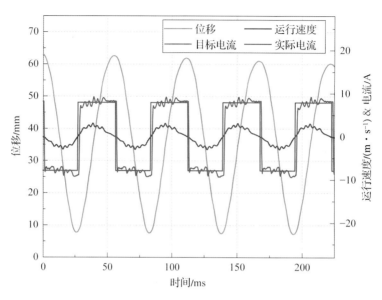

图 7 - 48　电流环控制效果验证

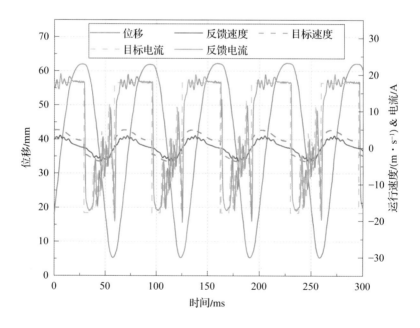

图 7 - 49　速度环控制效果验证

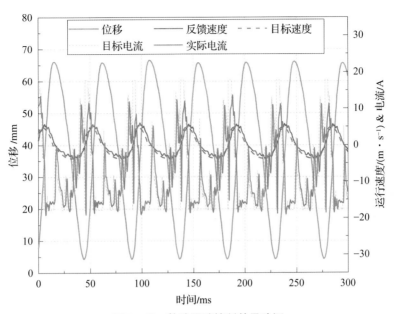

图 7-50 轨迹跟踪控制效果验证

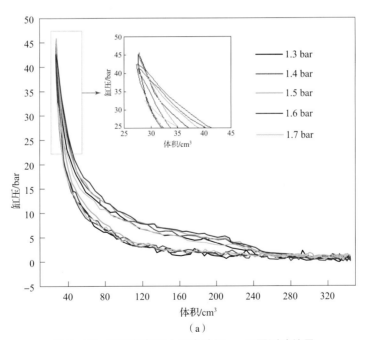

（a）

图 7-55 不同扫气压力下发动机 p-V 图测试结果

（a）回复气缸初始压力为 1.5 bar

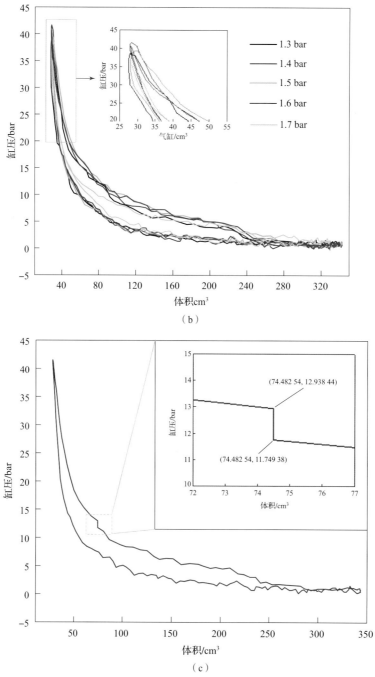

图 7 - 55　不同扫气压力下发动机 p - V 图测试结果（续）

（b）回复气缸初始压力为 1.7 bar；（c）回复气缸初始压力为 1.5 bar，扫气压力为 1.4 bar

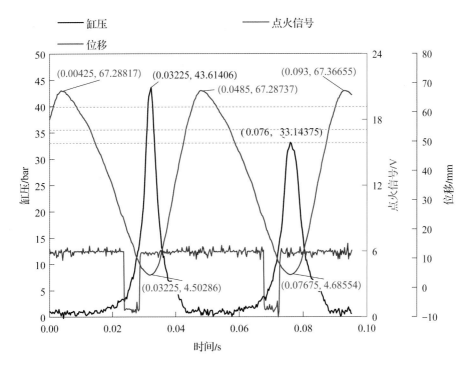

图 7 – 56 典型缸压波动（目标外止点位置为 65. 559 mm，内止点位置为 4. 13 mm）